全国高等职业教育园林类专业“十三五”规划教材

园 林 苗 圃

（第2版）

主　编　龚维红　朱永兴
副主编　章承林　何　莉

黄河水利出版社
·郑州·

内 容 提 要

本教材是高等职业教育园林类专业“十三五”规划教材之一。教材采用项目式教学方式，将课程分为园林苗圃的建立、园林植物种实生产、园林苗木的繁育、园林苗木的养护管理、苗木质量评价及出圃、园林苗圃的经营与管理等六个项目。每个项目又分为若干任务，每个任务内又有相关知识、任务实施及技能训练。

本教材内容全面，通俗易懂，可供园林工程、园林、景观、园艺、林学等专业的教师及学生使用，也可供相关专业的科研生产工作者及广大自学者使用和参考。

图书在版编目(CIP)数据

园林苗圃/龚维红，朱永兴主编. —2 版. —郑州：黄河水利出版社，2015.8

全国高等职业教育园林类专业“十三五”规划教材

ISBN 978 - 7 - 5509 - 1223 - 6

Ⅰ. ①园… Ⅱ. ①龚… ②朱… Ⅲ. ①园林 - 苗圃学 - 高等职业教育 - 教材 Ⅳ. ①S723

中国版本图书馆 CIP 数据核字(2015)第 215998 号

策划编辑：李洪良 王志宽 电话：0371 - 66026352 66024331

出 版 社：黄河水利出版社

地址：河南省郑州市顺河路黄委会综合楼 14 层 邮政编码：450003

发行单位：黄河水利出版社

发行部电话：0371 - 66026940、66020550、66028024、66022620(传真)

E-mail：hhslcbs@126.com

承印单位：河南承创印务有限公司

开本：787 mm × 1 092 mm 1/16

印张：14

字数：320 千字 印数：1—3 100

版次：2010 年 1 月第 1 版 印次：2015 年 10 月第 1 次印刷

2015 年 10 月第 2 版

定价：29.00 元

全国高等职业教育园林类专业“十三五”规划教材
编审委员会

出版说明

近年来，随着社会的进步和人们生活水平的提高，人类对生存环境的质量要求越来越高，园林作为生态环境建设的重要组成部分和提高人类生存环境质量的重要凭借手段，越来越受到环境决策者和建设者的重视，特别是在城市，生态园林建设已成为解决社会快速发展所带来的环境问题的主要方式之一，因而以服务和改造室内外环境为基本内容的园林专业也随之迅速发展，新观念、新技术不断涌现，社会对园林工程专业高端技能型人才的要求也不断提高。

为了配合全国高等职业教育园林类专业的教学改革与教材建设规划，按照国家对高等职业教育园林专业人才培养目标定位和市场对园林专业人才专业知识及实践技能的要求，在对现有园林工程专业教材出版情况进行深入调研并充分征求了各课程主讲老师意见的基础上，我社组织出版了这套“全国高等职业教育园林类专业‘十三五’规划教材”。教材的编写立足于高起点、出精品，本着知识传授与能力培养并重的原则，以培养园林高级专业技术人才为目标，着重加强职业教育的技能培养特色，重点突出实验、实训教学环节。

本系列教材的编写和出版得到了全国多所园林类高等职业院校的大力支持，我们特别邀请了多所高等院校相关专业的老师对稿件进行了严格审查把关。正是由于他们的辛勤工作和无私奉献，才使得这些教材能够在最短的时间内付梓，并有效保证了教材的整体水平和质量。在此，对推进此次教材编写与出版工作的各院校领导、参编和审稿的老师表示衷心的感谢和诚挚的敬意。

诚然，人才的培养需要教育者长期坚持不懈的努力，好的教材也需要经过时间的考证和实践的检验。希望各院校在使用这些教材的过程中提出改进意见与建议，以便再版时不断修改和完善。

黄河水利出版社

前 言

《园林苗圃》是园林工程技术、园林技术专业的重要专业课之一，是从事林木种苗生产的技术人员应掌握的重点课程。本书主要讲授园林苗圃的建立、园林植物种实生产、园林苗木的繁育、园林苗木的养护管理、苗木质量评价及出圃、园林苗圃的经营与管理等内容。

本教材按照园林种苗生产过程构建，围绕完成园林苗圃工作任务需要及育苗工职业资格证书的考核要求确定编写内容。编写中，注意变知识本位为能力本位，以任务与职业能力为依据，设定职业能力培养目标；改变原有的知识结构体系，理论以“适用、实用、够用”为原则，突出实践动手能力的培养，以园林苗木生产所涉及的项目为载体，创造工作情景，结合职业资格证书考核要求，培养学生的实践动手能力。

为充分体现项目教学、任务引领、实践导向的思想，本教材以项目为单位进行编写，每个项目下分成若干典型任务，以任务为载体，以技能为主线，同时了解相关专业理论知识，使学生在项目实践中加深对基本知识、技能的理解和应用，培养学生的综合职业能力，满足学生职业生涯发展需要。教材编写过程中充分体现实用性、针对性、为生产服务性。

本教材由苏州农业职业技术学院龚维红、河南农业职业学院朱永兴担任主编。编写分工如下：项目一、项目二由河南农业职业学院朱永兴编写，项目三由苏州农业职业技术学院龚维红编写，项目四由湖北生态工程职业技术学院章承林编写，项目五、项目六由周口职业技术学院何莉编写。全书由龚维红统稿。

由于编者水平有限，错误和不足之处在所难免，敬请读者批评指正。

作 者

2015 年 6 月

目　录

项目一　园林苗圃的建立

【教学目标】

通过本项目的学习,使学生能够掌握园林苗圃位置的选择条件和用地面积的计算,掌握园林苗圃的区划和规划设计,能够运用园林苗圃建立的理论知识进行苗圃的施工与管理。

任务一　园林苗圃用地的选择

【知识点】

苗圃的种类与布局

苗圃的自然条件、经营条件

【技能点】

苗圃用地面积的计算

苗圃用地的选择

相关知识

一、园林苗圃的概念与功能、类型与布局

(一)园林苗圃的概念与功能

狭义的园林苗圃是指为了满足城镇园林绿化建设的需要,专门繁殖和培育各类园林苗木的场所。但是随着城镇园林绿化水平的不断提高,越来越注意植物造景,提倡树、花、草结合,乔、灌、草结合。因此,广义的园林苗圃是指生产各种园林绿化植物材料的基地,即以园林树木繁育为主,同时包括城市景观花卉、草坪及地被植物的生产,并从传统的露地生产和手工操作方式,迅速向设施化、智能化方向过渡,成为园林植物工厂。它的任务是能运用较先进的技术、良好的生产设施和完善的经营管理体制,在较短的时间内,以较低的生产成本,通过引进、选育、快繁等手段,迅速培育出各种类型的园林绿化苗木,以满足市场的需要,取得明显的经济效益和社会效益。

(二)苗圃的类型与布局

1. 类型

(1)按面积:分为大型苗圃(面积 20 hm^2以上)、中型苗圃(面积 3 ~ 20 hm^2)和小型苗圃(面积 3 hm^2 以下)。

(2)按育苗种类:分为专类苗圃和综合苗圃。专类苗圃一般面积较小,生产苗木种类比较单一;综合苗圃多为大、中型苗圃,生产的苗木种类齐全,规格多样,设施先进,管理水

平高，技术力量强，往往将引进试验和开发工作纳入其中。

(3)按经营期限：分为固定苗圃和临时苗圃。固定苗圃的使用年限通常在10年以上，面积较大，生产的苗木种类多，机械化程度高，设施先进。临时苗圃通常是在接受大批量育苗订单，需要扩大育苗生产用地时临时设置的苗圃。

(4)根据苗圃的经营项目：分为林业苗圃、果树苗圃、花圃、道路绿化苗圃、特大苗苗圃、珍稀种苗苗圃等类型。

2. 分布

城市规划的园林苗圃应分布在城市周围，可就近供苗，缩短运输距离，提高苗木适应性，减少运输及培育费用；其数量、面积和布局也要根据市场的情况来确定，兼顾周边城市及苗木基地的规模，同时还要结合苗木市场的需求来规划和设计。无论什么性质的苗圃，在规划设计时都要有充分的论证、可靠的技术保证，并符合当地社会、经济发展需要。

二、影响苗圃地的因素

(一)自然条件

1. 地形、地势及坡向

在地形起伏较大的地区，不同的坡向，直接影响光照、湿度、水分和土层的厚薄，从而影响苗木的生长。一般南坡光照强，受光时间长，温度高，湿度小，昼夜温差大；北坡与南坡相反；而东、西坡则介于二者之间，但东坡在日出前至中午较短时间内温度变化很大，对苗木生长不利，西坡则因冬季多西北风，易受寒流的影响。

2. 土壤条件

苗圃土壤条件十分重要，因为种子发芽、愈伤组织生根和苗木生长发育所需要的水分、养分主要是由土壤供应的，同时土壤是苗木根系生长发育的场所；土壤结构和质地，对土壤中水分、养分和空气状况影响很大。过分黏重的土壤，排水、通气不良，雨后泥泞，易板结，干旱时易龟裂，土壤耕作困难，不利于根系生长。过于沙质的土壤，太疏松，肥力低，持水力差，夏季表土温度高，易灼伤幼苗，而且不易带土球移植。

土壤的酸碱度对苗木生长也有较大影响。其中盐碱地及过分酸性土壤，也不宜选作苗圃。

3. 水源及地下水位

水是园林植物生长的生命线，苗木在生长发育过程中必须有充足的水分供应。因此，水源是苗圃选址的重要条件之一。

4. 病虫草害

园林苗木用于城市绿化，对病虫害的检疫较严格，在育苗过程中，往往因病虫害造成很大损失。圃地选择在苗圃选址时应重点调查病虫害发生情况，了解当地病虫害发生历史及现状。圃地杂草的种类及发生规律也是苗圃地选择的一个考核指标，尤其对入侵性杂草，更要严格检查。

5. 地上物

圃地原有的地上建筑物、栽植作物、花草树木、道路桥梁、高架线缆、地埋电缆等，对圃地的日后生产作业都会产生影响。

（二）经营条件

园林苗圃所处地理位置的经济经营状况，直接关系到苗圃业务的开展和管理水平。经营条件就是经营环境，主要指圃地附近的交通、水电、人力、空气质量、市场等条件。园林苗圃许多工作是季节性劳动密集型操作，需要周边有来源相对稳定的临时工人。苗圃周边的厂矿企业对苗圃有重大影响，要远离厂矿排出物对苗木产生危害的区域。苗圃营销是当今苗圃提高经济效益非常重要的策略，靠近传统的苗木市场，或苗圃自身的一部分就是市场，对今后的经营有利。

总之，上述苗圃地条件，是在一定条件下应考虑的各个基本因素，对个别地区和特殊情况，应作具体分析，对不利因素采取适当措施，加强预防和治理，从而达到比较理想的效果。

三、苗圃用地面积的计算

为了合理利用土地，保证征收土地、苗圃计划和建设等具体工作的进行，对苗圃面积必须进行正确的计算，以便于进一步确定苗圃的位置和具体面积。苗圃的总面积包括生产用地和辅助用地两部分。

（一）生产用地面积计算

生产用地是指直接用来生产苗木的土地，通常包括播种区、营养繁殖区、移植区、大苗区、母树区、实验区及轮作休闲区等地。生产用地一般占苗圃总面积的75%～85%，大型苗圃生产用地所占比例较大，通常在80%以上。随着苗圃面积缩小，由于必需的辅助用地不可减少，所以生产用地比例一般会相应下降。计算其面积，主要依据计划培育苗木的种类、数量、规格、要求，结合出圃年限、育苗方式及轮作等因素，一般可按下面公式进行计算：

$$X = \frac{UA}{N}\frac{B}{C}$$

式中　X——该种园林植物育苗所需面积；

U——该种园林植物计划年产量；

A——该种园林植物的培育年限；

N——该种园林植物单位面积产苗量；

B——轮作区的总数；

C——该树种每年育苗所占的轮作区数。

某树种在各育苗区所占面积之和，即为该种园林植物所需的用地面积，各种园林植物所需用地面积总和加休闲地面积就是全苗圃的生产用地的总面积。

对于一个苗圃而言，每年都有新繁殖的苗木、出圃的苗木。一般来说，每年出圃留下的空地和新繁殖或新移植苗木的面积应相等，这样不至于造成培育出的苗木没有地方移栽。移苗过多要提前采取处理措施，以防在大树或小苗行间进行种植，复种指数过大，苗木生长互相影响，造成苗木质量降低，出售困难。

（二）辅助用地面积计算

辅助用地，是指非直接用于育苗生产的防护林、道路系统、排灌系统、堆料场及管理区建筑用地等，辅助用地面积即是这些面积的总和。

任务实施

一、计算苗圃用地(举例说明)

例:每年出圃2年生矮生紫薇实生苗100万株，采用三年轮作制，即每年有1/3的土地休闲(或种绿肥)，2/3的土地育苗，计划苗木产量为10万株/hm²，根据公式 $X=\frac{UA}{N}\frac{B}{C}$，则 $X=100\times2/10\times3/2=20\times1.5=30(\text{hm}^2)$。

依上述公式计算出的结果是理论数字，实际生产上，在抚育、起苗、贮藏等工序中，苗木都将受到一定损失，故每年的计划产苗量应适当增加，一般比理论增加3%～5%的土地面积，即在计算面积时应留有余地。苗木辅助用地面积不超过苗圃总面积的20%～25%，一般大型苗圃的辅助用地为总面积的15%～20%，中小型苗圃占总面积的18%～25%。

二、选择苗圃地

(一)选择地形

苗圃地应根据当地具体的自然条件和园林苗木的种类特征，以及栽培设施的应用程度，因地制宜地确定苗圃地的最适宜坡向。园林苗圃应尽量选择背风向阳、排水良好、地势较高、地形平坦的开阔地带。坡度一般以1°～3°为宜，坡度过大，易造成水土流失，降低土壤肥力，不便于机械化作业;坡度过小，不利于排除雨水，容易造成渍害。具体坡度因地区、土质不同而异，一般在南方多雨地区，坡度可适当加到3°～5°，以便于排水;而北方少雨地区，坡度则可小一些;在较黏重的土壤上，适当大些;在沙性土壤上，坡度宜小一些。在坡度较大的山地育苗，应修筑梯田。尤其应注意，积水洼地、重度盐碱地、峡谷风口等地不宜选作苗圃地。

(二)选择土壤

选择团粒结构的土壤，通气性和透水性良好，温度条件适中，有利于土壤微生物的活动和有机物的分解。多数苗木适宜生长在具有一定沙质的壤土或轻黏质壤土中，还应注意土壤厚度、结构和肥力等状况。一般树种以中性、微酸或微碱性为好，如红松、马尾松、茶树、樟树、杜鹃等喜酸性土壤，侧柏、柽柳、刺槐、白榆等耐轻度盐碱。一般针叶树种要求土壤pH值为5.0～6.5，阔叶树种要求pH值为6.0～8.0。

选择苗圃地时要注意地下害虫及周边植物与苗圃树种间的寄宿病害，如蛴螬、地老虎等主要地下害虫和立枯病、根瘤病等菌类感染程度。附近树木病虫危害严重的地方，应在建立苗圃前采取有效措施，加以根除，以防病虫继续扩展和蔓延，否则不宜选作苗圃地。

(三)选择位置

苗圃位置最好选择在江、河、湖、水库等天然水源附近，以利于引水灌溉，同时也利于使用喷灌、滴灌等现代化灌溉技术，而且这些天然水源水质好，有利于苗木生长。若无天然水源或水源不足，则应选择地下水源充足、可打井提水灌溉的地方作为苗圃，并应注意两个问题：其一，地下水位情况。地下水位过高时，土壤的通透性差，苗木根系生长不良，地上水部分易发生贪青徒长，秋季易受冻害，且在多雨时易造成涝灾，干旱时易发生盐渍化；地下水位过低时，土壤易干旱，需增加灌溉次数及灌水量，提高了育苗成本。实践证明，在一般情况下，适宜的地下水位是：沙土为 1～1.5 m，沙壤土为 2.5 m 左右，黏性土壤为 4 m 左右。其二，水质问题，苗圃灌溉用水其水质要求为淡水，水中含盐量不超过 0.1%，最高不得超过 0.15%，水中有淡水小鱼虾，即为适合作灌溉水的标志。

圃地位置应选择靠近公路、铁路车站、机场、港口等便利运输场所，利于人员、物资的运输。园林苗圃越来越依赖自动化的设施设备，需要持续不断的电力供应、水源保证，因此苗圃建立要考虑水、电的成本。适度靠近居民点，或在城市近郊，有利于临时雇工。除体力劳动者外，也需要科研院所技术人员的帮助指导，解决生产中遇到的技术难题。另外，尽量减少地上物的存在，在圃地平整前要进行地上物的清理及保护。

任务二　园林苗圃的规划设计

【知识点】

苗圃的设计原则

苗圃的设计方法

【技能点】

苗圃地的调查

设计园林苗圃并画图

编写苗圃设计说明书

相关知识

一、苗圃地踏查测绘及区划

圃地选址确定后，规划设计人员应到圃地现场了解用地历史及现状，勘测地形地势，进行土壤调查取样、水文测定、病虫害调查、现有建筑及地上物调查等。

在踏查基础上进行细致测量、随机取样，绘制圃地地形图、CAD 平面图，将圃地上各种地上及踏查信息标注到准确位置。

苗圃区划应根据苗圃的功能及自然地理情况，以有利于充分利用土地、方便生产管理、利于苗木生长、利于提高工作效率及经济效益为原则。苗圃区划常划分为生产区和辅助区，通常生产用地面积不少于苗圃总面积的 75%，在保证管理需要的前提下，尽量增加生产区的面积，提高苗圃的生产能力。

苗圃生产用地面积计算通常采用下式：

$$P = N \cdot A / n$$

式中　P——某树种、某苗类的育苗面积，hm^2；

N——该树种的计划年产量，株/年；

A——该树种的培育年限，年；

n——该树种单位面积产苗量，株/hm^2。

这是理论计算值，实际工作由于苗木培育、贮藏、出圃等作业过程要损失一些苗木，因此计划苗木产量需要增加5%的作业风险补偿，为计算苗圃面积留有余地。将各树种育苗面积相加求和就是全苗圃生产用地总面积。

二、苗圃用地规划设计原则

（一）生产用地

生产用地是苗圃中进行育苗的可耕作区域，即育苗区。其内设立各个作业区，也称作耕作区。

（1）耕作区是指耕作方式相同的作业区，作业区是进行苗圃育苗生产的基本单位。

（2）作业区的长度由机械化程度而定，完全机械化的以200～300 m为宜，畜耕者以50～100 m为宜。作业区宽度依苗圃地的土壤质地和地形是否有利于排水而定，排水良好时可宽些，排水不良时要窄一些，一般宽40～100 m。小型苗圃的耕作区可适当缩小。

（3）作业区的方向，应根据圃地的地形、地势、坡向、主风方向和圃地形状等因素综合考虑。一般情况下，作业区的长边采取南北方向，苗木受光均匀，对生长有利。在坡度较大时，作业区的长应与等高线平行。

（二）生产区的配置原则

生产区用地不得少于苗圃总面积的75%，一般可以分为以下几个小区。

1. 展览区

展览区是苗圃地中最有特色的生产小区，多设在办公室和温室附近，通过展览区苗木的生长情况，有目的、有重点地向参观者和客商展示本苗圃的生产经营水平与产品特色。因此，展览区内所培育的苗木应是本苗圃的特色品种或引进和自育成功的新品种，展览区内的苗木管理应特别精细，生长茁壮，无病虫害。

2. 播种区

本区是培养播种苗的区域，播种繁殖是整个育苗工作的基础和关键。实生幼苗对不良环境抵抗能力弱，对土壤质地、肥力和水分条件要求高，管理要求精细。所以，播种区应选全圃自然条件和经营条件最好的地段，并优先满足其对人力、物力的要求。具体应设在地势较高而平坦、坡度小于2 ℃、接近水源、排灌方便、土质最优良、土层深厚、肥沃、背风向阳、管理方便的区域，最好靠近管理区。如果是坡地，要选择最好的坡段、坡向。

3. 营养繁殖区

为培育扦插苗、压条苗、分株苗和嫁接苗的地区，与播种区要求基本相同，应设在土层深厚和地下水位较高、灌溉方便的地方，但不像播种区那样要求严格。嫁接苗区，往往主要为砧木苗的播种区，宜土质良好，便于接后覆土，地下害虫要少，以免危害接穗而造成嫁接失败；扦插苗区则应着重考虑灌溉和遮阴条件；压条、分株育苗法采用较少，育苗量较少，可利用零星地块育苗。同时也应考虑树种的习性来安排，如杨、柳类的营养繁殖（主要是扦插）区，可适当利用较低洼的地方。而一些珍贵的或成活困难的苗木，则应靠近管理区，在便于设置温床、荫棚等特殊设备的地区进行，或在温室中育苗。

4. 移植区

移植区又叫小苗区，是培育各种移植苗的作业区，占育苗面积的10%～15%。由播种区和营养繁殖区中繁育出来的苗木，需进一步培养成较大的苗木时，便移入移植区中进行培养。

依苗木规格要求和生长速度不同，往往每隔2～3年移植一次，逐渐扩大株行距，增加苗木营养面积。由于移植区占地面积较大，一般设在土壤条件中等、地块大而整齐的地方。同时依苗木的不同生态习性，进行合理安排。如杨柳类应设在低洼水湿的区域；松柏类等常绿树应设在较干燥而土壤深厚的地方。低矮而且较小的花灌木可移植在较干燥而土层深厚、土壤条件较好的地方，以利带土球出圃，最好靠近管理区；相对较大的苗木，培养时间又长，可移植在土壤相对较差地区和远离管理区，一般在苗圃的外围。苗木的大小安排应本着由管理区开始向外逐步增大增高的原则，形成梯式分布；最高最大的苗木培养可安排在外围。

5. 大苗区

该区是培养植株的体型、苗龄均较大并经过整形的各类大规格苗木的作业区。

在本育苗区继续培育的苗木，通常在移植区内进行过一次或多次的移植，在大苗区培育的苗木出圃前不再进行移植，且培育年限较长。大苗区的特点是株行距大，占地面积大，培育的苗木大，规格高，根系发达，可以直接用于园林绿化建设，满足绿化建设的特殊需要，如树冠形态、干高、干粗等高标准大苗，利于加速城市绿化效果和保证重点绿化工程的提早完成。因此，大苗区的设置对于加速绿化效果及满足重点绿化工程的苗木需要有很大的意义。一般选用土层较厚、地下水位较低而且地块整齐的区域。在树种配置上，要注意各树种的不同习性要求。为了出圃时运输方便，最好能设在靠近苗圃的主要干道或苗圃的外围运输方便处。

6. 引种驯化区

本区用于栽植从外地引进的园林植物新品种，目的是观察其生长、繁殖、栽培情况，从中选育出适合本地区栽培的新品种，进而推广。该区在现代园林苗圃建设中占有重要地位，应给予重视。对土壤、水源等条件要求严格，并要配备专业人员管理。此区可单独设立试验区或引种区，或二者相结合。引种驯化区应安排在环境条件最好的地区，靠近管理区便于观察、研究、记录。

7. 母树区

在永久性苗圃中，为了获得优良的种子、插条、接穗等繁殖材料，园林苗圃应设立采种、采条的母树区。本区占地面积小，可利用零散地块，但要土壤深厚、肥沃及地下水位较低，对栽培条件、管理水平等要求较高。目前，有些园林苗圃采用与周边农民签订合同的方式，特约繁殖母种。另外，有些乡土树种还可以种植在苗圃，作为防护林带或在办公区的院内栽植。

8. 温室和大棚区

温室和大棚区是保护地育苗和设施栽培的区域，需要较大的投资，而且也具有较高的生产率和经济效益。在北方可一年四季进行育苗。在南方则可提高育苗的质量，生产独特的苗木产品。此区内应有组培室,利用组织培养来提高繁殖系数,培育无病害的苗木。该区要选择距离管理区较近的地方,土壤条件好、地势高、排水好的地区。

9. 其他区

为了生产管理方便,按苗木的种类、用途划分,可设立标本区、果苗区、宿根花卉区、针叶区、阔叶区、花卉区等。

(三)辅助用地的设计标准

苗圃的辅助用地(或称非生产用地)主要包括道路系统、排灌系统、防护林带及管理区建筑用地等。这些用地都是直接为苗木生产服务的,既要能满足生产的需要,又要设计合理,减少用地。辅助用地占总面积的20% ~25%。

1. 道路系统设计

苗圃中的道路是连接各作业区之间及各作业区与管理区之间的纽带。道路系统的设置及宽度,应以保证车辆、机具和设备的正常通行,便于生产和运输为原则,并与排灌系统和防护林带相结合。苗圃道路通常设一、二、三级道路和环路。在进行设计时,首先在交通方便的地方决定出入口。

一级路(主干道),应设在苗圃的中心线上,与出入口、建筑群相连,多以办公室、管理处为中心。这是苗圃内部对外联系的主要道路,可以设置一条或两条相互垂直的主干道,路宽6~8 m,要求汽车可以对开,其标高应高于作业区20 cm。

二级路,通常与主干道垂直,与各作业区相连,其宽度为4~6 m,其标高应高于作业区10 cm。

三级路,是沟通各作业区的作业路,宽为2 m。

环路,一般是在大型苗圃中,为车辆、机具等机械回转方便的前提下,尽量做到少占用土地。

中小型苗圃可以考虑不设二级路,但主道不可过窄。一般苗圃中道路的占地面积不应超过苗圃总面积的7% ~10%。

2. 灌溉系统设置

园林苗圃必须有完善的灌溉系统,以保证水分对苗木的充分供应。灌溉系统主要包括水源、提水设备和引水设施三部分。

(1)水源,主要包括地面水和地下水两类。地面水指河流、湖泊、池塘、水库等,以无污染又自流的地面水灌溉最为理想,因为地面水温度较高,与作业区土温相近,水质较好,而且含有部分养分,对苗木生长有利;地下水指泉水、井水,其水温较低,最好建蓄水池存水,以提高水温。在条件允许的情况下,水井应设在地势较高的地方,以便于地下水提到地面后自流灌溉,同时水井设置要均匀分布在苗圃各区,以便缩短饮水和送水的距离。

(2)提水设备,目前多用提水工作效率高的水泵。水泵规格的大小应根据土地面积和用水量的大小确定。如安装喷灌设备,则要用5 kW以上的高压潜水泵提水。

(3)引水设施,有地面明渠引水和暗管引水两种形式。

明渠引水:土筑明渠沿用已久,其占地多、渗漏量大、水流速度慢、蒸发量大、易冲垮,须注意经常维修,但修建简便,投资少,建造容易,目前有的地方仍在使用。为了提高流速、减少渗漏,现多在明渠上加以改进,在水渠的沟底两侧加设水泥板或做出水泥槽。也有一些苗圃采用瓦管、竹管、木槽等管道送水，水流速度快，节省水。

明渠引水渠道一般分为三级：一级渠道（主渠）是把水由水源直接引出的渠道，是永久性的，主渠一般顶宽为1.5～2.5 m。二级渠道（支渠）是把水由主渠引向各作业区的渠道，通常也是永久性的，顶宽为1～1.5 m。三级渠道（毛渠）是临时性的小水渠，一般宽度在1 m左右。主渠和支渠是用来引水、送水的，水槽底应高于地面，毛渠则直接向圃地灌溉，不宜设置过高，一般底部不应超出地面，以免冲刷量更大把泥沙冲入床中，埋没幼苗。各级渠道的设置应与各级道路相配合，可使苗圃的区划整齐。渠道方向与作业区方向一致，且各级渠道常成垂直设计，即支渠与主渠垂直、毛渠与支渠垂直，同时毛渠又与苗木栽植行垂直，以利灌溉。灌溉的渠道还应有一定的坡降，以保证一定的水流速度，但坡度也不宜过大，否则易出现冲刷现象。一般渠道的坡降应保持在1/1 000～4/1 000，土质黏重的地段坡度应大些，但不超过7/1 000，水渠边坡一般采用45°为宜。在地形变化较大、落差过大的地方应设跌水构筑物，通过排水沟或道路时可设渡槽或虹吸管。

暗管引水：主管和支管均埋于地下，其深度以不影响机械作业为度，阀门设于低端以方便使用。用高压水泵直接将水送入管道或先将水压入水池或水塔再流入管道。出水口可直接灌溉，也可安装喷灌机。喷灌和滴灌是使用管道进行灌溉的两种比较先进的灌溉方式。喷灌是最近20多年来发展较快的一种灌溉方式，利用机械把水喷射于空中形成细小雾状水滴，进行灌溉；滴灌是一种新的灌溉技术，它是使用细小的滴头逐渐地渗入土壤中进行灌溉。这两种方法基本上不产生深层渗漏和地表径流，一般可省水20%～40%；少占耕地，提高土壤利用率；保持水土，且土壤不易板结；可结合施肥、喷药、防治病虫等抚育措施，节省劳力；同时可调节小气候，增加空气湿度，以利于苗木的生长和增产。但喷灌、滴灌投资较大，喷灌还常受风的影响。管道灌溉近年来在国内外均发展较快，建圃在有条件的情况下，应尽量采用管道灌溉方式。

3. 排水系统的设置

排水系统对于地势低、地下水位高及降水量多而且集中的地区非常重要。排水系统主要由大小不同的排水沟构成，排水沟常分为明沟和暗沟两种，目前多采用明沟排水。排水沟宽度、深度、位置根据苗圃圃地的地形、土质、雨量、出水口的位置等因素综合决定，并且保证雨后尽快排除积水，同时要尽量占用较少的土地。排水沟的边坡与灌水渠的角度相同，但落差应大些，一般大排水沟应设在苗圃最低处，直接通入河、湖或市区排水系统；中小排水沟通常设在路边；作业区的小排水沟与小区步道相结合。在地形、坡向一致时，排水沟和灌溉渠往往各居道路一侧，形成沟、路、渠并列，这是比较合理的设置，既利于排灌，又区划整齐。排水沟与路、渠相交处应设涵洞或桥梁。大排水沟一般宽1 m以上，深0.5～1 m；作业区内小排水沟宽0.3～1 m，深0.3～0.6 m。在苗圃四周最好设置较深而宽的截水沟，以起到防止外水入侵、排除内水和防止小动物及虫害侵入的作用。排水系统占地一般为苗圃总面积的1%～5%。

4. 防护林带的设置

为了避免苗木遭受风沙危害，降低风速，减少地面蒸发和苗木蒸腾，创造良好的小气候条件和适宜的生态环境，苗圃应设置防护林带。防护林带的设置规格，应由苗圃面积的大小、风害的严重程度决定。一般小型苗圃设一条与主风方向垂直的防护林带；中型苗圃在四周设防护林带；大型苗圃不仅在四周设防护林带，而且有结合道路、沟渠，设置与主风方向垂直的辅助林带。如有偏角，不应超过30°。一般防护林带范围为树高的15～20倍。

林带结构以乔木、灌木混交的疏通方式为宜，既可减低风速，又不因过分紧密而形成回流。林带宽度和密度依苗圃面积、气候条件、土壤和树种特性而定，一般主林带宽8～10 m，株距1.0～1.5 m，行距1.5～2.0 m；辅助林带由2～4行乔木组成，株行距根据树木品种而定。林带的树种选择，应尽量就地取材，选用当地适应性强、生长迅速、树冠高大、寿命较长的乡土树种，同时注意速生与慢生、常绿与落叶、乔木与灌木、寿命长与寿命短的树种相结合，亦可结合采种、采穗母树和有一定经济价值的树种，如建材、筐材、蜜源、油料、绿肥等，以增加收益，便利生产。注意不要选用苗木病虫害中间寄生的树种和病虫害严重的树种。为了加强圃地的防护，防止人们穿行和畜类窜入，可在林带外围种植带刺的或萌芽力强的灌木，减少对苗木的危害。苗圃中防护林带的占地面积为苗圃总面积的5%～10%。

近年来，在国外为了节省用地和劳力，已有用塑料制成的防风网防风。其特点是占地少而耐用，但投资大，在我国少有采用。

5.管理建筑区的设置

该区包括房屋和苗圃内场院两部分。前者指办公室、食堂、宿舍、仓库、种子贮藏室、畜舍、工具房、车棚等，后者指集散地、假植场、积肥场、晒场、运动场等。苗圃的管理建筑区应设在交通方便、地势高燥、接近水源的地方或不适合育苗的地方。大型苗圃的建筑群最好设在苗圃的中心，以方便整个苗圃的经营管理。积肥场、畜舍、猪圈要放在比较隐蔽和便于运输的地方。本区的占地面积为苗圃总面积的1%～2%。

任务实施

一、苗圃地的调查

（一）踏查

由设计人员会同施工与经营人员到已确定的苗圃地范围内进行实地踏勘和调查访问，了解苗圃地的现状、历史、地势、土壤、植被、水源、交通、病虫害、草害、有害动物、周围环境、自然树的情况等，提出苗圃建设的各项初步意见。

（二）测绘地形图

地形图是苗圃进行规划设计的依据。比例尺一般要求为1/500～1/1 000，等高距为20～50 cm，与设计直接有关的山、河、路、桥、房等都应给出，对土壤状况及病虫害分布情况也应重点标出。

（三）土壤调查

根据苗圃地的自然地形、地势，以及指示植物的分布，选定典型地带，挖取土壤剖面，观察和记载土壤厚度、机械组成、酸碱度、地下水位等，在必要时可分层采样进行分析，弄清苗圃地内土壤种类、肥力分布状况和土壤改良的途径，并在地形图上绘出土壤分布图，以便于使用土地。

(四)病虫害调查

主要调查苗圃地内的土壤地下害虫,如金龟子、地老虎、蝼蛄及有害鼠类等。一般采用抽样法,每公顷挖样方土坑10个,坑长、宽各为50 cm,深40 cm,统计害虫数目、种类,并通过苗圃地周围树木和作物的受害情况,了解病虫害的发生程度并提出防治措施。

(五)气象资料的收集

向当地的气象台或气象站了解有关气象资料。如早霜期、晚霜终止期、全年及各月平均气温、绝对最高和最低气温、土表最高温度、冻土层深度、年降水量及各月分布情况、最大一次降雨量及降雨历时数、空气相对湿度、主风方向、风力等。此外,还应了解苗圃地周围的特殊小气候情况。

二、苗圃的区划

苗圃地确定后,为了合理布局,充分利用土地,便于生产管理,必须进行区划。首先对苗圃面积进行测量,绘出1/500~1/1 000平面图,并注明地形、水文、土壤等情况,作为区划工作的依据,然后根据生产任务、各类苗木的培养特点、树种特性和圃地的自然条件,进行区划和规划设计。

三、苗圃设计图的绘制和设计说明书的编写

(一)准备工作

绘制设计图时首先要明确苗圃的具体位置、圃界、面积、育苗任务、苗木供应范围;要了解育苗的种类、培育的数量和出圃的规格;确定苗圃的生产和灌溉方式,必要的建筑和设备等设施,以及苗圃工作人员的编制等。同时应有建圃任务书,各种有关的图面材料如地形图、平面图、土壤图、植被图等,搜集有关自然条件、经营条件以及气象资料和其他有关资料等。

(二)苗圃设计图的绘制

在各有关资料搜集完整后,应对具体条件全面综合,确定大的区划设计方案,在地形图上绘出主要路、渠、沟、林带、建筑区等位置。再依其自然条件和机械化条件,确定最适宜的耕作区的大小、长宽和方向。再根据各育苗区的要求和占地面积,安排出适当的育苗场地,绘出苗圃设计草图,经多方征求意见,进行修改,确定正式设计方案,即可绘制正式图。正式设计图的绘制,应依地形图的比例尺将道路、沟渠、林带、耕作区、建筑区、温室育苗区等按比例绘制,排灌方向用箭头表示,在图外应列有图例、比例尺、指北方向等,同时各区应加以编号,以便说明各育苗区的位置等。

(三)苗圃设计说明书的编写

设计说明书是苗圃规划设计的文字材料,它与设计图是苗圃设计两个不可缺少的组成部分。图纸上表达不出的内容,都必须在说明书上加以阐述。一般分为总论和设计两部分进行编写。

总论:主要叙述该地区的经营条件和自然条件,并分析其对育苗工作的有利和不利因素,以及相应改造措施。

(1)经营条件:主要包括苗圃位置及当地居民的经济、生产及劳动力情况;苗圃的交通条件;动力和机械化条件;周围的环境条件(如有无天然屏障、天然水源等)。

(2)自然条件:主要包括气候条件;土壤条件;病虫害及植被情况;地形特点等。

设计部分:

(1)苗圃的面积计算。

(2)苗圃的区划说明:主要包括耕作区的大小;各育苗区的配置;道路系统的设计;排、灌系统的设计;防护林带及篱垣的设计;

(3)育苗技术设计。

(4)建圃的投资和苗木成本计算。

任务三　园林苗圃施工

【技能点】

园林苗圃施工准备

园林苗圃施工

一、园林苗圃施工准备

(一)人员和工具准备

根据规划设计要求,做好现场施工前的人员、机械、车辆、设备、工具等准备工作。施工前要到现场再做一次踏勘,确定工具用品的规格、数量,评价施工难度,制订施工具体方案。大型苗圃要设立施工指挥部,下设几个职能工作组,分管定点放线、地形整理、道路管网、水电引入、档案管理、后勤保障等工作。

(二)定点放线

在认真研究规划设计图的基础上,到现场选择标准水准点或参照物,由此点导引定点放线。先确定苗圃边界,将拐角边线明确标出;再确定主干道、二级路、三级路的边界及中心线;根据设计要求,把水源点、管线、建筑位置、小苗区、电力设施等关键部位在圃地上定点标出。根据现场实测情况,对于一些设计内容可以作出调整,调整后要在设计图上做好标记。

(三)地形整理

园林圃地一般都要进行土地平整的过程,根据生产需要,地形测量后作出平整规划,坡度小的地块可在道路水渠完成后结合翻耕进行整理,尽量不破坏表层土壤。坡度较大地块应先整地再修路挖渠,部分地块需要做梯田处理;对于局部凸高或低洼地块,采取挖低或填高措施,深坑填平后要进行灌水沉实,再做表层处理。

二、园林苗圃施工

(一)水、电、通信引入

建圃施工的水、电、通信都是必不可少的,因此应先做好这三项工作的安排,落实规模、地点,与其他过程配合开展。根据苗圃规模确定电力总瓦数,与相关部门沟通联系,确定接入位置和方式。水的来源确定后，做好水质、水量、水源稳定性的调查，确定引入方式和地点，做好接入的相关安排。大型苗圃应有自己固定的通信系统，便于内外部联系，小型苗圃可采用移动通信或无线对讲系统。

（二）办公及生产设施建筑

园林苗圃办公用房仍坚持节约用地的原则，通常选择主要路口附近或土质较差的地块做办公用地。主要包括办公用房、机械库、工具仓房、种子种苗库、水电泵房、休息用餐厅、温室、冷库等，为节约用地，以上设施应集中建设，办公场所可建成楼房。办公设施应在道路修好后及时建完，也可先建办公场所，便于开展建圃工作组织。

（三）圃路施工

根据规划设计图的具体方位，在圃地内选好标定物做基点，定出主干道的实际位置，再以主干道的中心线为基线，标出各级道路系统的起点、终点、中线与边沿，用木桩标明道路编号，各部位置要标明标高。多数情况下先修路，次级道路为土路，便于日后地块功能改造。根据规划图标出排灌水管道铺设位置、地下缆线位置等。

施工前用白灰标出中线、边线，定好标高，从路两侧取土填于路中，形成中间高、两边低的凸形路面。路面土要压实，边沿整齐紧密，排水沟深度、宽度适宜，把横穿路面的管道设埋涵管，便于下一步施工应用。两侧的边沿取土后形成排水沟，作为排水及灌溉渠。圃路通常不设渗水井，路面高于圃地，雨水自然排到沟渠、圃地中。干旱地区可在排水沟低洼处设一个储水池，利于少雨季节灌溉。

（四）灌排系统施工

灌排系统包括灌溉和排水两个内容，可分可合，由灌溉和排水的方式及程度决定。

灌溉系统又分为沟渠漫灌和管道喷灌两种方式，传统的渠沟漫灌系统要设有提水设备、储水池、输水沟渠等，其中水的流动要靠沟渠的纵坡驱动，因此从提水设备流出的水要沿着沟渠的坡度向各级沟渠流动。渠道的落差要均匀，沟渠防渗效果好，暗渠更应设计好坡度、坡向及深度，保证水流畅通。喷灌系统建造要根据规划设计，确定储水池、加压泵、各级管道、喷头、阀门的位置和数量，再确定埋设深度或地面铺设高度，用白灰标出具体开挖线路位置，经挖沟、连接、封闭、埋设、验收等施工步骤，确定可以应用后交工。

排水系统一般与道路边沟通用，也可以根据雨季特点单独设立，圃地内的步道可设置成低于苗床，雨天用于排水。需要注意的是，排水沟的坡降与道路边沟一样，要利于排水顺畅，不出现急速径流冲刷土壤，不出现积水、涝洼，如能把排水与储水结合最好。

（五）防护设施建设

园林苗木受周边影响很大，要通过防风、防寒、遮强光、防尾气等措施进行防护管理。园林苗圃种苗珍贵，应用广泛，易受“顺手牵羊”之害。因此，在进行施工开始阶段，就要加强防盗防护措施的建设。一般在苗圃北侧及西侧栽植高大的防护林，在圃地四周可栽植柏树、刺槐、十大功劳、玫瑰、皂角、黄刺玫等带刺的树木，起到防护和美化的作用。土地较少地方，采用人工刺篱、铁丝网、防护障等设施防护。

（六）土壤改良

由于园林苗圃地的选择不能十全十美，以及土壤的区域差异性和树种对土壤要求的差异性客观存在，因此为了满足苗木的需要，往往在种植前要对圃地中不适合生长的盐碱土、重黏土、沙土、垃圾土、地下害虫较严重的土壤进行改良;不同土壤要在土壤勘察时作好野外评判,划出地块,取样后进一步检验其理化性质。盐碱土可进行开沟引流、高台种植、淡水冲洗等物理措施,也可采取调酸、改进肥料、改进种植植物类别等措施进行改良;重黏土应采用混沙、耕翻、加施有机肥、开沟排水、种植绿肥等措施提高土壤通透性,增加腐殖质含量;沙土地需要掺入腐殖质、黏土,减少翻动,加强防风林建设等措施也能提高沙土性质,改变和减少水土流失。

任务四 园林苗圃技术档案的建立

【知识点】

建立苗圃技术档案的要求

【技能点】

熟悉苗圃技术档案的主要内容

相关知识

一、建立园林苗圃技术档案的意义

技术档案是对园林苗圃生产、试验和经营管理的记载。从苗圃开始建设起,即应作为苗圃生产经营的内容之一,建立苗圃的技术档案。苗圃技术档案是合理利用土地资源和设施、科学指导生产经营活动、有效地进行劳动管理的重要依据。

二、建立苗圃技术档案的要求

(1)档案管理人员应尽量保持稳定,如有变动,应及时做好交接工作,保持档案的持续完整。

(2)苗圃技术档案是对园林苗圃生产和经营管理的历史记载,必须长期坚持,不能间断,保持其完整性、连续性。

(3)应设专职或兼职档案管理人员,一般可由苗圃技术人员监管。人员应保持相对稳定,如有工作变动,要及时做好交接工作。观察记载要认真仔细、实事求是、及时准确、系统完整。每年必须对材料及时收集汇总,进行整理和分析总结,为今后的苗圃生产提供依据。

(4)技术档案的保管要按照材料形成的时间先后顺序和重要程度,连同总结材料等分类整理装订,登记造册,长期妥善保管。

(5)苗圃技术档案是通过连续记录苗圃的设计、建立、育苗技术措施、苗木生长发育物候记录、苗木出入、生产管理过程、苗木日常作业、日常管理等数据,经长期积累,定期分析总结,成为苗圃生产经营的基本依据。苗圃技术档案需要专人管理,科学记录,定期审查总结,认真管理保存。

任务实施

一、苗圃土地利用档案

苗圃土地利用档案是对苗圃各作业区的面积、土质，育苗树种，育苗方法，作业方式，整地方法，施肥和施用除草剂的种类、数量、方法和时间，灌水数量、次数和时间，病虫害的种类，苗木的产量和质量等逐年加以记载，一般用表格的形式记录保管存档。

为便于以后查阅，建立土地利用档案时，应每年绘出一张苗圃土地利用情况平面图，并注明苗圃地总面积、各作业区的面积、育苗树种、育苗面积和休闲面积等。

二、育苗技术档案

（一）苗木繁殖

分树种就一年内苗木的培育管理技术措施，包括苗圃有关树种的种子、根、条的来源，种质鉴定，繁殖方法，成苗率，产苗量及技术管理措施等，重点记录苗木繁殖材料来源、质量、数量、采取措施、效果、发芽率、出苗率、成活率、生长量、存苗量等，同时记录育苗过程中的人员、用工、用料、水肥管理过程、病虫害管理、苗木出圃、倒床移栽等生产过程。

（二）苗木抚育

按苗圃地块分区记载，包括苗木品种、栽植规格、日期、株行距、移植成活率、年生长量、苗木在圃量、苗木保存率、技术管理、苗木成本、出圃规格、数量、日期等。

（三）其他资料

（1）使用新技术、新工艺和新成果的单项技术资料。

（2）试验区、母本区的技术资料。

（四）经营管理状况

（1）苗圃各项生产计划、育苗规划、设备安装与运行状况等。

（2）职工组织、技术教育、考核、育苗水平发展变化。

（3）苗圃生产经营状况、经济效益分析。

三、苗木生长调查及物候观测档案

建立苗圃的同时就要根据树种分别建立物候观测记录档案，与技术措施档案不同之处是记录各阶段的效果，为进一步分析总结提供连续多年的同时期数据变化规律。通过对苗木生长发育的观察，用表格形式记载各种苗木的生长过程，以掌握其生长规律，把握自然条件和人为因素对苗木生长的影响，确定有效的抚育措施。

四、气象观测档案

气象变化与苗木生长和病虫害的发生发展有着密切关系。通过记载和分析气象因素，可帮助人们利用气象因素，避免或防止自然灾害。

五、科学实验档案

以实验项目为单位，主要记载实验项目的目的、实验设计、实验方法、实验结果、结果分析、年度总结及项目完成的总结报告等。

六、经营管理档案

将苗圃建立及运营过程的主要材料、事迹、证据、分析总结资料及时收集整理，为下一步决策提供依据，包括苗圃设计任务书、规划图、施工记录、育苗计划、年度生产计划与总结、职工组织、技术装备资料、投资经营效益分析、苗木市场调研、其他经营等。

七、苗圃作业日记

主要记录苗圃每天所做的工作，统计各种苗木的用工量和物料的使用情况，以便核算成本，制定合理定额，更好地组织生产，提高劳动效率。

八、统计资料

统计资料包括各类统计报表、调查总结报告、各类鉴定书等。各类资料由专人每年整理一次，编目录、分类、存档。

项目小结

园林苗圃是城市绿化建设的重要组成部分，其布局和规划设计应根据城市绿化建设的规模及发展目标而定。确定好建设规划方案后，从综合经营条件和自然条件两方面进行选址，确定苗木的建设面积，进行合理的规划设计。园林苗木的施工过程中应先做好施工准备，按照施工先后顺序进行施工，在苗圃建设及经营中应做好各种技术档案的记录和整理归档。

思考与练习

1. 建立园林苗圃应该具备哪些条件？
2. 圃地踏勘调查的主要项目有哪些？
3. 辅助用地的规划原则是什么？
4. 生产用地一般包括哪些区域？各有什么要求？
5. 苗圃技术档案常包括哪些内容？

技能训练

技能训练一　参观与调查当地园林苗圃

一、目的要求

通过实地参观、调查、访问及测量训练，学生可掌握苗圃用地的选择与区划方法，培养学生对现有苗圃质量的分析能力及苗圃区划设计能力。

二、材料与工具

新建及现有的各种苗圃、测量工具、记录本、绘图工具等。

三、方法步骤

（一）方法

组织参观、访问、测量、绘草图。

（二）步骤

（1）参观现有苗圃，了解全貌。

（2）分组分别测量生产用地和辅助用地面积。

（3）调查苗圃所有苗木种类、数量和植物生长情况。

（4）调查苗圃自然条件及经营条件。

（5）根据测量结果绘制苗圃概况草图。

四、结果评价

根据实训报告进行成绩评定。

优秀——内容按要求、全面、详细、书写认真。

良好——内容按要求、全面、详细。

合格——内容按要求、全面但是不够详细。

不合格——内容不全或缺勤。

五、作业

完成实训报告。

技能训练二　园林苗圃规划设计

一、目的要求

熟练进行苗圃规划设计图的绘制和编写设计说明书。

二、材料与工具

罗盘仪、皮尺、计算器、绘图工具。

三、方法步骤

(1)准备工作。

了解育苗任务书、苗木规格标准表、播种量参考表、各种物资参考表、育苗作业定额参考表、各项工资标准、苗木种类符号表,掌握苗圃地的基本情况、土壤条件、水源情况、地形特点、病虫害和植被情况等。

(2)拟订规划方案。

(3)修改规划方案。

(4)绘制苗圃规划设计图。

(5)编写苗圃设计说明书。

四、结果评价

根据实训报告进行成绩评定。

优秀——内容按要求、全面、详细、书写认真。

良好——内容按要求、全面、详细。

合格——内容按要求、全面但是不够详细。

不合格——内容不全或缺勤。

五、作业

完成实训报告。

项目二　园林植物种实生产

【教学目标】

通过本项目的学习,使学生了解种实采收、调制和贮藏的相关基础知识,熟悉园林树木的结实规律、种子成熟的过程及特征,掌握种子检验、调制和贮藏的方法。

任务一　园林植物种实的采集

【知识点】

园林树木结实规律

种子成熟与脱落

【技能点】

采集时间的确定

种实采集方法

相关知识

一、园林树木的结实规律

园林植物结实是指植物孕育种子或果实的过程。在新制定的中华人民共和国《种子法》中,将林木的籽粒、果实、茎、苗、芽、叶等繁殖或者种植材料均归纳为种子的范畴。如培育雪松、侧柏、云杉等实生苗时,所用的播种繁殖材料属于植物学意义上真正的种子;培育白蜡播种苗时,所用的种子实际上是指植物学上的果实;播种桃、梅和李时,所用的种子只是果实的一部分;而有些树种播种所用的种子仅仅是种子的一部分,如银杏播种繁殖时所用的种子,通常是除去肉质外种皮后,留下来的包括骨质中种皮和膜质内种皮的种子。

(一)结实年龄

园林植物包括乔木、灌木、多年生常绿草本、多年生宿根草本、一年生草本。多年生植物可多年结实(竹类除外),一年生草本当年结实。园林植物从卵细胞受精开始到形成种子,从种子萌发、生长、发育直到死亡,要经过五个年龄时期:种子时期(胚胎时期)、幼年时期(幼苗时期)、青年时期(初果期)、成年时期(盛果期)、老年时期(衰老时期)。一年生植物生命周期短,各时期在一年之内完成。

对不同树种来说,每个时期开始的早晚和延续时间长短都不一样。如紫薇1年即可结实,梅花3~4年可开花结实,落叶松10年左右开始结实,而银杏则要生长20年后才开始结实(见表2-1)。

表 2-1　部分园林植物开始结实年龄

树种	开始结实年龄(年)	备注
桧柏	10 ~ 15	北京
栾树	5 ~ 7	北京
楸树	10	江苏
木麻黄	1 ~ 2	广东
杉木	8 ~ 12	长江中下游(林内)
杉木	4 ~ 8	长江中下游(孤立木)
马尾松	10 ~ 12	长江中下游(林内)
马尾松	5 ~ 8	长江中下游(孤立木)
红松	80 ~ 140	小兴安岭(天然林)
红松	15 ~ 20	东北(人工林)
华北落叶松	14	山西(人工林)
油松	7 ~ 10	山西(人工林)
樟子松	20 ~ 25	大兴安岭(天然林)
火炬松	6 ~ 7	福建(人工林)
侧柏	6 ~ 10	北京(人工林)
刺槐	4 ~ 5	华北(人工林)
麻栎	20 ~ 30	浙江、江苏
栓皮栎	20 ~ 30	北京(天然林)
枫杨	5 ~ 6	河北(人工林)
榆树	5 ~ 8	河北(散生)
板栗	5 ~ 8	华北
核桃	6 ~ 8	华北
花椒	3 ~ 4	山东
文冠果	3	内蒙古
沙枣	4	西北
云杉	40	东北

同一树种,不同的起源和环境条件,开始结实时期也有差异,如银杏播种苗要 20 年才开始结实,而把结果母枝上采下的枝条嫁接到较大的银杏苗上,5 年即可结实。树木开始结实的年龄决定于它的遗传基因和环境条件。在温暖的气候和充足的光照环境中生活的贮藏营养充足,树种个体可提早开花结实。孤立木结实年龄比林缘木早,林缘木结实年龄比林中木早。不同树种的遗传基因不同,生长发育快慢不同,生物学特性不同,其结实年龄也不一样。一般灌木比乔木早,速生树比慢生树早,喜光的比耐阴的早。

（二）结实周期性

植物进入结实阶段后，因受各种因子的影响，每年结实量常常有很大差异，有的年份结实较多，称之为“大年”，随后结实量大幅减少，各年中结实数量的这种波动称为结实的大小年现象。把相邻的两个大年之间相隔的年限称为“结实的间隔期”。如核桃、柿树、板栗结实都有大小年现象（见表2-2）。

表2-2　几种园林植物结实间隔期

树种	间隔期（年）	地区	树种	间隔期（年）	地区
紫叶小檗	0～1	北京	泡桐	0～1	江苏、安徽
云杉	3～5	吉林、黑龙江	落叶松	3～5	东北、山西
白蜡	1～3	东北	榆树	0～1	东北、华北
水杉	1～3	江苏	紫薇	0	北京
红松	3～5	吉林、黑龙江	金银木	0	北京

植物结实的间隔期随着生物学特性和环境条件的不同而有所差别。花芽的形成主要取决于植物的贮藏营养，结实后养分消耗，树势减弱，尤其在大年后，树势恢复情况的不同，花芽分化的质量和数量不同，形成的间隔期也不同，而外界的不良影响，如风、霜、冰雹、冻害、病虫害等也常会使植物的结实出现大小年和间隔期现象。

植物的这种结实间隔期，并不是植物固有的特性，它可以通过加强抚育管理，如松土、除草、施肥、灌水、修剪、防治病虫害，克服自然灾害等措施来调节植物营养生长和生殖生长的平衡关系，以达到消除大小年现象，实现种实高产稳产的目的。

（三）影响园林植物结实的因子

园林植物的生长发育、营养条件、开花传粉习性、气候条件、土壤条件及生物因素等都影响植物的开花结实。

1. 母本树年龄及生育状况

初果母树结实量少，空粒、瘪粒较多，随着进一步发育，产量和品质提高，进入壮年阶段后，营养生长和生殖生长相对平衡，产量和质量相对稳定，这一时期是采种的重要时期。到了老年阶段后，顶部出现枯梢，开花能力明显下降，结实量减少，种实质量降低，结实间隔期变长。

2. 气候条件

主要是光照条件、温度、降雨量和风。

（1）温度条件。不同的植物都有其原产地分布的区域，在温度等环境条件都适合其生长的情况下，植物不仅生长好，其结实也好，品质也高。而当植物生长的环境条件超出其适应范围则影响结实。

每个植物的开花结实都需要一定的温度，若是开花期遇低温、晚霜的危害，不但会推迟开花，而且会使花粉大量死亡。如在果实发育初期遇低温会使幼果发育缓慢，种粒不饱满，种子质量差。

（2）光照条件。光是树木生命活动的基本因子。植物利用光照进行光合作用，制造生长发育、开花结实所需要的养分，光照条件的差异明显地反映在树木结实的状况上。孤立木、林缘木光照充足，因此比林中木结实早，产量高，质量好；阳坡光照条件好，受光时间长，光照强度大，相应的温度也高，有利于光合作用的进行和根的吸收，贮藏营养也多，因此结实就早且质量高，而阴坡则相反。据浙江省林科所的资料，23 年生杉木人工林，在南偏东的坡上采集的种子比西偏北的坡向上采集的种子发芽率高 28%，发芽势高 27%，千粒重大 7%，产量高 61%。

(3)降雨量。正常而适宜的降雨量，可使植物生长健壮，发育良好，结实正常。春季开花季节连绵阴雨，会影响正常授粉；夏季多雨，长时间连续阴天，会推迟种子成熟期，影响种子的产量和质量；夏季过于干旱炎热又常造成落果；暴雨和冰雹等会造成更大的灾害，影响结实。

(4)风。微风有利于授粉，大风则会吹掉花朵和幼果，影响树木结实。

3. 土壤条件

一般情况下，生长在肥沃、湿润、排水良好的土壤上的植物结实多，质量好。土壤养分对植物结实也有重要影响，如土壤中含氮量高，有利于树木的营养生长，含磷、钾元素多则有利于提早结实和提高种实产量。

4. 生物因素

对虫媒植物，昆虫活动有助于传粉。许多植物的结实常在花期或成熟过程中受病、虫、鸟、兽、鼠等的危害，使种实减少，品质降低，甚至收不到种实。如梨桧锈病使梨和桧柏都生长不良，种实减产；炭疽病使油茶早期落果而减产；鸟类对樟树、檫木、黄连木等多汁果实的啄食，鼠类对松树和栎树等种子的取食都会影响园林树木的结实。

5. 开花习性

植物的开花习性也影响到结实状况，如某些树种的雌雄异熟现象影响就比较明显。如鹅掌楸为两性花，但很多雌蕊在花蕾尚未开放时即已成熟，到花瓣盛开雄蕊散粉时，柱头就已经枯萎，失去接受花粉的能力，故结实率不高。对于这些树种最好实行人工授粉，以保证结实。银杏的栽培中，常发现由于雄株过少而使种实减产，因此须保证雌雄株一定的比例或利用外地雄花枝进行辅助授粉。

二、种子的成熟与脱落

(一)种子的成熟

种子成熟过程就是胚和胚乳发育的过程。经过受精的卵细胞逐渐发育成具有胚根、胚轴、胚芽和子叶的完全种胚。从种子发育的内部生理和外部形态特征看，种子成熟包括生理成熟和形态成熟两个过程。

1. 生理成熟

种子发育初期，子房膨大，体积增长快，内部营养物质虽不断增加，但速度慢，水分多，多呈透明状液体，种皮和果皮薄嫩，色泽浅淡。当种子发育到一定程度，体积不再增加，浓度提高，水分减少，由透明状液体变成混浊的乳胶状态，并逐渐浓缩向固体状态过渡，最后种子内部几乎完全被硬化的合成作用产物所充满。当种子的营养物质贮藏到一定程度，种胚形成，种实具有发芽能力时，称之为种子的“生理成熟”。

生理成熟的种子含水量高，营养物质处于易溶状态，种皮不致密，尚未完全具备保护种仁的特性，水分容易散失，此时采集的种实，其种仁急剧收缩，不利于贮藏，很快就会失去发芽能力，因而种子的采集多不在此时进行。但对一些休眠期很长且不易打破休眠的树种，如山楂、椴树、水曲柳等，可采用生理成熟种子播种，这样可以缩短休眠期，提高发芽率。

2. 形态成熟

当种子完成了种胚的发育过程，含水量降低，营养物质的积累结束，由易溶状态转化为难溶的脂肪、蛋白质和淀粉，种皮致密、坚实、抗害力强，此时种子的外部形态完全呈现出成熟的特征，称之为“形态成熟”。一般园林植物种子多在此时采集。

大多数树种生理成熟在先，隔一定时间才能达到形态成熟。也有一些树种，其生理成熟与形态成熟的时间几乎一致，相隔时间很短，如旱柳、泡桐、白榆、檫木、木荷、台湾相思、银合欢等，当种子达到生理成熟后就自行脱落，要注意及时采收。还有少数树种的生理成熟在形态成熟之后，如银杏，其种子在达到形态成熟时，假种皮呈黄色变软，由树上脱落，但此时种胚很小，还未发育完全，只有在采收后再经过一段时间，种胚才发育完全，具有正常的发芽能力，这种现象称为“生理后熟”。因此，银杏、七叶树、水曲柳等具有生理后熟特征的种子采收后不能立即播种，必须经过适当条件的贮藏，才能正常发芽。

3. 影响种子成熟的因素

（1）内部因素。不同树种虽在同一地区，但由于其生物学特性不同，因而种实的成熟期也不同。多数树种的种实成熟期在秋季，有的在春夏季成熟，如柚木、铁刀木、桧柏等早春成熟，杨、柳、榆等春末成熟，桑、构、檫木等夏季成熟，而苦楝、马尾松等入冬成熟。

（2）环境条件。同一树种由于生长地区和地理位置不同，结实的成熟期也不同。在我国，一般生长在南方的比生长在北方的成熟要早，如杨树在浙江4月成熟，在北方5月成熟，而在哈尔滨则6月成熟。同一树种虽生长在同一地区，但由于立地条件、天气的变化等差异，种子成熟期不同。高温干旱年份比冷凉多雨年份早，生于沙土上的比黏土上的为早，阳坡比阴坡早，林缘的比林内的早。

4. 确定种子成熟期的方法和种子成熟期的形态特征

判断种子成熟与否，可用解剖、化学分析、比重测定等方法，虽然方法可靠，但是手续繁杂。生产上一般以形态成熟的外部特征来确定种子成熟期和采种期。

（1）浆果类（浆果、核果、仁果等）。成熟时果实变软，颜色由绿变红、黄、紫等色，有光泽。如蔷薇、冬青、枸骨、火棘、南天竹、小檗、珊瑚树等变为朱红色；樟、紫珠、檫木、金银花、小蜡、女贞、楠木等变红、橙黄、紫等颜色，并具有香味或甜味，多能自行脱落。

（2）干果类（荚果、蒴果、翅果）。成熟时果皮变为褐色，并干燥开裂，如刺槐、合欢、相思树、皂荚、油茶、海桐、卫茅等。

（3）球果类。果鳞干燥硬化变色。如油松、马尾松、侧柏等变成黄褐色；杉木变为黄色，并且有的种鳞开裂，散出种子（见表2-3）。

表 2-3　部分树种开花和种子成熟期表

树种	地区	开花期	种子成熟期	种实成熟的简要特征
紫叶小檗	华北	4~5月	10~11月	果实深红色
紫荆	北京	4月初	10月	荚果深褐色
紫珠	北京	4月中、下旬	10~11月	浆果深紫色
紫薇	北京	5~6月	10月下旬	圆锥果序深褐色
紫藤	北京	5~6月	10~11月	荚果黄色
金银木	华北	5月	10~11月	果实圆球形、深红色
小叶黄杨	北京	5月	10~11月	果实褐色
海洲常山	北京	5月	11月	果实深红色
国槐	北京	6月	11月	荚果黄绿色
银杏	北京	5~6月	10~11月	果实圆球形、黄色
千头椿	北京	5月中、下旬	10~11月	果实褐色
山桃	北京	3~4月	7月中、下旬	果实黄绿色
山杏	北京	3~4月	6月中、下旬	果实黄色
黄栌	北京	4月	6月中、下旬	果实黄褐色
冷杉	东北	4~5月	10月	球果紫黑色
云杉	华北	4月下旬	9~10月	球果浅紫色或褐色
白皮松	华北	4~5月	翌年9~10月	球果黄绿或褐色
华山松	西南	4月	翌年9~10月	球果青褐色
油松	华北	5月	翌年9~10月	球果黄褐色
侧柏	华北	3~4月	8月下旬至9月	果实深黄褐色
桧柏	北京	3~4月	11月至翌年1月	果实紫黑色
椴树	华北	6~7月	9~10月	果实褐色
梧桐	西南	4月	8~9月	种皮黄褐色,有皱纹
合欢	华北	6月	10月	荚果黄褐色
皂荚	华北	5月	10月	荚果紫黑色
杜仲	中南	4月	9~10月	果实褐色
杨树	华北	3~4月	4月下旬至5月	果穗褐色
板栗	北京	5~6月	10月上旬	壳斗黄褐色
栓皮栎	华北	5月	翌年9月	壳斗黄褐色
榆树	华北	3~4月	5月	果实浅褐色
桑树	华北	4~5月	6月	桑椹紫黑色
沙棘	华北	3~4月	9~10月	果实橘黄色
臭椿	华北	5月中旬	9月	果实黄褐色
栾树	北京	6~7月	9~10月	果实黄褐色,种子黑色
元宝枫	北京	5月	9~10月	果实黄褐色

（二）种子的脱落和采种期

种子进入形态成熟期后，种实逐渐脱落。不同树种脱落方式不同，有些树种整个果实脱落，如浆果、核果类及壳斗科的坚果类等；有的则果鳞或果皮开裂，种子散落，而果实并不一同脱落，如松柏类的球果。因此，其采种期要因种而异，一般有以下几种情况：

形态成熟后，果实开裂快的，应在未开裂前进行采种，如杨、柳等；形态成熟后，果实虽不马上开裂，但种粒小，一经脱落则不易采集，也应在脱落前采集，如杉木、桉树等；形态成熟后挂在树上长期不开裂，不会散落者，可以延迟采种期，如槐、女贞、樟、楠等；成熟后立即脱落的大粒种子，可在脱落后立即由地面上收集，如壳斗科的种实。

（三）园林树木种实的采集

优良种实应从种子园和母树林中采集。我国种子法规定，主要林木商品种子生产实行许可证制度。省级以上政府的农业、林业行政主管部门可以设立林木良种审定委员会，负责林木良种的审定工作。因此，为了获得良种，应尽可能从种实基地采集，在采集过程中，必须能够识别种实的形态特征，了解种子成熟和脱落的规律，掌握种实采集的时期，并根据不同的类别，应用适当的方法调制和贮藏。

（四）采种方法

根据种实的大小、种实成熟后脱落的习性和时间不同，可分为以下几种方法：

（1）地面采收。某些大粒种实，可以从地面上捡拾，如板栗、核桃、栎类、红松、油茶等。采种前需将地面杂草等清除干净，以便拾取。

（2）从植株上采收。小粒种或脱落后易被风吹散的种子及成熟后虽不立即脱落但不宜于从地面收集的种实，都应在植株上采收，如针叶树类、马尾松等。可借助采种工具直接采摘或击落后收集，交通方便且有条件时，也可进行机械化采集。多数针叶树种，在生产上也常用树上采集方法，针叶树的球果可用振动式采种器采收球果或用齿梳梳下球果。进行树上采集时，比较矮小的母树，可直接利用高枝剪、采种耙、采种镰等各种工具采集或击落种实，或地面铺以席子、塑料布等，用竹竿、木棍击落种实，进行收集。通过振动敲击容易脱落种子的树种，可敲打果枝，使种实脱落；高大的母树，可利用采种软梯、绳套、踏棒等上树采种实，也可用采种网，把网挂在树冠下部，将种实摇落在采种网中。在地势平坦的种子园或母树林，可采用装在汽车上能够自动升降的折叠梯采集种实。对果实集中于果序上而植株又较高的树种，如栾树、白蜡等，可用高枝剪、采种钩、采种镰等采收果穗，国外大多采用各种采种机采种。

（3）伐倒木上采集。在种实成熟期和采伐期相一致时，可结合采伐作业，从伐倒木上采集种实，简便且成本低。这种方法对于种实成熟后并不立即脱落的树种（如水曲柳、云杉和白蜡等）非常便利。

我国的采种机具种类不多，常见的工具见图 2-1。

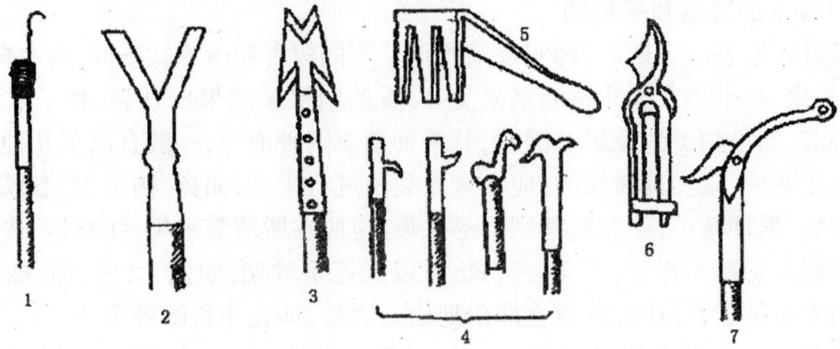

1—采种钩;2—采种叉;3—采种刀;4—采种钩镰;5—采种小锄;6—剪枝剪;7—高枝剪

图 2-1　采种工具

任务实施

一、种子采集时间的确定

园林植物种子一般要等到形态成熟后再进行采集。大多数树种生理成熟在先,隔一定时间才能达到形态成熟。也有一些树种,其生理成熟与形态成熟的时间几乎一致,相隔时间很短。形态成熟后,果实开裂快的,应在未开裂前进行采种,如杨、柳等;形态成熟后,果实虽不马上开裂,但种粒小,一经脱落则不易采集,也应在脱落前采集,如杉木、桉树等;形态成熟后挂在树上长期不开裂,不会散落者,可以延迟采种期,如槐、女贞、樟、楠等;成熟后立即脱落的大粒种子,可在脱落后立即由地面上收集,如壳斗科的种实。

二、种实采集方法

(1)地面采收。如板栗、核桃、栎类、红松、油茶等。

(2)从植株上采收。如针叶树类、马尾松等。

(3)伐倒木上采集。结合采伐作业,从伐倒木上采集种实如水曲柳、云杉和白蜡等。

任务二　园林植物种实的调制

【知识点】

种实调制的概念

种实调制方法

净种与分级

【技能点】

种子净种

相关知识

一、种实调制概念

种实调制是指种实采集后，为了获得纯净而质优的种实并使其达到适于贮藏或播种的程度所进行的一系列处理措施。多数情况下，采集的种实含有鳞片、果荚、果皮、果肉、果翅、果柄、枝叶等杂物，必须经过及时晾晒、脱粒、清除夹杂物、去翅、净种、分级、再干燥等处理工序，才能得到纯净的种实。新采集的种实一般含水量较高，为了防止发热、霉变对种实质量的影响，采集后要在最短的时间内完成种实调制。种实调制的内容包括脱粒、净种、干燥、去翅、分级等。不同类别和特性的种实，具体调制时要采取相应的调制工序。种实采集后应尽快调制，以免发热、发霉而降低种子品质。调制的方法因种实的类型不同而不同，但方法必须恰当，方可保证种实的品质。

二、种实调制方法

（一）干果类的调制

干果类的调制工序主要是使果实干燥，清除果皮、果翅、碎屑、泥土和夹杂物。干果类含水量低的可用“阳干法”，即在阳光下直接晒干；而含水量高的种类一般不宜在阳光下晒干，而要用“阴干法”。另外，有的干果种类晒干后方可自行开裂，有的需要在干燥的基础上进行人为加工处理。

1. 蒴果类

如丁香、紫薇、泡桐、白鹃梅、金丝桃等含水量很低的蒴果，采后即可在阳光下晒干脱粒净种。而含水量较多的蒴果，如杨、柳等采后，应立即避风干燥，风干 3 ~ 5 d 后，可用柳条抽打，使种子脱粒，过筛精选。

2. 坚果类

如板栗、麻栎、栓皮栎等坚果类一般含水量较高，在阳光暴晒下易失去发芽力，采后应立即进行粒选或水选，除去蛀粒，然后放于通风处阴干，当种实湿度达到要求的安全含水量时即可贮藏。

3. 翅果类

如三角枫、槭树、白蜡、杜仲、榆树等树种的种类，在处理时不必脱去果翅，用“阴干法”干燥后清除混杂物即可。

4. 荚果类

一般含水量低，多用“阴干法”处理，其荚果采集后，直接摊开暴晒 3 ~ 5 d，用棍棒敲打进行脱粒，清除杂物即得纯净种子。

（二）肉果类的调制

肉果类包括核果、仁果、浆果、聚合果等，其果实或花托为肉质，含有较多的果胶及糖类，容易腐烂，采集后必须及时处理。一般多浸水数日，有的可直接揉搓，再脱粒、净种、阴干、凉干后贮藏。少数具胶质种子如桧柏、三尖杉、女贞、榧树、紫杉的种实，可用湿沙或苔藓加细石与种实一同堆起，然后揉搓，除去假种皮后再干藏。

一般能供食加工的肉质果类，如苹果、梨、桃、樱桃、李、梅、柑橘等可从果品加工厂中取得种子，但一般在45 ℃以下冷处理的条件下所得的种子才能供育苗使用。

从肉质果中取得的种子，含水量一般较高，应放入通风良好的室内或荫棚下凉干4～5 d，期间要注意经常翻动，不可在阳光下暴晒或雨淋。当种子含水量达到一定要求时，即可播种、贮藏或运输。

（三）球果类的调制

针叶树种子多包含在球果中，从球果中取种子的工作主要是球果干燥问题。油松、柳杉、云杉、雪松、侧柏、水杉、落叶松、金钱松等球果采后暴晒3～10 d，果鳞失水后反曲开裂，大部分种子可自然脱粒，其余未脱落的可用木棍敲击球果，种子即可脱出。

国外许多国家有现代化的种子干燥器，保证球果干燥的速度快，脱粒尽，从球果中取出种子到净种、分级等均采用一整套机械化自动化设备，大大提高了种子调制的速度。

不同树种种实成熟期、成熟特征、采集方法、调制与贮藏及品质不同，见表2-2～表2-4。

表2-4　主要园林树种采种、种子加工精选和种子品质

树种	种实成熟期	种实成熟特征	种实加工精选	贮藏方法	出种率（%）	千粒重（g）	每斤粒数（万粒）	发芽率（%）
紫叶小檗	10月下旬	浆果红色	搓碎水选	干藏	50～60	5.3～7.2	8～9	70～80
金银木	10月下旬	浆果红色	搓碎水选	干藏	10～15	3.0～3.5	10～11	60～70
杉木	10月中旬	球果黄褐色	摊晒脱粒筛选	干藏	3～5	5.9～9.7	7.5～10	30～40
柳杉	11月上中旬	球果黄褐色	摊晒脱粒筛选	干藏	5～6	3.9～4.2	12～13	20
水杉	10月下旬	球果黄褐色	摊晒脱粒筛选	干藏	6～8	1.7～2.3	22～28	5～11
池杉	10月中下旬	果实栗褐色	摊晒脱粒筛选	干藏	9～12	74～118	0.5～0.7	30～60
红松	9月下旬	球果黄褐色	摊晒脱粒筛选	干藏、湿藏	10	430～480	0.09～0.1	75～85
华山松	9月中旬至10月下旬	球果黄褐色	摊晒脱粒筛选	干藏	7～10	259～320	0.16～0.20	90以上
白皮松	9月中旬	球果黄褐色	摊晒脱粒筛选	干藏	5～8	148	0.30～0.36	60～70
马尾松	11月	球果黄褐色	脱粒筛选	干藏	3	8.5～13.4	3.8～4.5	64～85
油松	9月下旬至10月上旬	球果黄褐色	摊晒脱粒筛选	干藏	3～5	34～49	1.1～1.5	90以上
樟子松	9月中下旬	球果灰绿	摊晒脱粒筛选	干藏	1～2	5.4～11.0		80以上
云南松	11～12月	球果黄褐色	摊晒脱粒筛选	干藏	1.0～1.7	15～17	3.1～3.2	70～90
思茅松	12月	球果黄褐色	摊晒脱粒筛选	干藏	1.5～2.0	16～19.5	2.7～3.2	70～90
黄山松	11月	球果黄褐色	脱脂脱粒筛选	干藏	2.5～3.0	10～12	4.2～5.0	80～85
湿地松	9月中下旬	球果黄褐色	脱粒去翅筛选	密封干藏	3～4	20～40	1.4～1.6	
火炬松	10月上旬	球果黄褐色	脱粒去翅筛选	密封干藏		30	1.5～1.7	80以上
黑松	10月上中旬	球果黄褐色	摊晒脱粒筛选	干藏	3左右	16～20	3.0左右	85
落叶松	8月下旬至9月	球果黄褐色	摊晒脱粒筛选	密封干藏	3～6	3.1～6.3	9.0～14.0	50～70
金钱松	10月中下旬	球果淡黄色	摊晒脱粒筛选	干藏	12～15		1.0～1.2	
核桃楸	8～9月	果皮黄褐色	沤皮淘洗阴干	干藏、湿藏		7 000～7 200	0.007左右	
木麻黄	8～11月	果实灰褐色	摊晒脱粒筛选	密封干藏	3～4	0.97左右	35～40	50左右
木荷	9月下旬至10月	蒴果黄褐色	摊晒脱粒筛选	干藏	4～6	4～6		40左右

续表 2-4

树种	种实成熟期	种实成熟特征	种实加工精选	贮藏方法	出种率（%）	千粒重（g）	每斤粒数（万粒）	发芽率（%）
紫椴	9月	坚果褐多毛	摊晒脱粒筛选	干藏、湿藏	80	28左右	1.20~1.4	60~90
黄菠萝	8月下旬至9月	浆果黑紫色	捣烂冲洗阴干	湿藏		13左右	3.3~3.6	80左右
臭椿	9~10月	翅果棕褐色	摊晒筛选	干藏		28~32	1.5~1.7	70以上
元宝枫	10月	翅果黄褐色	摊晒风选	干藏	50	125~175	0.28~0.4	75左右
黄连木	9~10月	核果铜绿色	浸泡脱蜡淘洗	湿藏	60	92左右	0.54左右	50~6
水曲柳	9月下旬至10月上旬	翅果黄褐色	摊晒风选水选	干藏、湿藏		50~64.5		60~80
白蜡	9月下旬至10月	翅果黄褐色	摊晒风选筛选	干藏		29~34	1.26~1.76	75左右
核桃	9月中旬	果实黄棕色	沤果脱皮	干藏、湿藏		12 475左右	0.003~0.006 5	90以上
文冠果	8月上中旬	果实黄褐色	阴干开裂风选	干藏、湿藏		600~1 250		85上
油桐	10~11月	果实黄褐色	捣烂水选	干藏、湿藏	20~30	2 600~4 000	0.015~0.02	80以上
乌桕	11月中下旬	果实黄褐色	摊晒脱粒筛选	干藏			0.33左右	70~80
板栗	9月下旬至10月上旬	栗蓬开裂	地面收集阴干	湿藏	35~60	3 067左右	0.004~0.015	85以上
山桃	7月中旬	果实黄绿色	剥除果肉阴干	干藏、湿藏	30	2 996~5 000	0.013 5~0.024 5	90以上
山杏	6月下旬	果实橙黄色	剥除果肉阴干	干藏、湿藏	25	560~1 093	0.045~0.090	85以上
海棠	10月中下旬	果实红色	捣烂淘洗阴干	干藏、湿藏	0.6	17左右	2.8左右	
杜梨	10月中下旬	果实赭褐色	捣烂淘洗阴干	干藏、湿藏	6	15~34.4	1.4~3.6	86~90
山丁子	9月中旬至10月中旬	果实红色	捣烂淘洗阴干	干藏、湿藏	3	3.7~5.0	10.7左右	75~80
山楂	10月上中旬	果实红色	捣烂淘洗阴干	湿藏	20	98左右	0.59左右	85
黑枣	10月下旬	果实棕黄色	捣烂淘洗阴干	干藏、湿藏	13	137左右	0.37左右	
花椒	9月中下旬	果实紫红色	阴干脱粒筛选	密封干藏	25	12.5~22.0	2~3.76	95
桑树	6月至7月上旬	紫黑或乳白	揉搓淘洗阴干	密封干藏	2~3	1.2~1.48	40~70	
漆树	8月中下旬	果实黄褐灰	摊晒筛选	干藏、湿藏	90(果)	47~50	1~2	
杜仲	10~11月	翅果栗褐色	阴干筛选	干藏、湿藏		50~130	0.35~1	80以上
合欢	9月下旬至10月中旬	荚果黄褐色	摊晒脱粒筛选	干藏	20	36左右	1.11左右	70以上
黄栌	6月上中旬	果实黄褐色	摊晒筛选	干藏、湿藏	20~30	9.4左右		
七叶树	9月上旬至10月下旬	果实棕褐色	除去外壳	湿藏	60		5.04左右	85
紫荆	9月中下旬	果实黄褐色	摊晒脱粒筛选	干藏	25			
小叶女贞	10月中旬	果实紫褐色	捣烂淘洗阴干	干藏、湿藏	60			
雪松	10月中下旬	球果褐色	摊晒脱粒筛选	干藏		125左右	0.4左右	90以上
云杉	9~10月	果浅紫或褐	摊晒脱粒筛选	干藏	3~5	3.6~4.6	10.9~14	30~70
冷杉	10月	球果紫褐色	摊晒脱粒筛选	干藏	5左右	8.3~16.0	3.1~5.0	
侧柏	9~10月	球果黄褐色	摊晒脱粒筛选	干藏	10左右	20~24	2.2~2.3	70~85
桧柏	10~11月	果实紫色白	捣烂淘洗筛选	湿藏	25	47~50	1.0~1.1	70
银杏	9~10月	果实橙黄色	捣烂淘洗阴干	湿藏、干藏		2 584左右	0.019左右	90左右
小叶杨	7月上旬至8月中旬	蒴果黄绿色	脱粒筛选	干藏	0.5~1.0	0.35左右	55~100	95以上
胡杨	7月上旬至8月中旬	蒴果黄绿色	摊晒脱粒筛选	密封干藏		0.08~0.2	250~999	85~99
泡桐	9月下旬至10月中旬	蒴果黄绿色	摊晒脱粒筛选	干藏		0.2~0.4	120~250	70~90

续表 2-4

树种	种实成熟期	种实成熟特征	种实加工精选	贮藏方法	出种率（%）	千粒重（g）	每斤粒数（万粒）	发芽率（%）
麻栎	9～10月	坚果黄褐色	水选粒选	湿藏		4 560 左右	0.011～0.014	90 左右
栓皮栎	8月下旬至10月上旬	坚果棕褐色	水选粒选	湿藏		3 845～4 807	0.011～0.013	80 以上
白榆	4月至5月	翅果黄白色	阴干筛选	密封干藏		7～8.15	6～6.5	65～85
楸树	9月	果实黑褐色	摊晒脱粒筛选	干藏	10 左右	4～10	5～10	40～50
苦楝	11月上旬	果皮黄褐色	捣烂淘洗阴干	湿藏	2～45		0.07～0.08	80～90
香椿	9～10月	蒴果黄褐色	摊晒脱粒筛选	干藏		7 左右	3.2～3.3	40～50
国槐	10月	果荚黄绿色	捣烂淘洗阴干	湿藏	20 左右	119～144	0.34～0.42	80 左右
刺槐	8～9月	荚果赤褐色	脱粒风选	干藏	10～20	19～23	2.3～2.7	80～90
皂荚	10月	荚果黑褐色	脱粒风选	干藏	25 左右	450 左右	0.11 左右	65 左右
悬铃木	9～10月	坚果黄褐色	脱粒筛选	干藏		4.8～5.0	10.00	10～20
桤木	11月中下旬	果穗暗褐色	摊晒脱粒筛选	密封干藏	4.0～5.5	0.7～1	50～70	40～70
枫杨	9月	翅果灰褐色	摊晒脱粒筛选	干藏、湿藏		7～100	0.28～0.5	80～90
山樱桃	5月中下旬	果实红或白	捣烂淘洗阴干	干藏、湿藏	8 左右	72 左右	0.70 左右	
丁香	8～9月	果实黄褐色	摊晒脱粒筛选	干藏	40 左右	10 左右	5.1 左右	70
紫穗槐	9～10月	果实赭褐色	摊晒脱粒筛选	干藏	70	10～12	4.4～5.0	80
胡枝子	10月中上旬	荚果黄褐色	摊晒脱粒筛选	干藏	28	8～9	5.5～6	65
枸杞	6月中旬至10月中旬	果实红色	捣烂淘洗阴干	干藏				
沙枣	10月中下旬	果实黄褐色	捣烂淘洗阴干	干藏、湿藏	12～14		0.665 0	

三、净种与种子分级

净种就是除去种子中的夹杂物，如鳞片、果柄、果皮、枝叶、碎片、空粒、土块以及异类种子等。净种的方法因种子和夹杂物的比重大小而不同。

（一）筛选

用不同大小孔径的筛子，将大于和小于种子的夹杂物除去，再用其他方法将与种子大小等同的杂物除去。

（二）风选

适用于中小粒种子，利用风或簸扬机净种，少量种子可用簸箕扬去杂物。

（三）水选

一般用于大而重的种子，利用水的浮力使杂物及空瘪种子漂出，良种留于下面。水选的时间不宜过长，水选后不能暴晒，要阴干。

种子分级主要是把全批种子按大小进行分类。通常大粒种子活力高，发芽率高，幼苗生长好，因此分级也是体现种子优质优价的必要环节。分级工作通常与净种工作同时进行，亦可采用风选、筛选及粒选法进行。

为了合理地使用种子并保证质量，应将处理后的纯净种子分批进行登记，作为种子贮藏、运输、流通时的重要依据。采种单位应有总册备案，种子贮藏、运输、流通时的种子登记卡如表2-5所示。

表2-5　种子登记卡

树种		科名	
学名			
采集时间		采集地点	
母树情况			
种子调制时间、方法		种子数量	
种子贮藏	方法		
	条件		
采种单位		填表日期	

任务实施

种子净种

净种就是除去种子中的夹杂物，净种的方法因种子和夹杂物的比重大小而不同。

(1)筛选。用不同大小孔径的筛子，将大于和小于种子的夹杂物除去，再用其他方法将与种子大小等同的杂物除去。

(2)风选。适用于中小粒种子，利用风或簸扬机净种，少量种子可用簸箕扬去杂物。

(3)水选。一般用于大而重的种子，利用水的浮力使杂物及空瘪种子漂出，良种留于下面。水选的时间不宜过长，水选后不能暴晒，要阴干。

任务三　园林植物种实的品质检验

【知识点】

抽样
净度分析
种子重量测定
含水量的测定
发芽测定
生活力的测定
种子质量管理

【技能点】

种子净度测定
种子含水量测定
种子发芽率测定

相关知识

园林植物种子的品质,是指应用科学、先进和标准的方法对种子样品的质量进行正确的分析测定,判断其质量的优劣,评定其种用价值的一门科学。种子品质是种子不同特性的综合,通常包括遗传品质和播种品质两个方面。遗传品质是种子固有的品质,种子品质检验主要是检验种子的播种品质。

园林树种的种子品质优劣状况,直接影响苗木的产量和质量。因此,在种子采收、贮藏、调运、贸易和播种前通过种子的品质检验,选用优良种子,淘汰劣质种子,是确保播种用种子具有优良品质的重要环节。通过检验可确定种子的使用价值,制定针对性的育苗措施;可以防止伪劣种子播种,避免造成生产上的损失;通过检验,加强种子检疫,可以防止病虫害、杂草蔓延;通过检验对种子品质作出正确评价,有利于按质论价,促进种子品质的提高。

园林植物种子检验要采用科学、先进和标准的方法,应该执行中华人民共和国标准局颁布的《林木种子检验规程》(GB 2772—1999)的有关规定。在国际种子交流和贸易中,还应该执行国际种子检验协会(ISTA)的有关规程。1996 年 ISTA 秘书处正式颁布的《1996 国际种子检验规程》,决定从 1996 年 7 月 1 日起在世界范围内实施。

对于园林植物的种子品质,主要的检验项目有种子净度、重量(千粒重)、发芽率、生活力、优良度、含水量、种子健康状况等。

一、抽样

抽样正确与否对种子品质检验分析十分关键。如果抽取的样品没有充分的代表性,无论检验工作如何细致、准确,其结果也不能说明整批种子的品质。为使种子检验获得正确结果并具有重演性,必须从供检的一批种子(或种批)随机提取具有代表性的初次样品、混合样品和送检样品。尽力保证送检样品能准确地代表该批种子的组成成分。

种批指来源和采集期相同、加工调制和贮藏方法相同、质量基本一致、并在规定数量之内的同一树种的种子。不同树种种批最大限量见表 2-6。

表 2-6 各树种一个种子批的最大限量

树种	最大限量(kg)
特大粒种子(核桃、板栗、油桐等)	20 000
大粒种子(麻栎、山杏、油茶等)	10 000
中粒种子(红松、华山松、樟树、沙枣等)	7 000
小粒种子(油松、落叶松、杉木、刺槐等)	2 000
特小粒种子(桉、桑、泡桐、木麻黄等)	500

初次样品是直接从盛装同一批种子的不同容器中提取的每一份种子;混合样品是从一个种批中抽取的初次样品充分混合而成的样品;送检样品是从混合样品中分取,送往检

验机构,检验种子质量各项指标用的种子样品;测定样品是指从送检样品中随机抽取一部分直接供某项品质测定用的样品。

抽样的步骤如下:

(1)用扦样器或徒手从一个种批取出若干初次样品;

(2)将全部初次样品充分混合组成混合样品;

(3)从混合样品中按照随机抽样法、"十"字区分法等分取送检样品,送到种子检验室;

(4)在种子检验室,按照"十"字区分法从送检样品中分取测定样品,进行各个项目的测定。

二、净度分析

种子净度是指纯净种子的重量占测定样品中各成分(如纯净种子、废种子和夹杂物)的总重量的百分比。净度愈高,说明种子品质愈好。种子净度是确定播种量和划分种子等级的重要依据。

测定方法和步骤为:①试样分取,用分样板、分样器或采用四分法分取试样品;②称量测定样品;③分析测定样品,将测定样品摊在玻璃板上,把纯净种子、废种子和夹杂物分开;④把组成样品的各个部分称重;⑤计算净度。

纯净种子是指完整的、没有受伤害的、发育正常的种子;发育不完全种子和难以识别的空粒;虽已破口或发芽,但仍具发芽能力的种子。带翅的种子中,凡加工时种翅容易脱落的,其纯净种子是指除去种翅的种子;凡加工时种翅不易脱落的,其纯净种子包括种翅。

废种子包括:能明显识别的空粒、腐坏粒、已萌芽因而显然丧失发芽能力的种子;严重损伤(超过原大小一半)的种子和无种皮的裸粒种子。

夹杂物包括:不属于被检验的其他植物种子;叶片、鳞片、苞片、果皮、壳斗、种翅、种子碎片、土块和其他杂质;昆虫的卵块、成虫、幼虫和蛹等。

计算种子净度的公式:

$$净度(\%)=\frac{纯净种子}{纯净种子+废种子+夹杂物}\times 100$$

送检样品的重量至少应为净度测定样品的 2~3 倍,大粒种子重量至少应为 1 000 g,特大粒种子至少要有 500 粒。净度测定样品一般至少应含 2 500 粒纯净种子。各树种送检样品的最低数量可参见表 2-7。

三、种子重量的测定

种子重量主要指千粒重。通常指气干状态下,1 000 粒纯净种子的重量,以克为单位。千粒重能够反映种粒的大小和饱满程度,重量越大,说明种粒越大越饱满,贮藏的营养物质多,发芽迅速整齐,出苗率高,幼苗健壮。种子千粒重测定有百粒法、千粒法和全量法。

(一)百粒法

通过手工或用数种器从待测样品随机数取 8 个重复,每个重复 100 粒,分别称重。根据 8 个重复的称重读数,求算出 100 粒种子的平均重量,再换算成 1 000 粒种子的重量。

表 2-7　各树种送检样品的最低数量

树种	送检样品最低数量(g)	树种	送检样品最低数量(g)
核桃、核桃楸	6 000	杜仲、合欢、水曲柳、椴	500
板栗、栎类	5 000	白蜡、复叶槭	400
银杏、油桐、油茶	4 000	油松	350
山桃、山杏	3 500	臭椿	300
皂荚、榛子	3 000	侧柏	250
红松、华山松	2 000	锦鸡儿、刺槐	200
元宝枫	1 200	马尾松、杉木、黄檗、云南松	150
白皮松、国槐、樟	1 000	樟子松、柏木、榆、桉、紫穗槐	100
黄连木	700	落叶松、云杉、杉、桦	50
沙枣	600	杨、柳	30

(二)千粒法

适用于种粒大小、轻重极不均匀的种子。通过手工或用数种器从待测样品中随机数取1 000 粒种子,共数两组,分别称重,计算平均值,求算千粒重。大粒种子每个重复数500 粒;小粒种子每个重复数1 000 粒。

(三)全量法

珍贵树种,种子数量少,纯净种子粒数少于1 000 粒的,可将全部种子称量,换算千粒重。目前,电子自动种子数粒仪(electronic seed counter)是种子数粒的有效工具,可用于千粒重测定。

四、含水量的测定

种子含水量是种子中所含水分的重量与种子重量的百分比。通常将种子置入烘箱用105 ℃温度烘烤8 h后,测定种子前后重量之差来计算含水量。

$$种子含水量(\%)=\frac{干燥前供检种子重量-干燥后供检种子重量}{干燥前供检种子重量}\times 100$$

测定种子含水量时,桦、桉、侧柏、马尾松、杉木等细小粒种子,以及榆树等薄皮种子,可以原样干燥;红松、华山松、槭树和白蜡等厚皮种子,以及核桃、板栗等大粒种子,应将种子切开或弄碎,然后再进行烘干。

五、发芽测定

发芽测定的目的是测定种子批的最大发芽潜力,评价种子批的质量。种子发芽力是指种子在适宜条件下发芽并长成植株的能力。种子发芽力是种子播种品质最重要的指标,用发芽势和发芽率表示。

发芽势是种子发芽初期(规定日期内)正常发芽种子数占供试种子数的百分率。通常以发芽试验规定的期限的最初1/3期间内的发芽数，占供试种子总数的百分比表示。发芽势高，表示种子活力强，发芽整齐，生产潜力大。

发芽率也称实验室发芽率，是指在发芽试验终期（规定日期内）正常发芽种子数占供试种子数的百分率。种子发芽率高，表示有生活力的种子多，播种后出苗多。

$$种子发芽率(\%)=\frac{供检种子发芽粒数}{供检种子总数}\times 100$$

（一）发芽试验设备和用品

种子发芽试验中常用的设备有电热恒温发芽箱、变温发芽箱、人工气候箱、光照发芽箱、发芽室，以及活动数种板和真空数种器等设备。发芽床应具备保水性好、通气性好、无毒、无病菌等特性，且有一定强度。常用的发芽床材料有纱布、滤纸、脱脂棉、细沙和蛭石等。

（二）发芽试验方法

1. 器具和种子灭菌

为了预防霉菌感染，发芽试验前要对准备使用的器具灭菌，发芽箱可在试验前用福尔马林喷射后密封2~3 d，然后再使用。种子可用过氧化氢（35%，1 h）、福尔马林（0.15%，20 min）等进行灭菌。

2. 发芽促进处理

置床前通过低温预处理或用 GA_3 等处理种子，可破除休眠。对种皮致密、透水性差的树种如皂荚、台湾相思、刺槐等，可用45 ℃的温水浸种24 h，或用开水短时间烫种（2 min），促进发芽。

3. 种子置床

种子要均匀放置在发芽床上，使种子与水分良好接触，每粒之间要留有足够的间距，以防止种子受霉菌感染并蔓延，同时也为发芽苗提供足够的生长空间，每个发芽皿放置100粒种子，重复3~4次。

4. 贴标签

种子放置完后，须在发芽皿或其他发芽容器上贴上标签，注明树种名称、测定样品号、置床日期、重复次数等，并将有关项目在种子发芽试验记录表上进行登记。

（三）发芽试验管理

1. 水分

发芽床要始终保持湿润，切忌断水，但不能使种子四周出现水膜。

2. 温度

多数树种以25 ℃为宜。白榆、大叶榉和栎类为20 ℃，华山松、落叶松和白皮松为20~25 ℃，银杏、火炬松、乌桕、刺槐、核桃、杨和泡桐为20~30 ℃，桑、喜树和臭椿为30 ℃。

3. 光照

多数种子可在光照或黑暗条件下发芽。但国际种子检验规程规定，对大多数种子，最好加光培养，可抑制霉菌繁殖，有利于正常幼苗鉴定，区分黄化和白化等不正常苗。

4. 通气

用发芽皿发芽时，要常开盖，以利通气，保证种子发芽所需的氧气。

5. 处理发霉现象

发现轻微发霉的种子，应及时取出洗涤去霉。发霉种子超过5%时，应调换发芽床。

（四）持续时间和观察记录

（1）种子放置发芽的当天，为发芽试验的第一天。各树种发芽试验需要持续的时间不一样，如表2-8所示。

表2-8　主要树种发芽终止天数

树种	发芽势终止天数(d)	发芽率终止天数(d)	树种	发芽势终止天数(d)	发芽率终止天数(d)
薄壳山核桃	20	45	杉木、马尾松、大叶榉	10	20
铅笔柏	14	42	侧柏	9	20
樟树	20	40	云杉、黄连木、白蜡	5	15
华山松	15	40	胡枝子、紫穗槐	7	15
柏木	24	35	水杉	9	15
白皮松	14	35	长白落叶松	8	15
乌桕	10	30	木麻黄	8	15
竹柏	8	30	桑	8	15
槐	7	29	红杉	6	15
毛竹、檫树、池杉	12	28	泡桐	9	14
雪松、栎类、悬铃木	17	28	桉树	5	14
金钱松	7	28	油茶、茶树	8	12
柳杉	16	25	杜仲	7	12
云南松、思茅松	14	25	刺槐	5	10
日本落叶松、黄山松	10	21	樟子松	5	8
银杏、梓树、皂荚	7	21	白榆	4	7
枫杨、臭椿	7	21	杨	3	6
相思树、黑荆、锥栗	7	21	板栗	3	5

（2）鉴定正常发芽粒、异状发芽粒和腐坏粒并计数。正常发芽粒为：长出正常幼根，大、中粒种子幼根长度应该大于种粒长度的1/2，小粒种子幼根长度应该大于种粒长度。异状发芽粒为：胚根形态不正常，畸形、残缺等；胚根不是从珠孔伸出，而是出自其他部位；胚根呈负向地性；子叶先出等。腐坏粒：内含物腐烂的种子，但发霉粒种子不能算作腐坏粒。

（五）计算发芽试验结果

发芽试验到规定结束的日期时，记录未发芽粒数，统计正常发芽粒数，计算发芽势和发芽率。

六、生活力的测定

种子生活力是指种子发芽的潜力或种胚所具有的生命力。测定种子生活力的必要性在于快速地估计种子样品尤其是休眠种子的生活力。有些树种的种子休眠期很长,需要在短时间内确定种子品质时,必须用快速的方法测定生活力。有时由于缺乏设备,或者经常是急需了解种子发芽力而时间很紧迫,不可能采用正规的发芽试验来测定发芽力,也必须通过测定生活力,借此预测种子发芽能力。

种子生活力常用具有生命力的种子数占试验样品种子总数的百分率表示。测定生活力的方法常用化学溶液浸泡处理,根据种胚(和胚乳)的染色反应来判断种子生活力。主要的化学药剂有四唑染色法、靛蓝染色法、碘－碘化钾染色法。此外,也可用射线法和紫外荧光法等进行测定。但是最常用的且列入国际种子检验规程的生活力测定方法是生物化学(四唑)染色法。

(一)四唑染色法

四唑全称为2,3,5—氯化(或溴化)三苯基四氮唑,简称四唑或红四唑,是一种白色粉末状生物化学试剂。四唑的水溶液无色,在种子的活组织中,被还原成红色而稳定的不扩散物质,而无生活力的种子则没有这种反应。即染色部位为活组织,而不染色部位则为坏死组织。可据坏死组织出现的部位及其分布状况判断种子的生活力。四唑的使用浓度多为0.1%～1.0%水溶液,常用0.5%。可将药剂直接加入pH在6.5～7范围的蒸馏水进行配制。如果蒸馏水pH不能使溶液保持在6.5～7的范围,则将四唑药剂加入缓冲液中配制。

染色方法为:首先浸种,然后剥胚,放入四唑溶液中,以溶液淹没种胚为宜,置于25～30 ℃的黑暗环境中,时间至少3 h。染色完毕,取出种胚,用清水冲洗,置白色湿润滤纸上,逐粒观察胚(和胚乳)的染色情况,并进行记录。鉴定染色结果时因树种不同而判断标准有所差别,但主要依据染色面积的大小和染色部位进行判断。如果子叶有小面积未染色,胚轴仅有小粒状或短纵线未染色,均应认为有活力。因为子叶的小面积伤亡,不会影响整个胚的发芽生长。胚轴小粒状或短纵线伤亡,不会对水分和养分的输导形成大的影响。但是,胚根未染色、胚芽未染色、胚轴环状未染色、子叶基部靠近胚芽处未染色,则应视为无生活力。

(二)靛蓝染色法

适用于大多数针叶树和阔叶树种子。靛蓝胭脂红是一种苯胺染料,很容易透过种子的死细胞使其染上蓝色,但不能透过活细胞,根据种胚着色情况,可以区别种子有无生命力。但有些种子如栎类的种胚含有大量的单宁物质,死种子也不易着色,所以不适用,溶液浓度为0.05%～0.1%,浸泡种胚2～3 h即可。

根据鉴定记录结果,统计有生活力和无生活力的种胚数,计算种子生活力。

七、种子质量管理

完成种子质量的各项测定工作后,要填写种子质量检验结果报告单。完整的结果报告单应该包括:签发站名称;扦样及封缄单位名称;种子批的正式登记号和印章;来样数量、代表数量;扦样日期;检验收到样品的日期;样品编号;检验项目,检验日期。

评价植物种子质量时,主要依据种子净度分析、发芽试验、生活力测定、含水量测定和优良度测定等结果,进行植物种子质量分级。

《中华人民共和国种子法》规定,国务院农业、林业行政主管部门分别负责全国农作物和林木种子质量监督管理工作。县级以上地方人民政府农业、林业行政主管部门分别负责本行政区域内的农作物和林木种子质量监督管理工作。种子的生产、加工、包装、检验、贮藏等质量管理办法和标准,由国务院农业、林业行政主管部门制定。

承担种子质量检验的机构应当具备相应的检测条件和能力,并经省级以上农业、林业行政主管部门考核合格。处理种子质量争议,以省级以上种子质量检验机构出具的检验结果为准。

种子质量检验机构应当配备种子检验员。种子检验员应当经省级以上农业、林业行政主管部门培训后,考试合格,被颁发《种子检验员证》。

任务实施

一、种子净度测定

(1)试样分取,用分样板、分样器或采用四分法分取试样品;

(2)称量测定样品;

(3)分析测定样品,将测定样品摊在玻璃板上,把纯净种子、废种子和夹杂物分开;

(4)把组成样品的各个部分称重;

(5)计算净度:

$$\text{净度}(\%)=\frac{\text{纯净种子}}{\text{纯净种子}+\text{废种子}+\text{夹杂物}}\times 100$$

二、种子含水量的测定

通常将种子置入烘箱用 105 ℃温度烘烤 8 h 后,测定种子前后重量之差来计算含水量。

$$\text{种子含水量}(\%)=\frac{\text{干燥前供检种子重量}-\text{干燥后供检种子重量}}{\text{干燥前供检种子重量}}\times 100$$

三、种子发芽率测定

发芽率也称实验室发芽率,是指在发芽试验终期(规定日期内)正常发芽种子数占供试种子数的百分率。种子发芽率高,表示有生活力的种子多,播种后出苗多。

$$\text{种子发芽率}(\%)=\frac{\text{供检种子发芽粒数}}{\text{供检种子总数}}\times 100$$

任务四　园林植物种实的贮藏

【知识点】

影响种子贮藏因素

种子贮藏

种子包装

种子运输

【技能点】

种实贮藏方法

相关知识

种子从收获至播种需经或长或短的贮藏阶段,种子贮藏是种子经营管理中最重要的工作环节。种子贮藏的任务是采用合理的贮藏设备和先进科学的贮藏技术,人为地控制贮藏条件,将种子质量的变化降低到最低限度,最有效地保持种子旺盛的发芽力和活力,从而确保其播种价值。

一、影响种子贮藏的因素

(一)种子的呼吸作用

呼吸作用是种子内活的组织在酶和氧的参与下将本身的贮藏物质进行一系列的氧化还原,最后放出二氧化碳和水,同时释放能量的过程。种子的呼吸作用是贮藏期间种子生命活动的集中表现,因为贮藏期间不存在同化过程,而主要进行分解消耗的劣变过程。

种子呼吸强度的大小,因作物、品种、收获期、成熟度、种子大小、完整度和生理状态而不同,同时还受环境条件的影响,其中水分、温度和通气状况的影响更大。影响种子呼吸强度的因素主要有以下几方面。

1. 水分

种子中游离水的增多是种子新陈代谢强度急剧增加的决定因素。种子内的水分愈多,贮藏物质的水解作用愈快,呼吸作用愈强烈,氧气的消耗量愈大,放出的二氧化碳和热量愈多。

2. 温度

在一定温度范围内,种子的呼吸作用随着温度的升高而加强。随着温度升高,一般种子呼吸强度不断增强,尤其在种子水分增高的情况下,呼吸强度随着温度升高而发生显著变化。水分和温度都是影响呼吸作用的重要因素,两者互相制约。干燥的种子即使在较高温度的条件下,其呼吸强度要比潮湿的种子在同样温度下低得多;同样,潮湿种子在低温条件下的呼吸强度比在高温下低得多。因此,干燥和低温是种子安全贮藏及延长种子寿命的必要条件。

3. 通气

空气流通的程度可以影响呼吸强度与呼吸方式。不论种子水分高低,在通气条件下的呼吸强度均大于密闭贮藏。种子处在通风条件下,温度愈高,呼吸作用愈旺盛,生活力下降愈快。生产上为有效地长期保持种子生活力,除干燥、低温外,进行合理的密闭或通风是必要的。

4. 种子本身状态

种子的呼吸强度还受种子本身状态的影响。凡是未充分成熟的、不饱满的、损伤的、冻伤的、发过芽的、小粒的和大胚的种子,呼吸强度都高;反之,呼吸强度就低。

5. 化学物质

据报道,磺胺类杀菌剂、二氧化碳、氮气和氨气、氯化苦等熏蒸剂对种子呼吸作用也有影响,浓度加大时,往往会影响种子发芽率。

6. 间接因素

如果贮藏种子感染了害虫和微生物,一旦条件适宜便大量繁殖,由于害虫、微生物生命活动的结果放出大量的热能和水汽,间接地促进了种子呼吸强度的增高。

(二)种子的贮藏条件

1. 影响种子生活力的内在因素

种子寿命:种子从完全成熟到丧失生命为止,所经历的时间称种子寿命。种子寿命主要是由遗传因素决定的,与种皮结构、含水量和种子养分种类有关,也与采集、调制和贮藏条件有关。

一般整批种子生活力显著下降,发芽率降至原来的50%时的期限为种子的寿命。短寿命种子主要指种子寿命只有几天至1~2年的种子,大多数种子淀粉含量较高,如栗、栎和银杏等树种的种子。中寿命种子指生活力保存期为3~10年的种子,这类种子含脂肪或蛋白质较多,如松、杉、柏、椴等。长寿命种子指生命力保存期超过10年的种子,如合欢、槐树、刺槐、凤凰木、牡丹、栾树、皂荚等,这些树种的种子本身含水量低、种皮致密,不易透水、透气。

种子的成熟度:种子的活力随种子的发育而上升,至种子完熟时,活力达到最高峰。未熟种子,种皮薄,易溶物质还未完全转化为贮藏物质,含水量高,呼吸作用强,易受霉菌感染,不耐贮藏。

种子含水量:贮藏期间种子含水量的高低,直接影响呼吸作用的强度和性质,也影响种子所带微生物和昆虫的活动。种子中游离水和结合水的重量占种子重量的百分率为种子含水量。种子的安全(标准)含水量是指保持种子活力而能安全贮藏的含水量。大多数树种的安全含水量大致相当于充分气干时种子的含水量(见表2-9)。贮藏期间,高于安全含水量的种子,由于新陈代谢作用旺盛,不利于长期保存种子的生命力,低于安全含水量的种子则由于生命活动无法维持而引起死亡。

2. 影响种子生活力的环境条件

种子脱离母株之后,经种子加工进入仓库,即与贮藏环境构成统一整体并受环境条件影响。经过充分干燥而处于休眠状态的种子,其生命活动的强弱主要受贮藏条件的影响。种子如果处在干燥、低温、密闭的条件下,生命活动非常微弱,消耗贮藏物质极少,其潜在生命力较强;反之,生命活动旺盛,消耗贮藏物质也多,其劣变速度快,潜在生命力就弱。所以,种子在贮藏期间的环境条件,对种子生命活动及播种品质起决定性的作用。

表 2-9　主要园林树木种子标准含水量(%)

树种	标准含水量	树种	标准含水量	树种	标准含水量
油松	7~9	杉木	10~12	白榆	7~8
红皮油松	7~8	椴树	10~12	臭椿	9
马尾松	7~10	皂荚	5~6	白蜡	9~13
云南松	9~10	刺槐	7~8	元宝枫	9~11
华北落叶松	11	杜仲	13~14	复叶槭	10
侧柏	8~11	杨树	5~6	麻栎	30~40
柏木	11~12	桦木	8~9	板栗	30~40

影响种子生活力的环境条件主要包括空气相对湿度、温度及通气状态等。

仓内温度:种子温度会受仓内温度影响而起变化,而仓内温度又受空气影响而变化。一般情况下,仓内温度升高会增加种子的呼吸作用(见图 2-2),同时促使害虫和霉菌为害。低温能降低种子生命活动和抑制霉的为害。种质资源保存时间较长,常采用很低的温度如 0 ℃、-10 ℃甚至 -18 ℃。

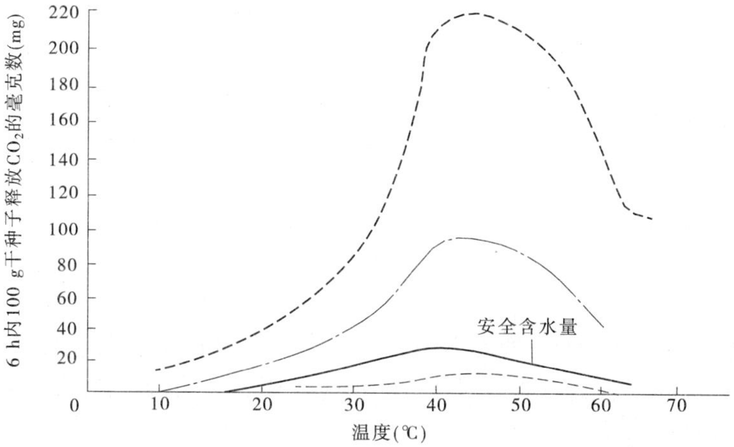

图 2-2　温度对不同含水量种子呼吸强度的影响

空气相对湿度:种子在贮藏期间水分的变化,主要决定于空气中相对湿度的大小。当仓库内空气相对湿度大于种子平衡水分的相对湿度时,种子就会从空气中吸收水分,使种子内部水分逐渐增加,其生命活动也随水分的增加而由弱变强。在相反的情况下,种子向空气释放水分则渐趋干燥,其生命活动将进一步受到抑制。因此,种子在贮藏时间保持较低的相对湿度是十分必要的。

对于耐干藏的种子保持低的相对湿度,是根据实际需要和可能而定的。种质资源保存时间较长,种子水分很干,要求相对湿度很低,一般控制在 30% 左右;大田生产用种贮藏时间相对较短，要求相对湿度不是很低，只要达到与种子安全水分相平衡的相对湿度即可，大致在60%～70%。从种子的安全水分标准和目前实际情况考虑，仓内相对湿度一般以控制在65%以下为宜。

通气状况：空气中除含有氮气、氧气和二氧化碳等各种气体外，还含有水汽和热量。如果种子长期贮藏在通气条件下，由于吸湿、增温，使其生命活动由弱变强，很快会丧失生活力。干燥种子以贮藏在密闭条件下较为有利，但也不是绝对的，当仓内温、湿度大于仓外时，就应该打开门窗进行通气，必要时采用机械鼓风加速空气流通，使仓内温、湿度尽快下降。

二、种子贮藏

（一）常用种子贮藏方法

从种子呼吸特性及影响种子呼吸的因素看，环境相对湿度小、低氧、低温、高二氧化碳及黑暗无光有利于种子贮藏。具体的种子贮藏方法依种实类型和贮藏目的而定，最主要依据种子安全含水量的高低来确定，应用较多的是干藏法和湿藏法。含水量低的种子一般适宜干藏，含水量高的种子一般适宜湿藏。

1. 干藏法

种子本身含水量相对低，计划贮藏时间较短的种子，尤其是秋季采收且准备来年春季进行播种的种子，可采用干藏法。适于干藏的树种有侧柏、杉木、柳杉、水杉、云杉、油松、马尾松、落叶松、白皮松、红松、合欢、刺槐、白蜡、丁香、连翘、紫薇、紫荆、木槿、腊梅、山梅花等。方法是：先将种子进行干燥，达到气干状态，然后装入麻袋、布袋、缸、瓦罐、木桶或其他容器内，置于常温，相对湿度保持在50%以下；或0～5 ℃低温、相对湿度50%～60%，且通风的种子库贮藏。贮藏时注意容器内要稍留空隙，严密防鼠、防虫，注意及时观察，防止潮湿。计划贮藏时间超过1年以上时，为了控制种子呼吸作用，减少种子体内贮藏养分的消耗，保持种子有较高的活力，可进行密封干藏。如柳、桉、榆等种子，将种子装入容器内，然后将盛种容器密闭，置5 ℃低温条件下保存。密封干藏时，种子的含水量一般应干燥到5%左右，使用的容器不宜太大，以便于搬运和堆放。容器可用瓦罐、铁皮罐和玻璃瓶等，也可用塑料容器。种子不要装得太满。密闭容器中充入氮和二氧化碳等气体，利于降低氧气的浓度，适当地抑制种子的呼吸作用。另外，容器内要放入适量的木炭、硅胶和氯化钙等吸湿剂。

2. 湿藏法

湿藏法又称沙藏法，即把种子置于一定湿度的低温（0～10 ℃）条件下进行贮藏。这种方法适于安全含水量（标准含水量）高的种子，如栎类、银杏、樟、四照花、七叶树、楠、忍冬、黄杨、紫杉、椴树、女贞、海棠、木瓜、山楂、火棘、玉兰、鹅掌楸、大叶黄杨等。贮藏种子可采用挖坑埋藏、室内堆藏和室外堆藏等方法。

室外挖坑埋藏最好选地势较高、背风向阳的地方，通常坑的深和宽为0.8～1 m，坑长视种子多少而定。坑底先垫10 cm厚的湿沙，然后种子与湿沙按容积1∶3混合后放入坑内。坑的最上层铺20 cm厚的湿沙。贮藏坑内隔一段距离插一通气筒或作物秸秆或枝条，以利通气。地表之上堆成小丘状，以利排水（见图2-3）。珍贵或量少的种子，可将种子和沙子混合或层积，置入木箱内，然后将木箱埋藏在坑中，效果良好。室内混沙湿藏，可保持种子湿润，且通气良好。湿沙体积为种子的 2～3 倍，沙子湿度视种子而异。银杏和樟树种子，沙子湿度宜控制在 15% 左右；栎类、槭、椴等，可采用 30%。如果湿度太大，容易引起发芽。一般以手握成团、手捏即散为宜。温度以 0～3 ℃为宜，太低易造成冻害，但温度高又会引起种子发芽或发霉。

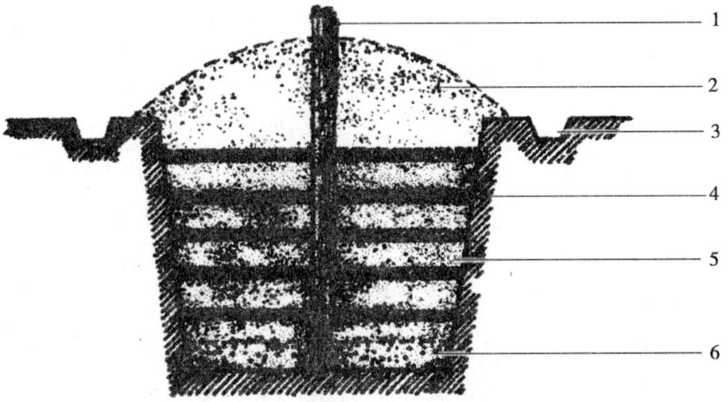

1—秸秆；2—沙土；3—排水沟；4—种子；5—细沙；6—粗沙

图 2-3 坑藏种子示意图

3. 种子超低温贮藏

超低温贮藏是利用液态氮为冷源，将种子置于 -196 ℃的超低温下，使其新陈代谢活动处于基本停止状态，不发生异常变异和裂变，从而达到长期保持种子寿命的贮藏方法。这种方法设备简单，贮藏容器是液氮罐。贮藏前种子常规干燥即可，贮藏过程中不需要监测活力动态。适合对稀有珍贵种子进行长期保存。目前，超低温贮藏种子的技术仍在发展中。许多研究发现，榛、李、胡桃等树种的种子，温度在 -40 ℃以下易使种子活力受损。有些种子与液氮接触会发生爆裂现象等。因此，贮藏中包装材料的选择、适宜的种子含水量、适合的降温和解冻速度、解冻后种子发芽方法等许多关键技术还需进一步完善。

（二）种子休眠

园林植物种子的休眠是在植物生命周期中胚胎阶段的一种休眠现象，它是指种子由于内因或所处的外界环境（温度、水分、氧气、光照）的影响而不能立即发芽的现象。

1. 自然休眠

自然休眠又称生理休眠，有些种子成熟以后，即使给予一定的发芽条件，也不能很快发芽，需要经过较长时间或经过特殊处理才能发芽。如银杏、圆柏、红松、厚朴、刺槐、对节白蜡、山楂等（见表 2-10）。导致种子自然休眠的因素主要有以下几种：

（1）种皮的机械障碍：种皮致密、坚硬或具有蜡层、油脂，不易透气透水，因而种子不能发芽，如皂角、刺槐、核桃楸、杏等种子。此类种子，用物理的或化学的方法破坏其种皮的障碍就能发芽，用低温贮藏也能取得良好效果。

（2）种胚后熟：种胚发育不全影响发芽，如银杏在种实脱落后，种胚还很小，贮藏中种胚不断生长发育，经 4～5 个月后，获得发芽能力。

表 2-10 我国部分树种休眠时间

树种	休眠日数	树种	休眠日数	树种	休眠日数
油松	30 ~ 40	女贞	60	落叶松	50 ~ 90
樟子松	40 ~ 60	紫穗槐	30 ~ 40	白蜡	80
侧柏	15 ~ 30	沙棘	30 ~ 60	复叶槭	80
黄菠萝	50 ~ 60	杜梨	40 ~ 60	栾树	100 ~ 120
元宝枫	20 ~ 30	紫薇	30 ~ 40	黄栌	60 ~ 120
绿楠	30 ~ 40	小檗	40 ~ 60	枫杨	60 ~ 70
杜仲	40 ~ 60	泡桐	30 ~ 40	车梁木	100 ~ 120
核桃	60 ~ 70	池杉	60 ~ 90	核桃楸	150 ~ 180
花椒	60 ~ 90	板栗	60 ~ 90	红松	180 ~ 300
山定子	60 ~ 90	白皮松	120 ~ 130	朴树	180 ~ 200
海棠	60 ~ 90	杜松	120 ~ 150	桧柏	150 ~ 250
沙枣	90	椴树	120 ~ 150	山楂	240
山桃	80	水曲柳	150 ~ 180	漆树	150 ~ 180
山杏	80	文冠果	120 ~ 150	乌桕	150 ~ 180

(3)含有抑制物质：由于种子本身(果皮或种皮、胚、胚乳等)含有发芽抑制物质，只有在外界环境作用下，通过自身的生理、生化过程，改变性质，解除抑制作用，种子才能发芽。如红松种皮含有单宁约5.5%，以及其他部位也含有抑制物质，因此影响种子发芽。

2. 被迫休眠

一些植物种子成熟后，由于种胚得不到它发芽所必需的水分、温度、氧气等环境条件而引起的休眠称被迫休眠，一旦具备了这些条件，就能很好发芽。如杨、桦、榆、落叶松、侧柏等。

三、种子的包装

经清选、干燥和精选加工的种子，加以合理包装，可防止种子混杂、病虫害感染、吸湿回潮、种子劣变，以提高种子商品特性，保持种子旺盛活力，保证安全贮藏运输及便于销售等作用。种实的运输实质上是在一个特定条件下的短期贮藏，必须做好包装工作，以防种实过湿、发霉或受机械伤害等，确保种实活力。

(一)种子包装的要求

(1)防湿包装的种子必须达到包装所要求的种子含水量和净度等标准，确保种子在包装容器内，在贮藏和运输过程中不变质，保持原有质量和活力。

(2)包装容器必须具备防湿、清洁、无毒、不易破裂、重量轻等特点。种子是一个活的生物有机体，如不防湿包装，在高温条件下种子会吸湿回潮；有毒气体会伤害种子，而导致种子丧失生活力。

(3)按不同要求确定包装数量。应按不同种类、苗床或大田播种量，不同生产面积等因素,确定合适的包装数量,以利使用或销售方便。

(4)保存期限。保存时间长,则要求包装种子水分更低,包装材料好。

(5)包装种子贮藏条件。在低湿干燥气候地区,则要求包装条件较低;而在潮湿温暖地区,则要求严格。

(6)包装容器外面应加印或粘贴标签纸。写明作物和品种名称、采种年月、种子质量分析资料和高产栽培技术要点等,并最好绘上醒目的作物或种子图案,引起农民的兴趣,以利于种子能得到充分利用和销售。

(二)包装材料的种类特性及选择

1. 包装材料的种类和性质

目前应用比较普遍的包装材料主要有麻袋、多层纸袋、铁皮罐、聚乙烯铝箔复合袋等。

(1)麻袋强度好,透湿容易,但防湿、防虫和防鼠性能差。

(2)金属罐强度高,防湿、防光、防淹水、防有害烟气、防虫、防鼠性能好,并适于高速自动包装和封口,是最适合的种子包装容器。

(3)聚乙烯铝箔复合袋强度适当,透湿率极低,也是最适合的防湿袋材料。该复合袋由数层组成。因为铝箔有微小孔隙,最内及最外层为聚乙烯薄膜,有充分的防湿效果。一般认为,用这种袋装种子,1 年内种子含水量不会发生变化。

(4)纸袋多用漂白亚硫酸盐纸或牛皮纸制成,其表面覆上一层洁白陶土以便印刷。许多纸质种子袋系多层结构,由几层光滑纸或皱纹纸制成。多层纸袋因用途不同而有不同结构。普通多层纸袋的抗破力差,防湿、防虫、防鼠性能差,在非常干燥时会干化,易破损,不能保护种子生活力。

(5)纸板盒和纸板罐(筒)也广泛用于种子包装。多层牛皮纸能保护种子的大多数物理品质,并对自动包装和封口设备很适合。

2. 包装材料和容器的选择

包装容器要按种子种类、种子特性、种子水分、保存期限、贮藏条件、种子用途和运输距离及地区等因素来选择。

多孔纸袋或针织袋一般用于通气性好的种子种类或数量大、贮存在干燥低温场所、保存期短的批发种子的包装。

小纸袋、聚乙烯袋、铝箔复合袋、铁皮罐等通常用于零售种子的包装。

钢皮罐、铝盒、塑料瓶、玻璃瓶和聚乙烯铝箔复合袋等容器可用于价高或少量种子长期贮存或品种资源保存的包装。

在高温高湿的热带和亚热带地区的种子包装应尽量选择严密防湿的包装容器,并且将种子干燥到安全包装保存的水分,封入防湿容器以防种子生活力的丧失。

3. 包装标签

要求在种子包装容器上必须附有标签。标签上的内容主要包括种子公司名称、种子名称、种子净度、发芽率、异作物和杂草种子含量、种子处理方法和种子净重或粒数等项目。

种子标签可挂在麻袋上,或贴在金属容器、纸板箱的外面,也可直接印制在塑料袋、铝箔复合袋及金属容器上,图文醒目,以吸引顾客选购。

（三）包装种子的保存

虽然包装好的种子已具备有一定防湿、防虫或防鼠特性，但仍然会受到高温和潮湿环境的影响，加速劣变。所以，包装好的种子仍须放在防湿、防虫、防鼠、干燥低温的仓库或场所。按种子种类、种和品种的种子袋分开堆垛。为了便于进行适当通风，种子袋堆垛之间应留有适当的空间。还须做好防火和检查等管理工作，确保已包装种子的安全保存，真正发挥种子包装的优越性。

四、种子的运输

种子运输可认为是一种短期的贮藏。如果包装和运输不当，则运输过程中很容易导致种子品质降低，甚至使种子丧失活力。因此，种子运输之前，要根据种实类型进行适当干燥，或保持适宜的湿度。要预先做好包装工作，运输途中防止高温或受冻，防止种实过湿发霉或受机械损伤，确保种子的活力。种子运输之前，包装要安全可靠，并进行编号，填写种子登记卡，写明树种的名称和种子各项品质指标、采集地点和时间、每包重量、发运单位和时间等。卡片装入包装袋内备查。大批运输必须指派专人押运。到达目的地要立即检查，发现问题及时处理。

一般含水量低且进行干藏的种实，如云杉、红松、落叶松、樟子松、马尾松、杉木、桉、椴、白蜡和刺槐等树木的种实，可直接用麻袋或布袋装运。包装不宜太紧太满，以减少对种子的挤压，同时也便于搬运。对于樟、楠、檫等含水量较高且容易失水而影响活力的种子，可先用塑料布或油纸包好，再放入箩筐中运输。对于栎类等需要保湿运输的种子，可用湿苔藓、湿锯末和泥炭等放容器中保湿。对于杨树等极易丧失发芽力且需要密封贮藏的种子，在运输过程中可用塑料袋、瓶和筒等器具，使种子保持密封条件。有些树种如樟、玉兰和银杏的种子，虽然能耐短时间干运，但到达目的地后，要立即进行湿沙埋藏。

任务实施

种实贮藏方法

（一）干藏法

种子本身含水量相对低、计划贮藏时间较短的种子，尤其是秋季采收且准备来年春季进行播种的种子，可采用干藏法。

（二）湿藏法

湿藏法又称沙藏法，即把种子置于一定湿度的低温（0 ~ 10 ℃）条件下进行贮藏。

（三）种子超低温贮藏

超低温贮藏是利用液态氮为冷源，将种子置于 – 196 ℃的超低温下，使其新陈代谢活动处于基本停止状态，不发生异常变异和裂变，从而达到长期保持种子寿命的贮藏方法。

项目小结

本项目主要介绍了园林树木种实生产的一般过程。首先，全面介绍了园林植物结实的基本规律，如结实年龄、开花结实的原因、结实间隔期及种子产量与质量的影响因子等。其次，重点阐述了种实采集、调制、贮运的基本方法，如种子成熟特征，采种时间、采种方法，种实调制及种子贮运的过程和关键技术。再次，清楚阐明了种子品质检验的内容与方法，如种子播种品质的主要指标和种子品质检验的主要项目及其操作规程。

思考与练习

1. 影响园林树木结实的因子主要有哪些？
2. 种子成熟有何特征？
3. 举例说明不同类型种实的调制方法。
4. 种子贮藏最适宜的条件是什么？当地一般怎样贮藏种子？

技能训练

技能训练一　园林植物种实的采集与调制

一、目的要求

首先识别种实成熟的形态特征，了解种子成熟和脱落的规律，掌握种实采集的时期，当地主要园林树种种子的采集方法及球果类、肉质果类、干果类种子的脱粒、干燥、净种方法。

二、材料与工具

适宜采种的石楠、大叶女贞或其他树种；高枝剪、采种钩、剪枝剪、木棒、安全带、梯子、塑料布、种子袋、木锹、草帘、筛子、簸箕、盆、缸、桶等。

三、方法步骤

（一）采种方法

1. 地面收集

大粒种实可以从地面上收集。采种前需将地面杂草等清除干净，在地面铺塑料布，人工摇动树干或用棍棒敲打枝条，使果实脱落到地面上进行采集。

2. 采摘法

种粒小或脱落后易被风吹散的种子，以及成熟后不立即脱落的种子，都要在植株上采收。对比较低矮的母树,可以在地面上借助剪枝剪、采种钩进行采集;高大的树木,可利用梯子直接上树采摘,有条件的可乘车载自动升降机进行采集。但要注意保护母树。

树种不同的种子分别收集装在不同的种子袋中,填写种子采集登记表。

(二)种子处理

1. 脱粒

(1)球果类。

球果类树种的脱粒,多采用自然干燥法,即将球果摊成薄层摊放在向阳、干燥的场地上暴晒,经常翻动或用木棒轻轻敲打,经 3~10 d,球果鳞片干燥开裂,种子即可自然脱出。

马尾松、樟子松球果含较多松脂,鳞片不易裂开,可用沤晒法脱粒。堆沤时用清水、2%~3%石灰水或草木灰堆沤,10~15 d 后摊开,再用日晒法处理,种子即可脱出。

(2)干果类。

干果类脱粒方法因种子的含水量高低不同而异。含水量低的一般采用阳干法,含水量高的种实采用阴干法。

如含水量低的蒴果类的丁香、紫薇、白鹃梅、木槿、金丝桃等,荚果类如刺槐、合欢、锦鸡儿、紫藤等,翅果类如白蜡、水曲柳等,蓇葖果如珍珠梅、绣线菊等采用阳干法直接将种实摊开暴晒 3~5 d,经常翻动或轻轻敲打脱粒。如含水量较高的蒴果类的杨、柳,坚果类如板栗、栎类等,翅果类的榆树、杜仲,蓇葖果如牡丹、玉兰等种实采用阴干法,即在阴凉通风处晾干,不能在阳光下直晒,而使种子脱出。

(3)肉质果类。

肉质果类一般多采用水浸、揉搓、堆沤方法,待果肉腐烂软化后,揉搓除去果肉,加水搅拌,漂洗干净,取出阴干。

2. 净种

净种方法有风选、水选、筛选和粒选等方法。根据实际需要可选用一种或同时使用多种方法。

(1)风选。根据种子与夹杂物质量的不同,利用风或簸扬机净种,少量种子可用簸箕扬去杂物。此法适合于中小粒种子净种。实际工作中可用自然风、簸箕等简单工具进行风选。

(2)筛选。利用种子和夹杂物的直径大小不同,用不同孔径的筛子,将杂物和种子分开。

(3)水选。利用种子和夹杂物的比重不同,将种子倒入水中,稍加搅拌后,饱满的种子比重大,往下沉,而瘪粒、蛀粒及夹杂物上浮,即可将杂物漂出。水选法一般用于大而重的种子。水选的时间不宜过长,水选后不能暴晒,只能阴干。

(4)粒选。适用大粒种子的净种,可以人工挑选,将粒大、饱满、没有病虫害的种子逐粒选出。

四、结果评价

根据实训报告进行成绩评定。

优秀——内容按要求、全面、详细、书写认真。
良好——内容按要求、全面、详细。
合格——内容按要求、全面但是不够详细。
不合格——内容不全或缺勤。

五、作业

将当地各种常见园林树种种实采集的方法及脱粒、干燥、净种的方法整理成实训报告。

技能训练二　园林植物种子发芽率的测定

一、目的要求

掌握种子发芽率测定的方法，能够独立解决种子品质检验中所遇到的问题。

二、材料与工具

当地主要的园林树木种子 3～4 种；发芽床、发芽皿、恒温箱、发芽箱、直尺、烧杯、脱脂棉、纱布、滤纸、镊子、福尔马林、高锰酸钾、过氧化氢、蒸馏水、解剖刀、胶匙、检定板、温度计、标签。

三、方法步骤

（一）取样

净度分析后的种子，用四分法将种子分成 4 份，从每份中随机数取 25 粒，组成 100 粒，共取 4 次重复。

（二）灭菌消毒

（1）试验用具如发芽器、纱布、小镊子等可煮沸消毒或用酒精擦洗消毒。恒温箱用福尔马林消毒。

（2）种子消毒可用福尔马林、高锰酸钾、过氧化氢等溶液。

（三）浸种

一般种子用始温为 45 ℃的水浸种 24 h，如油松、黄连木、樟子松；杨、柳等不必浸种；种皮坚硬致密的要用 80 ℃以上的热水烫种。不同树种的具体方法见《林木种子检验规程》（GB 2772—1999）的附录 B 表 B1。

（四）置床

1. 发芽床

先在培养皿或专用发芽皿底盘上铺一层脱脂棉，然后放一张大小适宜的滤纸，加入蒸馏水浸湿。

2. 发芽容器

发芽箱、恒温箱在使用前必须使用福尔马林消毒。

3. 置床

将经过预处理的种子以 1 个重复为单位整齐地排列在发芽床上,种子排放在床面,种子之间要保持一定的距离。对忌光种子进行覆盖。置床后必须贴上标签,以防混淆。将置床后的发芽床放在恒温箱或发芽箱中。

(五)发芽情况观察及管理

1. 管理

发芽测定期间应经常检查测定样品及其水分、通气状况、温度、光照条件。按《林木种子检验规程》(GB 2772—1999)要求,为种子发芽提供适宜的温度、光照和水分。轻微发霉的种粒可以捡出用清水冲洗后放回原发芽床。发霉种粒多的要及时更换发芽床或发芽容器。

2. 发芽持续时间

以天数表示,自种子置床之日起算起,不包括预处理时间。如果测定样品在规定时间内发芽的种粒不多,可以适当延长测定时间。延长的时间最多不应超过规定时间的 1/2。如果在规定的结束时间之前样品已充分发芽,且后期连续 3 天每天发芽粒数不足各重复供试种子粒数的 1%,即认为发芽终止,但此种情况实际用的天数应在质量检验书中注明。

3. 记录

在发芽测定记录表中记录正常幼苗、不正常幼苗、未萌发种子的数目。

(六)计算发芽率

根据记录结果,计算种子发芽率。附带计算不正常幼苗、硬粒、新鲜粒及死亡粒的百分数。

$$\text{发芽率}(\%)=\frac{\text{正常幼苗数}}{\text{供检种子数}}\times 100$$

如果各重复发芽百分数最大值同最小值的差距在《林木种子检验规程》(GB 2772—1999)规定的允许范围内,就用各重复发芽百分率的平均数作为该次测定的发芽率。

若各重复间的最大差值超过规定的容许误差,则应当重新测定。

四、结果评价

根据实训报告进行成绩评定。

优秀——内容按要求、全面、详细、书写认真。

良好——内容按要求、全面、详细。

合格——内容按要求、全面但是不够详细。

不合格——内容不全或缺勤。

五、作业

填写种子发芽测量记录表,计算种子各项发芽指标,完成实训报告。

技能训练三　园林植物种子生活力的测定

一、目的要求

掌握种子生活力的测定方法。

二、材料与工具

当地主要的园林树木种子3～4种;烧杯、培养皿、检定板、量筒、小勺、镊子、解剖刀、放大镜、标签、滤纸、靛蓝染色剂、四唑染色剂。

三、方法步骤

(一)取样

净度分析后的种子,用四分法将种子分成4份,从每份中随机数取25粒,组成100粒,共取4次重复。

(二)浸种

将4组种子分别用纱布包好,浸入室温水中,浸种时间因树种而异。多数种子通常用始温30～45 ℃的水浸24～48 h,每天换水。如松、云杉、落叶松等在室温下浸3～5 d,每天换水。硬粒种子和种皮致密的种子可用始温80～85 ℃的水浸种,再自然冷却浸种24～72 h,每天换水。种皮致密坚硬的种子,可用98%的浓硫酸浸种20～180 min,充分冲洗,再用水浸种24～48 h,每天换水。

将浸水后的种子置于温暖、湿润的环境下催芽24～48 h,提高种子活力。豆科植物吸水后发芽速度快,浸水后可不再催芽。

(三)取胚

将种子纵向剖开,剥掉内外种皮,取出种仁。取胚时要小心,勿使胚受损伤。要挑出空粒、腐坏和有病虫害的种子,并记入生活力测定记录表中。剥出的胚先放入盛有清水或垫有湿纱布的器皿中,以免胚干燥萎缩而失去生活力。

(四)染色

四唑使用的浓度为0.1%～1%的水溶液,一般使用浓度为0.5%的溶液。靛蓝溶液的浓度为0.05%～0.1%,随配随用。

将剥取的种仁或胚放入染色液中,上浮者要压沉。四唑染色要置于黑暗环境,环境温度保持在30～35 ℃,以30 ℃左右为宜。浸种时间因树种而异。染色时间一般在常温下为2～3 h。染色完毕,取出种胚,用清水冲洗,置白色湿润滤纸上,借助放大镜逐粒观察胚(和胚乳)的染色情况,根据种胚或胚乳的染色部位、染色面积的大小及染色程度鉴别种子,将种子分为有生活力及无生活力的两类,并进行记录。

(五)计算确定种子生活力

分别计算4个重复有生活力种子的百分率。

$$生活力(\%)=\frac{有生活力种子数}{供检种子数}\times 100$$

重复间的最大值与最小值差距没有超过《林木种子检验规程》(GB 2772—1999)容许差距范围,则取各重复的平均数作为该次测定的生活力。如果各重复间的最大差距超过容许差距,则需重新测定。

四、结果评价

根据实训报告进行成绩评定。

优秀——内容按要求、全面、详细、书写认真。

良好——内容按要求、全面、详细。

合格——内容按要求、全面但是不够详细。

不合格——内容不全或缺勤。

五、作业

完成实训报告,制作并填写种子生活力测定记录表。

项目三　园林苗木的繁育

【教学目标】

园林苗木的繁育主要有有性繁殖和无性繁殖两种。有性繁殖即播种繁殖,无性繁殖包括扦插、嫁接、分株、压条等。在现代育苗技术中,组织培养、无土育苗、容器育苗、保护地育苗所占比例越来越多。本项目主要介绍每一种育苗方法的特点、操作规程和关键技术。通过本单元的学习,使学生能够根据植物的特性采用合适的繁殖方式,培育出质优价廉、满足市场需求的苗木。

任务一　播种繁殖

【知识点】

播种繁殖的概念、意义及特点

播种繁殖时间

播种密度

【技能点】

种子处理

整地做床

播种量计算

播种方法

播种技术

播后管理

相关知识

一、播种繁殖的意义及概念

播种繁殖是利用园林苗木的种子,经过一定的处理和培育,使其萌发、生长、发育,成为新的独立个体的繁殖方式。播种繁殖所获得的苗木称之为播种苗或实生苗。

园林苗木的种子一般体积较小,采收、贮藏、运输、播种都相对简便,且能在短时间内获得大量的苗木或嫁接用的砧木,满足生产、实践所需。所以,播种繁殖在园林苗木生产中应用广泛,占有极其重要的位置。

二、播种繁殖的特点

园林苗木的播种繁殖具有以下特点:

(1)播种苗的主根由胚根发育而来,因此根系发达、主根明显,树体生长健壮,抗性强,适应性强,寿命长。

(2)种子体积小、采收容易、贮运相对方便,因此播种繁殖在较短时间内可以获得大量园林植物。

(3)种子繁殖的幼苗,遗传保守性较弱,对新环境的适应能力较强,有利于异地引种的成功。如从南方直接引种到北方,往往不能安全越冬;而引种种子在北方播种育苗,则相对容易越冬成活。

(4)用播种繁殖形成的苗木,特别是杂种幼苗,由于遗传性状的分离,在苗木中常常会出现一些新类型的品种,这对于园林树木新品种、新类型形成有重要作用。

(5)相对于营养苗(无性繁殖苗)来说,播种苗开花、结实较晚,寿命长,对于要求尽早观花、观果的园林植物尽量选择其他繁殖方式。

由于播种繁殖具有较大的遗传变异性,因此对于一些遗传性状不稳定的园林树种,用播种繁殖形成的苗木常常不能保持母树原有的观赏价值。如重瓣榆叶梅播种苗大部分退化为单瓣或半重瓣,龙爪槐播种繁殖后多为国槐等。

三、播种时期

适时播种是育苗工作的重要环节之一。播种时期选择恰当与否直接影响到园林苗木生长质量。适宜播种能促使种子提早发芽,保证出苗的整齐度,幼苗生长健壮,抗性强,节省土地、人力、财力,提高生产效益和经济效益。播种时期的确定主要根据树种的生物学特性和育苗地的气候特点。在南方地区,全年可以播种;在北方地区,因冬季寒冷,露地育苗受到限制,播种时期以保证幼苗安全越冬为前提,一般在春、夏、秋三季,其中以春、秋季为主;若在设施内育苗,北方也可全年播种。

(一)春季播种

春季是播种的主要季节,绝大多数园林苗木适宜春季播种,时间在土壤解冻后,一般当土壤5 cm深处的地温稳定在10 ℃左右时即可播种,但要保证在幼苗出土后不受到晚霜、低温和倒春寒的危害,对晚霜敏感的植物,如臭椿、洋槐等要适当晚播。春播时间宜早不宜晚,适当早播的幼苗抗性强,生长期长,病虫害少,松类、海棠等尤应早播。

春播具有从播种到出苗时间短,减少管理用工,减轻鸟、兽、虫等对种子的伤害等优点,还具有气温适宜,土壤不板结,利于种子萌发、出苗、生长等好处。春播幼苗出土后,气温逐渐升高,可避免低温和霜冻的危害。

(二)夏季播种

一些夏季成熟的种子生活力较弱、寿命短、含水量大、失水后丧失发芽能力,不易贮藏,如杨、柳、榆、桑等,宜随采随播。此外,还有一些种子种皮透水性差、生理休眠时间较长,也可夏季播种。夏季播种要注意适时灌水,保持土壤湿润,降低地表温度,做好遮阴和保湿工作。

(三)秋季播种

秋播是次于春播的重要季节。一些大、中粒种子(除含水量大容易受冻害的种子外)或种皮坚硬的、有生理休眠特性的种子都可以在秋季播种,特别是一些休眠期较长的种子，如红松、水曲柳、白蜡、椴树，或者栎类、胡桃楸、板栗、文冠果、榆叶梅、山桃、山杏等，适宜在秋季播种。秋季播种可使种子在圃地中通过休眠，完成催芽，翌年春天出苗整齐，幼苗生长健壮，成活率高，抗寒能力强，还可免去种子贮藏和催芽工作。秋季播种宜晚不宜早，可以在晚秋进行，以防止播后当年秋天发芽，幼苗遭受冻害。播种后要增加覆土厚度或覆盖塑料薄膜以保温，灌好冻水，同时防止鸟害、鼠害。

（四）冬季播种

在我国南方地区，如福建、两广，冬季气候温暖，雨量充沛，可以冬季播种。如当地的马尾松、杉木等常在初冬种子成熟后随采随播。冬季播种的优点是播种早、发芽早、扎根深、成苗快，植株的抗性强、生长健壮。

四、播种密度

播种密度是指单位面积（或单位长度）上苗木的数量。在圃地育苗要有合理的密度，这样才能保证每株幼苗生长发育健壮的基础上获得单位面积（或单位长度）上最大限度的产苗量。苗木密度过稀时，不但影响产量，而且由于苗木稀少，苗间空间过大，土地利用率低，容易滋生杂草，为各类病菌、微生物提供了存活的场所。苗木密度过大时，则每株苗木营养面积过小，通风不良，光照不足，降低了苗木的光合作用，使光合产物减少，表现为苗木细弱，叶量少，根系不发达、侧根少，干物质重量小，顶芽不饱满，易受病虫危害，移植成活率不高等。

确定苗木的播种密度要依据树种的生物学特性、生长速度、圃地的环境条件、育苗的年限及育苗技术要求等进行综合考虑；对一些生长快、生长量大、所需营养面积大的树种，播种时应稀一些；如山桃、泡桐、枫杨等；对一些生长缓慢的树种，播种时可以密一些；对出苗后不久就要移植的树种，宜密一些；对直接用于嫁接中砧木的树种，宜稀一些。

苗木密度大小取决于株行距的大小。苗床的一般行距为 8 ~ 25 cm，大田育苗一般为 50 ~ 80 cm。行距过小不利于通风透光，不便于管理（如机械化操作）。经过实践得知单位面积的产苗量一般为：针叶树一年生播种苗为 150 ~ 300 株/m^2；速生针叶树种可达 600 株/m^2；阔叶树（大粒种子或速生树种）25 ~ 120 株/m^2；生长中速的树种 60 ~ 160 株/m^2。

任务实施

播种前的准备工作包括种子处理和播种地的准备，目的是提高场圃发芽率，保证出苗整齐，提高苗木质量。

一、种子处理

（一）精选与晾晒

为了获得纯净、优质的种子，播种前要对种子进行精选，除去各类夹杂物和虫蛀、霉烂的种子。精选的方法有风选、水选、筛选、粒选。经过精选后的种子，可以进行晾晒消毒，除湿灭菌，激发种子的活力，从而达到提高发芽率、出苗整齐的目的。

（二）种子消毒

经过采集和贮藏，种子表面存在多种病菌，因此在播种前对种子进行消毒，可以杀菌、除虫、防病，预防苗木发生病害。苗木生产上一般采用药剂浸种和药剂拌种两种方法。

1. 药剂浸种

药剂浸种是指把适量的种子浸入到一定浓度的药剂溶液中，对种子表面进行杀菌，再用清水反复冲洗后阴干。常用的药剂浸种的方法如下：

（1）硫酸铜溶液浸种。

用浓度为0.3% ~1%的硫酸铜溶液浸种4 ~6 h，再用清水冲洗，阴干，即可播种。

（2）高锰酸钾溶液浸种。

用浓度为0.5%的高锰酸钾溶液浸种2 h，或用3%的高锰酸钾溶液浸种30 min，取出后密闭30 min，再用清水冲洗数次。注意：对已经发芽或破皮的种子不能用此方法。

（3）甲醛（福尔马林）溶液浸种

播种前1 ~2 d，用浓度为0.15%的甲醛溶液浸种15 ~20 min，取出密封2 h阴干后即可播种。注意：长期沙藏的种子不要用甲醛溶液消毒。

（4）石灰水浸种

用浓度为1% ~2%的石灰水溶液浸种24 h左右，利用石灰水进行种子浸种消毒时，种子要浸没10 ~15 cm，种子倒入后，应充分搅拌，然后静置浸种，使石灰水表层形成一层碳酸钙膜，通过隔绝空气，达到杀菌目的。

2. 药剂拌种

药剂拌种指的是把一定量的种子与混有一定比例药剂的细土或细沙搅拌在一起。播种时将种子与药土一起播入土中，以达到防止土壤中的病菌侵害种子的目的。药剂拌种的方法如下：

（1）西力生（氯化乙基汞）或赛力散（磷酸乙基汞）拌种。

播种前15 ~20 d，每千克种子混入1 ~2 g西力生或赛力散，此法既可消毒，也有刺激种子发芽的作用。

（2）敌克松和五氯硝基苯混合药剂拌种。

用75%的五氯硝基苯和25%的敌克松混合药剂，与10倍细土充分搅拌，配成药土。播种前将药土施入沟底或将药土与种子以0.2% ~0.5%的比例混合施入土中。

注意事项：在操作的过程中要注意药剂的浓度、浸种（拌种）的时间、操作人员的安全。

（三）种子催芽

有些园林苗木种子种皮坚硬或有厚蜡质层；有些种子休眠期长，播种后自然条件下发芽持续时间长，出苗慢；有些种子播种后发芽受阻，出苗不整齐。为了播种后能达到出苗快、齐、匀、壮的目标，提高园林苗木生产的质量和产量，一般在播种前进行催芽处理。

种子催芽是指通过人为调节和控制种子发芽所需的外部环境条件，促进酶的活动，满足种子内部所进行的一系列生理生化反应，增强呼吸作用，加速营养物质转化，达到种子尽快萌发的目的。常用的催芽方法如下。

1. 清水浸种

原理是种子吸水后种皮变软，体积膨胀，打破休眠，刺激发芽。不同水温浸泡时间和适宜树种见表 3-1。

表 3-1　不同水温浸泡时间和适宜树种

方法	水温	浸泡时间	适宜树种
热水浸种	70～80 ℃	1～3 d，每 24 h 换水一次	合欢、相思树、刺槐
变温浸种	60～90 ℃，20～30 ℃	热水 5 s，冷水 12～24 h	种皮致密、坚硬的树种，如国槐、紫荆、紫穗槐等
温水浸种	40～50 ℃	1～3 d，每 12 h 换水一次	种皮厚、含水量不高的树种，如油松、侧柏、元宝枫、臭椿、桑等
冷水浸种	20～30 ℃	1～2 d，或 6～12 h	种皮薄、小粒的树种，如杨、柳、榆、紫薇、暴马丁香等

注意事项：用水量应为种子体积的 5～10 倍；变温浸种时，要边倒热水边搅拌，维持 5～10 s，然后倒入冷水浸泡；对浸泡时间长的种子要每天换水；对在浸泡过程中已经膨胀漂浮的种子可以先捞出进行催芽；小粒种子浸泡时间按情况而定。

2. 机械损伤

对一些种皮致密坚硬的种子，可以通过外力破坏种皮，如可以用粗沙、碎石与种子混合搅拌，或用剪刀、锤子、锉、砂纸等工具磨破种皮，也可剥去种皮立即播种。

3. 酸、碱处理

将具有坚硬种壳的种子浸泡到具有腐蚀性的酸、碱溶液中，使种皮变薄，增加透性，促进萌发。常用的药品有浓硫酸、氢氧化钠等，如对于种皮特别坚硬的皂角、腊梅、山楂等，生产上用98%的浓硫酸浸种 20～40 min（根据种子不同适当调整浸泡时间），或用 10% 氢氧化钠浸种 24 h 左右，捞出后用清水冲洗干净，阴干后再进行催芽处理。也可用温热的 1% 的碱水，或 1% 的苏打水，或 2% 的氨水浸种。

4. 层积催芽

层积催芽是将种子与湿润物（一般是洁净、湿润的河沙）混合，放置在一定湿度、温度、通气的条件下，完成种子后熟、解除休眠的重要方法。层积催芽分为低温层积催芽、变温层积催芽和高温层积催芽。

低温层积催芽也叫层积沙藏。方法是：秋季选择地势高燥、排水良好的背风阴凉处，挖一个深和宽约为 1 m、长约 2 m 的坑，将种子与 3～5 倍的湿沙（湿度以手握成团，一触即散为宜）混合，先在底部铺设一些鹅卵石或碎石，其上铺 10 cm 的湿沙，然后放入种子和湿沙的混合物，也可一层沙一层种子交替；当沙与种子的混合物放至距坑沿 20 cm 左右时为止，然后盖上湿沙，最后用土培成屋脊，坑的两侧各挖一条排水沟，在坑中央直通到种子底层放一小捆秸秆或下部带通气孔的竹制或木制通气管，以流通空气。也可装入木箱、花盆中，埋入地下。层积期间温度一般保持 1～5 ℃，如天气较暖，可用覆盖物保持坑内低温。春季播种之前半个月左右，注意检查种子情况，当裂嘴露白种子达到30%以上时，即可播种。

高温层积处理，是将种子与湿沙混合后，堆放在20 ℃左右的洁净之处。层积过程中，注意温度和湿度的变化，要保湿通气，防止发热、发霉或水分丧失。经常检查种子情况，当裂嘴露白种子达到30%以上时，即可播种。

注意事项：层积处理过程中出现烂种、霉变情况，要及时拣出烂种，分析霉烂原因，严重时要更换经过消毒的沙藏基质。

其他处理：除以上常用的催芽方法以外，还可用微量元素的无机盐处理种子，进行催芽，使用药剂有硫酸锰、硫酸锌等。也可用有机药剂处理种子，如酒精、胡敏酸、酒石酸、对苯二酚、萘乙酸、吲哚乙酸、吲哚丁酸、赤霉素等。

（四）接种工作

1. 根瘤菌剂

根瘤菌能固定大气中的游离氮以满足苗木对氮的需要。豆科植物或赤杨类植物育苗时，需要接种根瘤菌剂。方法是将根瘤菌剂撒在种子上充分搅拌后，随即播种。

2. 菌根菌剂

菌根菌能供应植物营养，代替根毛吸收水分和养分，促进生长发育，在植物出苗期非常重要。通过菌根菌的接种，可以提高成活率和质量。方法是将菌根菌剂加水拌成糊状，拌种后立即播种。

3. 磷化菌剂

植物幼苗期很需要磷，而磷在土壤中容易被固定，因此可用磷化菌拌种后再进行播种。方法是将磷化菌剂与种子充分搅拌后播种。

（五）防鸟防鼠处理

播种前可用磷化锌、敌鼠钠盐拌种，以防鸟类及鼠类危害。

采用鼠鸟忌食剂附在植物种子或幼苗上，可驱避鼠鸟取食种子，防鼠类咬食幼苗，促进种子发芽。该方法成本低，药效稳定，环境污染小。

二、土壤处理

（一）整地

整地的目的是为种子发芽、苗木生长创造适合的土壤条件，在做床、做垄前进行平整场地、碎土，为幼苗出土创造良好条件，以提高发芽率，便于幼苗的抚育管理。整地主要包括耕、耙、镇压等3个环节，秋耕，翻地深度25～35 cm。春耙，耙碎土块，斩断草根，耧平地面。耙后镇压，以储水、保墒。

整地要求达到细致平坦，上松下实。具体要求在地表10 cm深度内没有较大的土块、石块和杂草根，种子越小其土粒也应越细，以满足种子发芽后幼苗生长对土壤的要求；播种地平坦，这样灌溉均匀，降雨时不会因土地不平、低洼积水而影响苗木生长；若经过整地后，土壤过于疏松，应进行适当的镇压，上松有利于幼苗出土，减少下层土壤的水分蒸发，下实可使毛细管水能够达到湿润土层中，以满足种子萌发时对土壤水分的要求，上松下实，为种子萌发创造了良好的土壤条件。

（二）施基肥

植物生长所需营养主要靠根系从土壤中吸取，根系的健壮生长需要有通透性良好和富有肥力的土壤条件。基肥是播种前施用的肥料，目的是长期不断地供给苗木养分和改良土壤。基肥主要以有机肥为主，配合施以化肥。有机肥含有多种营养元素和大量的有机质，施用有机肥可以改善土壤结构和理化性状，增加土壤孔隙度，提高土壤的保水力、保肥力、透水性和透气性，同时增加土壤微生物分解难溶性有机物的能力，能引导根系向土壤深处扩展。施用时，要彻底腐熟和细碎。

（三）土壤消毒

土壤是传播病虫害的主要媒介，也是病虫繁殖的主要场所，许多病菌、虫卵、害虫都在土壤中生存或越冬，而且土壤中还常有杂草种子。土壤消毒的目的就是消灭土壤中残存的病原菌和地下害虫，为播种后植物的生长创造有利的生存环境。目前，国内外土壤消毒的方法主要是高温消毒和药物消毒。

1. 高温消毒

（1）火焰消毒。

我国传统的火焰消毒（燃烧消毒）就是在露地苗床上铺上干草，点燃，它可消除表土中的病菌、害虫和虫卵，翻耕后还能增加一定量的钾肥。日本用特制的火焰土壤消毒机（汽油燃料），使土壤的温度达到 80 ~ 89 ℃，既能杀死各种病原微生物和草籽，也可杀死害虫，而土壤有机质并不燃烧。

（2）蒸汽消毒。

有条件的地方可以用管道（铁管等）把锅炉中的蒸汽引到一个木制的或铁制的密封容器中，把土壤装进容器进行消毒。蒸汽温度在 100 ~ 120 ℃。消毒时间为 40 ~ 60 min。在容器中铁管上打一些小孔，蒸汽由小孔喷发出来。

2. 药物消毒

（1）溴甲烷消毒。

溴甲烷是土壤熏蒸剂，可防治真菌、线虫和杂草。在常压下，溴甲烷为无色无味的液体，对人类有剧毒。因此，操作时要佩戴防毒面具。一般用药量为 50 g/m^2，将土壤整平后用塑料薄膜覆盖，压紧四周，然后将药罐用钉子打一个洞，迅速放入膜下，熏蒸 1 ~ 2 d，揭膜散气 2 d 后再使用。由于此药剧毒，必须经过专业人员培训后方可使用。

（2）甲醛消毒。

40% 的甲醛溶液（福尔马林），用 50 倍液浇灌土壤至湿润，用塑料薄膜覆盖，经两周后揭膜，待药液挥发后再使用。一般 3 m^3 培养土均匀撒施 50 倍的甲醛 400 ~ 500 mL。此药的缺点是对许多土传病害如枯萎病、根瘤病及线虫等效果较差。

（3）硫酸亚铁消毒。

用硫酸亚铁干粉按 2% ~3% 的比例拌细土撒在苗床上，药土 150 ~ 200 kg/hm^2。硫酸亚铁除有杀菌的作用外，还可以改良碱性土壤，供给苗木可溶性铁离子。

（4）石灰粉消毒。

石灰粉能中和土壤的酸性，也可杀虫灭菌，南方多用。一般可用 15 ~ 20 kg/m^2 的床面或 90 ~ 120 g/m^3 的培养土。

(5)硫黄粉消毒。

硫黄粉能中和土壤中的盐碱,也可杀死病菌,北方多用。一般为 25 ~ 30 g/m^2的床面或 80 ~ 90 g/m^3的培养土。

此外,还可以用锌硫酸、代森锌、多菌灵、绿享 1 号、氯化苦、五氯硝基苯、漂白粉等消毒土壤。近年来,必速灭颗粒剂是我国广谱性土壤消毒剂,经常用于高尔夫球场草坪、苗床、基质、培养土及肥料的消毒。使用量一般为 1.5 g/m^2 或 60 g/m^3 基质,大田 15 ~ 20 g/m^2。施药后要经过 7 ~ 15 d 才能播种,此期间可松土 1 ~ 2 次。

(四)做床

园林苗圃中的育苗方式可分为苗床育苗和大田育苗两种。

1. 苗床育苗(见图 3-1)

用于生长缓慢,需要细心管理的小粒种子及量少或珍贵树种的播种,如金钱松、油松、侧柏、落叶松、马尾松、杨、柳、连翘、紫薇、山梅花等多种园林树种,一般均采用苗床播种。

高床:床面高于地面的苗床称为高床,整地后取步道土壤覆于床上,使床面高于地面 15 ~ 30 cm;一般床面宽 100 ~ 120 cm,步道宽 30 ~ 40 cm。高床可促进土壤通气,提高土温,增加肥土层的厚度,并便于排水,适用于我国南方多雨地区、黏重土壤易积水或地势较低、排水不畅的地区,以及要求排水良好的树种,如油松、白皮松、木兰等。

低床:床面低于步道,步道宽 20 ~ 30 cm,床面宽 100 ~ 120 cm。低床便于灌溉,适用于温度不足和干旱地区育苗。对于喜湿的中、小粒种子的树种,如悬铃木、太平花、水杉等适用。我国华北、西北地区多采用低床育苗。

平床:床面比步道稍高,平床筑床时,只需用脚沿绳将步道踩实,使床面比步道略高几厘米即可。适用于水分条件较好,不需要灌溉的地方或排水良好的土壤。

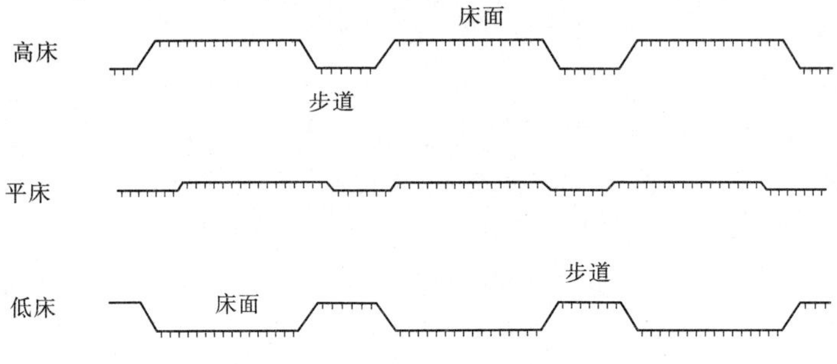

图 3-1　苗床示意图

2. 大田式育苗

大田式育苗又称农田式育苗,不做苗床,将树木种子直接播于圃地。便于机械化生产和大面积地进行连续操作,工作效率高,节省人力。由于株行距大,光照通风条件好,苗木生长健壮而整齐,可降低成本,提高苗木质量,但苗木产量略低,为了提高工作效率,减轻劳动强度,实现全面机械化,在面积较大的苗圃中多采用大田式育苗。常采用大田播种的树种有山桃、山杏、海棠、合欢、枫杨、君迁子等。

大田式育苗分为平作和垄作两种。平作在土地整平后即播种,一般采用多行带播,能提高土地利用率和单位面积产苗量,便于机械化作业,但灌溉不便,宜采用喷灌。垄作目前使用较多,高垄通气条件较好,地温高,有利于排涝和根系发育,适用于怕涝树种,如合欢等。高垄规格,一般要求垄距 60~80 cm,垄高 20~50 cm,垄顶宽度 20~25 cm(双行播种宽度可达 1.45 cm),垄长 20~25 cm,最长不应超过 50 cm。

三、播种量计算

播种量是指单位面积或长度上所播种子的重量。适宜的播种量既不浪费种子,又有利于提高苗木的产量和质量。播种量过大,会浪费种子,间苗也费工,幼苗拥挤和竞争营养,容易感染病虫害,导致苗木质量下降;播种量过小,产苗量低,容易滋生杂草,管理费工,也浪费土地。

计算播种量的公式是:

$$X = C\frac{AW}{PG \times 1\ 000^2}$$

式中　X——单位面积或长度育苗所需的播种量,kg;

A——单位面积或长度上产苗数量,株;

W——种子千粒重,g;

P——种子的净度(%);

G——种子发芽率(%);

C——损耗系数;

$1\ 000^2$——常数。

损耗系数因树种、圃地环境条件、育苗技术和经验而异。同一树种,在不同条件下的具体数值也可能不同。经过试验,C 值的变化范围大致如下:

大粒种子(千粒重在 700 g 以上),$C=1$;

中粒种子(千粒重在 3~700 g),$1<C<2$;

小粒种子(千粒重在 3 g 以下),$C=10\sim20$。

四、播种方法

生产上常用的播种方法有撒播、条播和点播。

(一)撒播

将种子均匀地撒在苗床上为撒播。撒播适用于小粒种子,如杨树、柳树、悬铃木、紫薇、银桦、椿树等。优点是:可以充分利用土地,产苗量高。缺点是:用种量大,出苗后没有明显的株行距,中耕除草、病虫防治、间苗等管理操作较费工;另外,由于苗木密度大,光照不足,通风条件不好,使苗木生长细弱,抗性差,易染病虫害。

技术要点:播种一定要均匀,对特小粒种子可以掺入细沙播种;覆土要均匀,厚度应该是种粒直径的2~3倍;根据种子发芽情况及播种环境,确定合理的播种量,防止出苗过密,影响小苗生长。

(二)条播

按照一定的行距将种子均匀地撒在播种沟中称之为条播。条播适用于中粒种子,如刺槐、侧柏、松、海棠等。条播的宽度是阔叶树 10 cm 左右,针叶树 10~15 cm,行向一般为南北向,以利光照均匀。优点是:比撒播省种子;有一定行间距,可通风透光;保证小苗有一定的营养空间,提高苗木质量;便于养护管理和简单的机械化操作。缺点是:产量不如撒播高。

技术要点:根据不同树种生长情况确定行距;控制单位长度播种量,过密会增加间苗工作量。

(三)点播

按一定的株行距将种子播于播种沟、穴中称之为点播。点播适用于大粒种子和发芽势强、幼苗生长旺盛的树种及一些珍贵树种,如核桃、七叶树、桃、杏、银杏、油桐等。优点是节约种子,幼苗有充分的营养空间。缺点是:费工,容易出现缺苗现象。

技术要点:根据种子大小和幼苗生长速度确定株行距;摆放种子时要侧放,使种子的尖端与地面平行,以便于胚根入土,胚芽萌发出土;覆土的厚度为种子直径的 2 ~3 倍。

五、播种技术

播种工作包括划线、开沟、播种、覆土、镇压五个环节。

(一)划线

播种前划线确定播种位置。划线要直,便于播种和起苗。

(二)开沟和播种

开沟和播种两项工作紧密结合,开沟后立即播种,以防播种沟干燥,影响种子发芽。播种宽度可根据实际情况确定,一般 2 ~5 cm;播种深度与覆土厚度相同。在干旱条件下,播种沟底要适当镇压,以促进毛细管水的上升,保证种子发芽所需的水分。

(三)覆土

覆土是播种后用土、细沙或腐殖土等覆盖种子,以既能使种子能得到发芽所需的水分、温度和通气条件,又能避免风吹日晒、鸟兽等的危害,使其有一个持续适宜的温、湿度环境。为了保证种子顺利出土,覆土要均匀,厚度要适宜,一般覆土厚度是种子直径的 2 ~3 倍,过深幼苗不易出土,过浅土层容易干燥。因此,覆土厚度应根据以下条件确定:

(1)树种生物特性。大粒种子宜厚,小粒种子宜薄;子叶出土的可薄,子叶不出土的宜厚。

(2)气候条件。干燥条件宜厚,湿润条件宜薄。

(3)覆土材料。疏松的宜厚,否则宜薄。

(4)土壤条件。沙质土壤略厚,黏重土壤略薄。

(5)播种季节。一般春、夏播种宜薄,北方秋季播种宜厚。

对小粒种子,在比较干旱的条件下还应盖草,以保持土壤湿润,防止土壤板结。

(四)镇压

镇压可以使种子与土壤充分结合,使种子能顺利从土壤中吸收水分,在干旱地区或土壤疏松、水分不足的情况下,覆土后要进行镇压。但对于较黏的土壤不宜镇压,以防土壤板结,不利幼苗出土。对于不黏而较湿的土壤,需待其表土稍干后再进行镇压。

六、播后管理

（一）出苗前管理

这个阶段的工作要点是：保持和调整种子所处环境的湿度、温度、透气性，促使种子尽快萌发。具体工作内容有覆盖保墒、灌溉、松土除草。

1. 覆盖保墒

播种后为了防止表土水分蒸发，控制地温，调节光照，对播种地需进行覆盖。同时，减少灌水次数防止床面板结，特别是对小粒种子要进行覆盖。

覆盖材料应该就地取材，经济、实用，以不妨碍幼苗出土，不给播种地带来杂草种子和病虫害为前提。生产中常用的覆盖材料有苇帘、地膜、塑料布、干草、锯末、稻草、麦草、苔藓，以及松树、云杉的枝条等。其中尤以塑料薄膜效果最好，不仅可以防止土壤水分蒸发，保持土壤湿润、疏松，还能增加地面温度，促进发芽。

覆盖时应注意，覆盖物不能太厚，以免使土壤温度降低或土壤过湿，延迟发芽时间；出苗后要及时撤掉覆盖物，适时灌水，使根部基质严实。对于一些萌芽需要光线和一定积温的种子，如桦木、五针松、绣线菊、桧柏等，不宜使用遮阳覆盖物。使用塑料薄膜时要注意经常检查苗床温度，当苗床温度达 28 ℃以上时，要打开薄膜的两端，进行通风降温。

2. 灌溉

播种后、出苗前，应适当补充水分，保持土壤湿润，以促进种子萌发。灌溉的时间、次数主要根据土壤含水量、气候条件、树种及覆盖厚度而决定。播种小粒种子，要在播种前灌足底水，播种后在不影响种子发芽的情况下，尽量不灌水或减少灌水次数。

灌溉时要注意：垄播、高床育苗一般可以选择侧方灌溉，但不要漫过垄面或床面；土壤水分要适宜，水分过多会使种子腐烂；幼苗刚出土时不要用漫灌。

3. 松土除草

秋冬播种地的土壤常变得板结坚实，在早春应进行一次松土，可减少土壤水分的蒸发，解除幼苗出土时的机械障碍，并改善土壤的通气状况，促使种子早萌发。但松土不能过深，以免伤及幼苗。当灌溉造成床面土壤板结时，也应及时进行松土。

出苗期过长的苗木，在种子尚未出土前，常滋生各种杂草，为避免杂草与幼苗争夺养分、水分，应及时将杂草去除。一般除草可与松土结合进行。

（二）出苗后的管理

出苗后的管理主要是指幼苗出土后，一直到冬季苗木生长结束，对苗木及土壤进行的管理。重要工作内容包括遮阴、灌溉、间苗补苗、截根、施肥、中耕除草、防寒防冻、病虫害防治等。

1. 遮阴

大多园林植物幼苗都不同程度地喜欢庇荫的环境，特别是一些喜阴树种，如红松、白皮松、落叶松、云杉、小叶女贞、泡桐、含笑、椴树、桉树等，这些植物的嫩茎易受到强光烧伤枯萎，因此幼苗出土后必须进行遮阴。

遮阴工作技术要点：可以采用苇帘、竹帘或遮阳网等做材料，可设活动的或固定的荫棚，其透光度以 50% ~80% 为宜；遮阴时间一般为每天早上 9 时到下午 4 时左右。

2. 灌溉

水分在种子萌发和生长发育的过程中都有重要的作用。幼苗出土后组织嫩弱，对水分要求严格，稍有缺水即易发生萎蔫现象，水多又会发生烂根涝害，因此要特别注意灌水量和灌水次数。灌溉方法有侧方灌溉、喷灌、滴灌等方法。

灌溉工作技术要点：要根据不同树种的特性、土质类型、气候、季节及植物生长时期等具体情况来确定；一些常绿针叶树种不耐水湿，灌水量要小；刺槐、海棠、山楂等阔叶树种，水量过大易产生黄化现象；沙质土壤比黏土灌水量要小，次数要多；春季多风季节，气候干燥，比夏季灌水量要大，次数要多；生长初期，幼苗根系短、伸入土层浅，需水量不大，灌水量要小，次数要多；速生期，植物生长加速，茎叶的蒸腾量大，对水的吸收多，灌水量要大，灌水次数要增加；生长后期，植物生长缓慢，正是充实组织，枝干木质化，增加抗寒能力的阶段，应抑制其生长，减少灌水次数，控制水分，防止徒长。

3. 间苗补苗

苗木过密，通风透光不良，单位面积上幼苗数量过多，每株幼苗的营养面积小，苗木生长细弱，质量下降，易发生病虫害，为使幼苗的密度调整到适宜密度，必须进行间苗。补苗是补救缺苗的一种措施，可以和间苗同时进行。

间苗补苗工作技术要点：间苗的时间宜早不宜迟；间苗次数一般 1 ~2 次，第一次间苗在苗高 5 cm 时或幼苗展开 3 ~4 片（对）真叶时进行，第二次间苗与第一次间苗相隔 10 ~20 d；针叶树在不太密的情况下一般不再间苗；间苗时不要伤害幼苗的根部；间苗后要立即浇水，以便填满被拔出的苗根空隙。补苗要选择阴天或傍晚，减少强光照射，防止萎蔫；补苗后要进行遮阴，提高成活率。

4. 截根

截根主要是截断苗木的主根，目的是促使苗木多生侧根、须根，提高苗木移植的成活率。

截根的技术要点：一般在秋季植物地上部分停止生长后或春季根系开始活动之前进行；截根的深度一般为 10 ~25 cm；对于主根发达、侧根发育不良的树种，如樟树、核桃、栎类、梧桐等，应在幼苗期幼苗展开 2 片（对）真叶时进行截根。截根后应立即灌水，并增施磷、钾肥，促使苗木增长新根。

5. 施肥

施肥根据施用时间分基肥和追肥两种。基肥多随翻地时施用，以有机肥为主，适当配合施用不易被土壤固定的矿物质，也可在播种时施入基肥。追肥分为土壤追肥和根外追肥，土壤追肥可施有机肥，也可施化肥，一般都随水追肥；根外追肥是利用植物的叶片能吸收营养元素的特点，采用液肥喷施的方法，对需要量不大的微量元素和部分化肥做根外追肥效果好，既可减少肥料的流失，又可收效迅速。

6. 中耕除草

中耕是在苗木生长期间对土壤进行的浅层耕作。中耕可以疏松表土层，减少土壤水分的蒸发，促进土壤空气流通，提高土壤中有效养分的利用率，促进苗木生长，中耕通常与除草结合进行。

中耕在苗期宜浅并要及时，每当灌溉或降雨后，当土壤表土稍干后就可进行，以减少土壤水分的蒸发和避免土壤发生板结与龟裂。当苗木逐渐长大后，要根据苗木根系生长情况来确定中耕深度。

除草在苗木抚育管理中是一项费事、费力的工作，杂草与苗木争肥、争水，严重影响苗木的正常生长，同时杂草也是病害的根源，因此在整个育苗过程中都要及时做好除草工作。除草可以采用人工、机械和化学等方法。

7. 防寒防冻

防寒防冻工作是春、秋季要做的重要工作。早春播种后，幼苗很嫩，细胞含水量大，极易受晚霜危害。秋梢入冬时不能完全木质化，抗寒力弱，易受冻害。

防寒防冻工作的技术要点：①灌冻水，入冬前灌足冬水，增加土壤湿度，保持土壤温度，减小冻害的可能性，灌冻水不宜过早；②埋土或培土，土壤封冻前，将小苗顺着风向依次按倒用土埋上，土厚一般为 10 cm 左右，翌春土壤解冻时除去覆土并灌水；③设风障，用竹竿、木支架等在小苗北侧与主风向垂直的地方架设风障；④冬季可用稻草或落叶等把幼苗全部覆盖起来，翌春土壤解冻时除去覆盖物并灌水。

8. 病虫害防治

对于植物生长过程中发生的病虫害，其防治工作必须贯彻"防重于治"和"治早、治小、治了"的原则。主要注意地下害虫，地下害虫一般不容易防治，而且对小苗危害极大。对小苗易发生的苗木病害，如立枯病、根腐病，要及时喷施杀菌剂防治。

任务二　扦插繁殖

【知识点】

扦插繁殖的概念及特点

扦插生根的原理和生理基础

影响扦插成活的因素

扦插的时期

【技能点】

促进插条生根的方法

扦插繁殖的种类

扦插繁殖的方法

扦插后的管理

扦插繁殖和本项目的任务三、四、五、六的嫁接、分株、压条、组织培养均属于营养繁殖（无性繁殖）。营养繁殖是利用园林植物的营养器官（根、茎、叶、芽）或营养器官的一部分，在适宜的条件下，培育成一个独立新个体的方法，属于无性繁殖。

通过营养繁殖所获得的苗木，称之为营养苗。营养繁殖是利用了植物细胞的再生能力、分生能力及园林植物之间的亲和力进行育苗的方法。再生能力是指植物营养器官的一部分，能够分化形成自己原来所没有的其他部分的能力，如用茎扦插长出新根和新叶，用根扦插长出新枝和新叶，用叶扦插长出新根和新茎。分生能力是指一些植物能够长出专为营养繁殖的一些特殊变态器官,如球茎、鳞茎、匍匐枝等。

营养繁殖的特点:

(1)能够保持母株的优良性状。营养苗是由母株营养器官的一部分形成,它们具有与母株相同的遗传基因,因此可以保持母本优良的遗传信息,即使偶尔发生芽变,也可将发生的芽变固定和保持下来。

(2)营养繁殖培育出的新植株的个体发育是在母株该部分生长基础上的继续,没有幼苗期,因此可以加速植物生长,提早开花结实。

(3)营养繁殖可以使不结实、少结实、种实质量不高等园林植物种类或品种得以繁衍,如重瓣花品种、雌雄异株、无子果实等。

(4)营养繁殖可繁殖或制作特殊树型的树木,如龙爪槐、树型月季、梅桩等。

(5)对于一些珍贵树种和优良品种,可以通过营养繁殖扩大繁殖系数。

(6)繁殖方法多样、简便、经济。由于有些园林植物的种子有深休眠,用种子繁殖比较烦琐,采用营养繁殖则较容易,且简便、经济。

但由于营养苗是在母株生长发育的基础上产生的,不同于播种苗,因此没有明显的主根(嫁接苗除外),抵抗不良环境的能力差,且寿命较短。一些植物长期进行营养繁殖,生长势会逐渐减弱或发生退化。

一、扦插繁殖的概念及特点

扦插繁殖是利用植物营养器官具有再生能力及发生不定根、不定芽的习性,切取其根、茎、叶的一部分,在一定的环境条件下插入土、沙或其他基质中,使其生根、发芽成为新植株的方法。扦插繁殖所获得的植株称为扦插苗。

扦插繁殖的特点:扦插繁殖可以经济利用繁殖材料,且材料充足,成苗迅速,因此可进行大量育苗和多季育苗;可以保持母株的优良性状;与播种苗相比,可以提早开花结实;对于一些不结实或结实少的名贵园林植物是一种切实可行的繁殖方法。但扦插繁殖在管理上要求比较精细,因插条脱离母体,必须在最短时间内给予适当的温度、湿度等环境条件才能成活,因此对一些要求较高的树种,还要采用遮阴、喷雾等必要的措施。扦插苗比播种苗的根系浅,抗风、抗旱、抗寒的能力较弱,寿命也较短。

二、扦插生根的原理及生理基础

(一)扦插生根类型

园林植物细胞具有全能性,即每个细胞都具有相同的遗传物质,它们在适宜的环境条件下,具有潜在形成相同植株的能力。此外,植物体具有再生机能,即当植物体的某一部分受伤或被切除而使植物整体受到破坏时,能表现出弥补损伤和恢复协调的功能。当根、茎、叶等从母株脱离时,由于植物的全能性和再生机能的作用,就会从脱离的根上长出茎、叶,从脱离的茎上长出根,从脱离的叶上长出茎与根等。即枝条脱离母体后,枝条内的形成层、髓部等,能形成不定根的原始体,而后发育生长成不定根。而用根作插条,则在根的皮层,其薄壁细胞分化出不定芽,从而长成茎、叶。

扦插繁殖的主要任务就是对不定根的诱导。不定根形成的快慢取决于植物的再生能力：再生能力强的植物，枝条在生长期内就能形成大量的不定根原基，脱离母体后遇到适宜的环境条件，短时间内就可形成不定根；再生能力弱的植物，扦插的枝条在适宜的条件下，先形成愈伤组织，然后在愈伤组织的基础上再形成不定根，因而需要较长的时间促其生根。在此过程中，就不定根发生的部位而言，有两种生根类型：一种是皮部生根；一种是愈合组织生根。这两种生根类型，其生根的部位和机制是不同的，从而在生根难易上也不相同。在实际中很多园林植物同时具有这两种生根类型，如月季、蔷薇、旱柳等。

1. 皮部生根

一般情况下，在枝条的形成层部位，能够形成许多特殊的薄壁细胞群，称为根原始体或称根原基。这些根原始体就是产生大量不定根的物质基础。根原始体多位于髓射线的最宽处与形成层的交叉点上（见图 3-2），侵入韧皮部，通向皮孔，在根原始体向外发育和伸展的过程中，与其相连的髓射线也逐渐增粗，穿过木质部通向髓部，从髓细胞中取得营养物质。

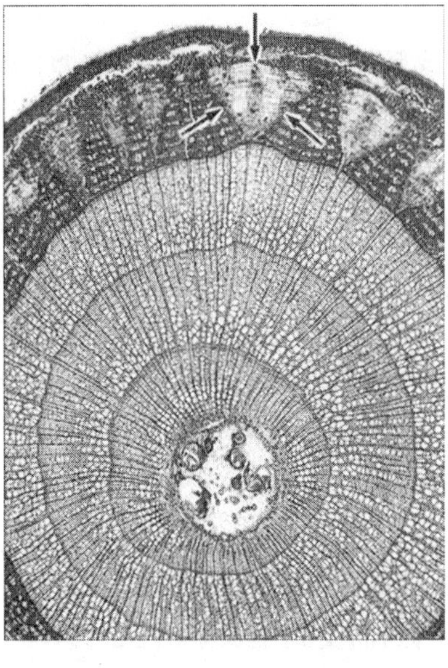

图 3-2　皮部生根示意图

很多园林植物的根原始体是在生长末期形成的，当采取的插条已经形成根原始体时，则在适宜的温度和湿度条件下，短时间内就能从皮孔中长出不定根。因此，皮部生根速度快，所以凡是扦插容易成活、生根快的树种大多是皮部生根。

2. 愈合组织生根

园林植物局部受伤后，均具有恢复生机、保护伤口、形成愈合组织的能力。植物的一切组织，只要有活的薄壁细胞就能产生愈伤组织，这些细胞以形成层、髓射线、髓等部位及附近的活细胞为主，且最为活跃。植物受伤的部位在条件适宜的情况下，由薄壁细胞产生新的突起，即愈伤组织（见图 3-3）。愈伤组织一方面保护插条的切口免受外界不良环境的影响，同时还有着继续分生的能力。因为初生愈合组织形成以后，其细胞继续分化，逐渐形成与插条相应组织发生联系的木质部、韧皮部和形成层等组织，最后充分愈合。这些愈合组织细胞和愈合组织附近部分的细胞，在生根过程中都是非常活跃的，这些细胞的不断分化，能形成根的生长点，在适宜的温度、湿度条件下，就能产生大量的不定根。因为这种生根情况是要先长出愈合组织，然后再分化出根，需要的时间长，生根缓慢。所以，凡是扦插成活较难、生根较慢的树种，其生根部位大多是愈合组织生根。

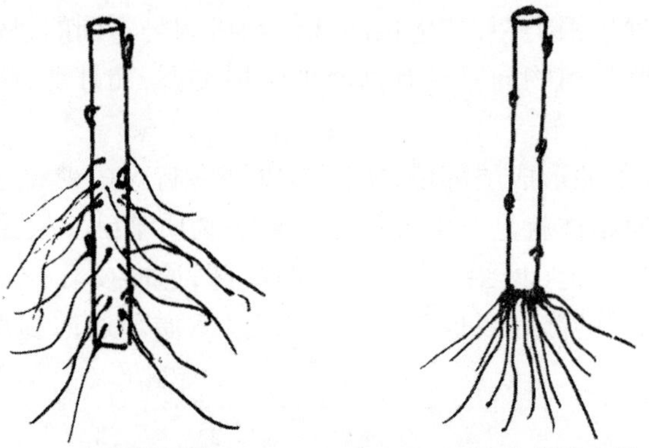

(a) 皮部生根　　(b) 愈合组织生根

图 3-3　皮部生根与愈合组织生根部位比较

3. 嫩枝插条的生根

嫩枝扦插的插条，在取条时，插条本身还没有形成根原始体，形成根系的过程与木质化的插条有所不同，当嫩枝截取后，伤口处流出的细胞液与空气氧化，在伤口外形成一层保护膜，再由保护膜内新细胞形成愈伤组织，并进一步分化形成层和输导组织，逐步分化出生长点并形成根系。这种生根类型涉及很多木本、草本植物，应选择生长期中生长的幼嫩器官进行扦插。

（二）扦插生根的生理基础

1. 生长素与生根

植物的生长活动受植物体内专门的生长物质控制，而植物伤口愈伤组织的形成及扦插生根是植物本身的生命活动，因而受到生长素的控制和调节。

生长素根据来源分为以下两种：

（1）内源生长素：植物体内产生的激素，与不定根的形成有关的主要是生长素，另外与细胞分裂素和脱落酸也有一定的关系。枝条本身所合成的生长素，可以促进根系的形成。由于生长素在枝条幼嫩的芽和叶中合成，然后向基部运行，参与根系的形态建成，因此幼嫩的芽与叶对扦插不定根的形成起很大作用。例如泡桐嫩枝扦插成功，主要是利用内源生长素含量最高的幼嫩枝条。

（2）外源生长素：非植物产生，而是人工合成的各种生长素，如萘乙酸（NAA）、吲哚丙酸（IPA）、吲哚丁酸（IBA）等。嫩枝扦插促进产生不定根是依据植物体内源生长素含量高而促成的，硬枝扦插时没有幼嫩部分提供生长素，体内生长素含量极低，所以，需要补充外源生长素促进生根。试验证明，用人工合成的外源生长素处理插条基部后，枝条内养分及其他物质加速集中在切口附近，为插条生根提供了物质基础，因而提高了生根率，取得了一定效果。根据扦插试验分析，应用生长素，不仅促进了生根，而且根长、根粗、根数多，均比对照有明显的优越性,生根时间也缩短了。利用激素处理的扦插枝条形成的根系强大,苗木生长健壮,因此对扦插育苗有着多、快、好、省的意义。应用人工合成激素配制成的ABT生根粉处理植物扦插部分,不但能补充外源生长素,而且能促进内源生长素的合成。

2. 生长促进物质对不定根形成的影响

生长素对插条生根的影响在许多试验和生产实践中都已证实,但同时也发现,生长素不是唯一促进扦插枝条生根的物质。生长素处理,对于很多难生根的植物往往难以达到预期的效果。这表明除生长素外,另有一类物质辅助,才能导致不定根的发生,这类物质即是生根辅助因子。这类生根辅助因子在易生根的植物中含量较高,但单独使用这类物质,对插条生根没有影响,只有与生长素结合,才能有效地促进生根。

目前的研究结果表明,生根促进物质主要是吲哚与酚类物质的化合物,生长素在酚类物质的辅助下,通过植物体内酶的作用,能有效地促进生根。

3. 生长抑制剂与生根

生长抑制剂是植物体内一种对生根有妨碍作用的物质,在植物体内与生长激素呈拮抗反应。很多研究结果证明,在一些难生根植物体内,存在较高的生根抑制物质,而且不同的植物种、不同的年龄阶段、不同的采条时间及枝条的不同部位,抑制物质含量都不相同。一般来说,随着母树年龄的增长,体内抑制物质的浓度不断增高(由此说明老龄树插条难以成活的原因之一是插条内抑制物质含量较高);在树木年周期中抑制物质含量呈现一定的规律性的变化:在休眠期内,可溶性物质转换成固体物质,且体内水分少,抑制物质含量相对高,生长期内植物处于生长过程中,水分运输量大,抑制物质含量相对少;休眠枝扦插,靠近梢部剪取的插条中的抑制物质含量较树木基部枝条的含量高。

对于含有生长抑制物质的树种,为了提高生根率,通常采取相应的措施,如流水洗脱、低温处理、黑暗处理等,使抑制物质发生转化后,再进行扦插,如板栗、毛白杨等,可采用"浸水催根"提高生根率。

4. 解剖学观点与生根

生根的难易与插条皮层的解剖构造有着密切的关系。从事解剖学的工作者发现,如果插条皮层中有一层、两层或者多层由纤维细胞构成的一圈环状厚壁组织时,则生根变得困难;如果插条皮层中没有或者有不连续的厚壁组织时,则生根变得容易。因此,在实践过程中,可以通过割破皮层的方法,破坏其环状厚壁组织而促进生根。

以上所介绍的观点,并非能全部解释扦插生根的各种现象,但各种观点都是利用植物本身的特性来克服生根的困难,采取相应的技术措施,就可提高扦插成活率。

三、影响扦插成活的因素

植物进行扦插育苗能否成活,除生理基础作用外,整个扦插过程是一个复杂的生理过程,影响因素不同,成活状况也不同,有难有易。即使同一植物种,品种不同也能造成生根情况的差异,这表明,插条的生根成活,既与植物种本身的特性有关,也与插条选取、温度、湿度、土壤等外界环境条件有关。

(一)内因

植物的遗传特性、采条母体的年龄、插条在母体上的部位、枝条的发育状况、插条所带叶和芽的数量等是影响扦插成活的内部因素。

1. 植物的遗传特性

不同的植物有着不同的遗传特性，插条生根的难易与植物的遗传特性有关。不同植物扦插生根成活的难易差别很大，即使是同一科、同一属、同一种的不同单株，其生根能力也不一样。以木本植物为例，根据插条生根的难易，可分为四类：

（1）极易生根的植物。如柳树、青杨、黑杨、北京杨、紫穗槐、连翘、迎春、葡萄、地锦、木槿等，插条扦插后极易生根。

（2）较易生根的植物。如刺槐、国槐、毛白杨、泡桐、侧柏、茶树、山茶、罗汉松、珍珠梅、杜鹃等，插条扦插后较易生根。

（3）较难生根的植物。如臭椿、苦楝、梧桐、小叶赤杨、光叶赤杨、日本五针松、美洲五针松等，插条扦插需要一定的技术措施方能生根。

（4）极难生根的植物。如松类、板栗、核桃、栎类、桦树、柿树、鹅掌楸等，插条扦插后极难生根，即使经过特殊处理，生根率仍非常低。

2. 采条母体的年龄和部位

采条母体的年龄包括两个方面，一是采条母树的年龄，另一个是所采枝条本身的年龄。

1）母树的年龄

由于植物体新陈代谢作用的强弱，是随着发育阶段变老而减弱的，其生活力和适应性也逐渐降低。因此，在选插条时，应该采自年龄小的母树，其生命活动能力越强，所采下的插条成活率就越高，所以很多植物是以选取1～2年生实生苗上的枝条，扦插成活率最高。

2）枝条本身的年龄和部位

插条的年龄以一年生枝的再生能力为最强，或采用母树根颈部位的一年生萌蘖条，其发育阶段最年幼，具有和实生苗相同的特点，再生能力强，又因萌蘖条生长的部位最靠近根系，通过和根系的相互作用，使它们积累了较多的营养物质，具有较高的可塑性，扦插后易于成活。相反，树冠部位的枝条，由于阶段性较老，扦插后生根少，成活率低，生长差。

同一枝条的不同部位，在不同的时间生长状况不同，但具体哪一段好，则要看植物的生根类型、枝条成熟状况、不同的生长时期及扦插方法。例如：池杉在不同时期用枝条的不同部位进行嫩枝或硬枝扦插的结果表明，嫩枝扦插以梢段成活率最高，而硬枝扦插则以基部插条效果为好。

一般来说，常绿树种一年四季可插，但以中上部枝条较好，主要是由于常绿树种中上部枝条生长健壮，代谢旺盛，营养较为充足，而且中上部新生枝光合作用也强，对生根有利。落叶树种的休眠枝以中下部枝条较好，因为中下部枝条发育充足，贮藏的养分多，为根原基的形成和生长提供了有利因素。而且对具有根原基类型的植物，由于根原基多集中在中下部，也为生根提供了有利因素。若落叶树种嫩枝扦插，则中上部枝条较好。如毛白杨的嫩枝扦插，以梢部成活最好，主要是由于在幼嫩枝条的中上部生长素含量最高，而且细胞分生能力旺盛，为生根提供了有利因素。

3. 枝条的发育状况

枝条发育的好坏，即是否充实，影响枝条内营养物质含量的多少，对于插条的生根成活有一定的影响。插条内积存的养分，是扦插后形成新器官和最初期生长所需要营养物质的主要来源，特别是碳水化合物含量的多少，对于成活和成活后植物的生长有密切的关系。凡发育充实、营养物质丰富的插条，容易成活，生长也好；而枝条较细、不充实、营养物质少的插条不易成活，即使成活，生长也较差。所以采条扦插时，多选择生长健壮、发育充实、营养物质丰富的枝条作插条，以提高成活率、保证质量。一些植物1年生枝条多较纤细，营养物质含量少，虽然有的能成活，但生长速度较慢，苗木较弱。为保证这类树种的成活率和生长效果，采取插条带部分2年生枝扦插，才能提高插条内营养物质含量，保证插条体内的生理活动，提高苗木的成活率。

4. 插条的叶面积

插条上的芽是形成茎、干的基础。芽和叶能供给插条生根所必需的营养物质和生长激素、维生素等，有利生根。尤其对嫩枝扦插及针叶树种、常绿阔叶树种的扦插更为重要。

植物带叶扦插，插条上的叶面积对插条生根成活有两方面的影响：一方面，在不定根形成的过程中，插条上的叶片能够进行光合作用，补充碳素营养，供给根系生长发育所需的养分和生长激素，促进愈合生根；另一方面，当插穗的新根系未形成时，叶片过多，蒸腾量过大，易造成插穗失水而枯死。因此，带叶扦插应确定插穗上到底保留多少叶片，一般应根据具体情况而定，如插穗10～15 cm长，留叶4片左右，若有喷雾装置，定时保湿，则可留多些叶片，有利加速生根。

另外，从母树上采集的枝条或插穗，在进行扦插繁殖时，一定要注意保持插穗自身的水分。生产上，可用水浸泡插穗下端，不仅增加了插穗的水分，还能减少抑制生根物质。

（二）外因

影响插条生根的外因主要有温度、湿度、通气、光照和基质等。各种因素之间有着相互影响、相互制约的关系。为了保证扦插成活，需使各种环境因素合理地协调，以满足插条生根的各种要求。

1. 温度

温度对插穗的生根成活及生根速度有极大影响，是扦插育苗中的一个限制因素，温度的变化影响到扦插植物生根的难易、成活率的高低。适宜的生根温度范围因树种、扦插材料不同而有所差异。一般植物休眠枝扦插时，切口愈伤组织和不定根的形成速度与温度变化有关：8～10 ℃时少量愈伤组织形成；10～15 ℃时愈伤组织形成较快；10 ℃以上开始生根；15～25 ℃时生根最适宜；25 ℃以上时，生根率开始下降；36 ℃以上时插条难以成活。由此可见，大多数树种休眠枝扦插的生根最适宜温度范围在15～25 ℃，20 ℃为最适温度。不同树种由于生态习性不同，适宜的温度范围略有不同，最低、最高温度也不相同。如美国的H. Malisch认为温带植物在20 ℃左右合适，而热带植物在23 ℃左右合适；苏联学者则认为温带植物的适宜温度为20～25 ℃，热带植物的适宜温度为25～30 ℃。通常在一个地区内，萌芽早的植物要求的温度比较低，萌芽晚的植物则要求的温度较高，如小叶杨、柳树在7 ℃左右，而毛白杨则为12 ℃以上。

不同的扦插材料对温度的要求不同。休眠枝扦插对温度的要求偏低，由于休眠枝为促进成活所用的营养物质是贮存物质，在未成活时，需要逐步消耗养分，促使愈合生根，过高的温度只能加速植物体内的营养物质消耗，导致扦插失败。而嫩枝扦插消耗的养分有一部分取自插穗上叶片光合作用所生成的营养物质，稍高的温度有利于枝条内部生根促进物质的利用，有利于不定根的生成，但若温度过高，超过 30 ℃时，则抑制生根而导致扦插失败。因此，需通过遮阴和喷灌方法降低扦插的环境温度。休眠枝扦插要求地温与气温有适宜的温差，且地温高于气温。研究表明，插穗分生组织形成愈伤组织与根原基时，当地温比气温高 3 ~5 ℃时，方有利于不定根形成而不利于芽的萌发，养分集中在不定根形成后芽再萌动则有利于插穗成活。可用马粪、地热线等升温物质提高地温，也可利用太阳能进行倒插催根。嫩枝扦插则相反，在 30 ℃以下，气温高有利于光合作用，为扦插成活提供营养物质；地温适当低一些有利于插条愈合生根。

2. 湿度

在插条扦插至成活的过程中，插条体内水分平衡是幼苗成活的保证，而氧气则是插条呼吸、代谢的必要条件。水分因素主要涉及空气湿度、基质（或土壤）湿度及插条的水分含量。而基质中氧气含量多少则与基质湿度有关。

1）空气的相对湿度

扦插的过程中，为了防止插穗失水，尤其对一些难生根或生根时间很长的树种，保持较高的空气湿度是扦插生根的重要条件之一。

插穗在不定根形成之前，没有根系从土壤中吸收水分，只能从切口处吸收一些水分，但由于插穗及其叶片的蒸腾作用仍在进行，极易造成插穗体内水分失衡，导致插穗死亡。因此，通过增加空气湿度，减少插穗蒸腾量，可以保持插穗体内的水分平衡。扦插繁殖的空气相对湿度应控制在 90% 左右为宜，休眠枝扦插的湿度要求可低一些，而嫩枝扦插因需保留叶片进行光合作用，其空气相对湿度应控制在 90% 以上，方可使枝条、叶片蒸腾强度为最低。目前，苗圃生产中为减少插穗内的水分损失，针对嫩枝扦插可采用喷水、间歇迷雾喷雾等方法提高空气相对湿度；针对休眠枝扦插，除以上方法外，在空气湿度较低的情况下，适当地深插也可减少插穗水分散失。

2）基质湿度

基质的湿度也是影响插穗成活的一个重要因素。插穗可以通过切口、皮孔从基质中获取水分，相对的基质湿度可以保护插穗在基质中的部分避免水分消耗。一般基质湿度保持干土重的 20% ~25% 即可。基质空隙不单要保留水分的空间，而且要有适当的空气空隙，即保持良好的持水性和透水性，才能保证不定根的形成。基质湿度过高不利于不定根的形成。

3）插条自身的水分含量

插条自身的水分含量直接影响扦插成活，插条的水分既可保持插条体内的活力，还可加强叶组织的光合作用，促进不定根的生成。体内水分充足时，叶片光合作用强，不定根形成快；体内水分不足时，不但影响叶片的光合作用，而且影响不定根的形成。因此，扦插繁殖的插条水分充足是生根的保证，保持插条中充足的水分，才能保持插条的活力，达到促进生根成活的目的。扦插前可将插条进行浸泡补水，扦插后采用喷水、喷雾、温室、大棚等设备提高空气湿度，防止插穗失水。

3. 空气

空气对插条成活的影响，主要是指扦插基质中的空气状况、氧气含量对插条成活的影响。插条成活要求空气湿度较高,但土壤或基质中的水分不宜过高,浇水量过大,不但降低土壤温度,还因土壤含水量过大,造成土壤通气条件变差,因缺氧而影响生根成活。插条生根率与插壤中的含氧量成正比。不同植物需氧量不同,如杨、柳对氧气的需求较少,插入较深的土层中仍能生根。而蔷薇则要求较多的氧气,要求疏松透气的插壤,或浅插方有利生根,扦插过深会造成通气不良而抑制生根。

插壤中的水分与空气条件既是互补的,也是相互矛盾的。为了协调两者关系,提高插条的成活率,扦插繁殖生产中现多通过两种办法解决,一是选择疏松透气的沙土作插壤,既能保持稳定湿度,又不积水,还无成本投入;二是用蛭石、珍珠岩等为扦插基质,保水性好、通透性强,能调节水与气的矛盾,但因缺乏植物所需的营养物质,不利于植物长期生长,生根成活后,应及时移植于苗床中培养。

4. 光照

光照对插条成活既有有利作用,也有不利作用。充足的光照能够增加土壤温度,促进插条生根。对一些带叶的嫩枝插条,可保证一定的光合强度,增加插条中的营养物质,并且利用在光合生产中产生的内源生长素促进生根,缩短生根时间,提高成活率。但光照强度过大,会增大土壤蒸发量、插条及叶片的蒸腾量,造成插条体内失水而枯萎死亡。因此,在光照过强时,需通过喷水、遮阴等措施维持插条体内水分代谢平衡。

5. 扦插基质

1) 固态

将插条插于固体物质(或称为插壤)之中使其生根成活,这种插法是扦插繁育使用最普遍、应用最广泛的方法。目前国内使用的固体扦插基质如沙壤土、泥炭土、苔藓、蛭石、珍珠岩、河沙、石英砂、炉灰渣、泡沫塑料等材料,前两种既有保湿、通气、固定作用,还能提供养分;第三、四、五种主要起着保湿、通气、固定作用,后四种只能起着通气、固定作用。在使用中,通常采用混合基质使用的方法,以给扦插插条提供较好的透气保水条件。有些基质(如蛭石、炉灰渣等)在反复使用过程中往往破碎,粉末成分增多,不利于透气,须进行更换或将其筛出,并补进新的基质。使用基质时,应注意进行更换,避免使用过的基质中携带病苗造成插穗感染,或采取药物消毒,如 0.5% 的福尔马林和高锰酸钾等,另外还可用日光消毒、烧蒸消毒等。

2) 液态

将插条插于水中或营养液中,使其生根成活,这种方法称为液插或水插。由于营养液易造成病菌增生,导致插条腐烂,所以多用水而少用营养液。此法主要用于易生根的植物扦插繁殖。

3) 气态

增加空气湿度,将空气湿度造成雾状,把枝条吊于迷雾之中,使其成活,此种插法称为雾插或气插。这种方法能够充分利用营养空间,插条愈合生根快,能缩短育苗周期。但这种方法需在高温、高湿中进行,产生的根系较脆,所以雾插育苗需通过炼苗方能提高成活率。

基质的选择应随植物种类的不同要求,选择最适宜基质。在露地进行大面积扦插时,不可能大面积更换扦插土,所以通常选用排水良好的沙质壤土。

四、扦插的时期

在条件允许的情况下，植物扦插繁育一年四季皆可以进行，但因地区气候、植物特性不同，扦插方法也不同。

（一）春季扦插

适于大多数植物，落叶树种多利用此季进行。春插是利用前一年生的休眠枝直接进行或在冬季低温贮藏后进行，此时插条中营养物质丰富，生根抑制物质已经转化。为防止地上、地下部分发育不协调造成养分消耗、代谢失衡，春季扦插宜早，并创造条件，打破插条下部休眠，保持上部休眠，待不定根形成后，芽再萌发生长，提高成活率。所以，该季节扦插育苗的关键技术是采取措施提高地温，生产上常用塑料小棚进行保护地扦插。

（二）夏季扦插

夏季扦插是采用植物当年生长旺盛的嫩枝或半木质化的插条进行扦插。针叶树种的扦插在第一次生长封顶、第二次生长开始前进行，采用半木质化的插条；阔叶树种宜用高生长旺盛时期的嫩枝。夏季扦插是利用插条处于旺盛生长期，细胞分生能力强、代谢作用旺盛且内源生长激素含量高等方面的优势。但夏季气温较高，易造成嫩枝、嫩叶失水死亡。因此，应采取措施提高空气相对湿度，减少插条的蒸腾，维持体内的水分代谢平衡，提高扦插成活率。夏季扦插采用的方法有荫棚下塑料小棚扦插和全光照自动间歇喷雾扦插。

（三）秋季扦插

秋插是在插条已停止生长，但还未进入休眠期，叶片营养回输贮藏，插条营养物质丰富的时间进行。此时扦插，一是利用插条抑制物质还未达到高峰，可促进愈伤组织提前形成，以利生根；二是利用秋季气候变化，地温较气温冷得晚，有利于插条根原基及早形成。秋插宜早，以利物质转化完全，安全越冬，来春迅速生根，及时萌芽，提高插条成活率。该季节扦插育苗的关键技术是采取措施提高地温。

（四）冬季扦插

冬插是用休眠枝插条进行扦插，由于地区不同，采取的技术措施相应不同。北方冬插在塑料棚及温室中进行，须进行低温处理，打破休眠后进行扦插，插壤采取增温措施促进插条生根成活。南方冬季可直接在苗圃地扦插，插条在圃地里经过休眠处理，待气温逐渐上升时，插条开始生根萌芽，扦插苗生长较春季扦插成活的苗木旺盛、健壮。

任务实施

一、催进插条生根的方法

（一）机械处理

在植物生长季中，用利刃、铁丝、绳索等对插穗进行环剥、刻伤、缢伤等方法阻止插穗上部的光合产物和生长激素向下运输，营养物质在伤口处积累集中，使插穗伤处膨大，插穗因养分充足而能显著提高插穗的生根成活率，有利于苗木生长。

（二）生长素及生根促进剂处理

扦插常用的生长激素有α－萘乙酸（NAA）、β－吲哚乙酸（IAA）、吲哚丁酸（IBA）、2,4－D等，这些生长激素对大多数植物的插穗都能起到促进生根的作用，使用水剂、粉剂均可。

用生长激素水剂进行插穗处理时，将已剪好的插穗按一定数量扎成一捆，下部切口在一个平面上，然后将插穗基部浸泡溶液2 cm深即可。处理时间与溶液的浓度随树种和插穗种类不同而异。生根比较困难的树种，溶液浓度要高一些，或处理时间长一些；易生根的树种，溶液浓度宜低一些，或处理时间短一些。硬枝的处理溶液浓度要高一些，时间长一些；嫩枝则相反。生长激素配制水剂须先用少量酒精溶解后再加水稀释，必要时略微加温促进溶解。

粉剂处理插穗较水剂方便，将粉剂按使用浓度配好后，用剪好的插穗下部切口蘸上粉剂（下端过干可先蘸水），使粉剂黏上插穗后插入基质中，当插穗吸收基质水分时，生长激素溶解并被吸入插穗体内。粉剂处理的生长激素后来才被吸入，容易流失，故粉剂浓度应高于水剂。

生产上常用生根促进剂处理，目前使用较为广泛的有中国林业科学院王涛研究员研制的"ABT生根粉"系列、华中农业大学研制的广谱性"植物生根剂"、山西农业大学研制的"根宝"、昆明市园林科学研究所研制的"系列促根粉"等，它们均能提高多种树木的生根率。

（三）化学药剂处理

一些化学药剂也能有效地促进插穗生根，如醋酸、高锰酸钾、硫酸锰、硝酸银、硫酸镁、磷酸等。试验证明：用0.1%的醋酸浸泡卫矛、丁香等插穗，用0.1%～0.5%的高锰酸钾溶液浸泡水杉，都能够促进插穗的生根。

（四）营养处理

有些植物体内营养不足，可用维生素、糖类及氮素等物质处理插穗，达到促进生根的目的。如用4%～5%的糖溶液处理黄杨、白蜡及松柏类插穗效果良好，但单用营养物质促进生根效果不佳，有的甚至造成感染病菌，若与生长激素并用，效果可显著提高。嫩枝扦插时，可采取叶片上喷洒0.1%尿素溶液，促进养分吸收。

（五）低温贮藏处理

将休眠插穗放入0～5 ℃的低温条件下冷藏一定时期（至少40 d），使插穗内部抑制物质转化，有利于生根。

（六）增温处理

在春季温度回升时气温高于地温，因此需要采取措施，人工创造地温高于气温的环境，使插穗先生根后发芽，现常采用的方法如在插床中埋入地热线（即电热温床法）、埋设暖气管道或放入生马粪（即酿热物催根法），均可起到提高地温，促进生根的作用。早春温床催根需要注意，一要保证地温，二是催根过程中插穗上的芽不能萌动。

（七）黄化处理

此法也称软化处理或变白处理。在插穗未剪之前的生长季中，用黑布、黑塑料布或泥土包裹插穗，使其在黑暗中生长，由于无光刺激，激发了激素的活性，加速代谢活动，使组织幼嫩，延迟芽组织的发育，促进根组织的生长，为生根创造条件。一些含有油脂、樟脑、松脂、色素等抑制物质的树种采取这种处理效果好。

(八)倒插催根处理

此法是利用土层温度的差异，达到催根作用。在冬末春初，将插穗倒放置入埋藏坑内，用沙子覆盖，上部覆盖 2 cm 厚，利用春季地表温度高于坑内温度，使倒立的插穗基部的温度高于插穗梢部，有利于插穗基部愈合及根原基形成。

二、扦插繁殖的种类

扦插繁殖的种类有枝插(茎插)、根插和叶插。生产实践中，以枝插应用最广，根插次之，叶插则常在花卉繁育中应用。

(一)硬枝扦插

凡是采用已经木质化的枝条来扦插的，都叫硬枝扦插。这是生产上最常用的方法。

1. 硬枝扦插的种类

采用两个以上芽的插条进行枝插称为长枝插，采用一个芽的插条进行扦插称为短枝插或单芽插。

1)长枝插

通常有普通插、踵形插、槌形插等(见图 3-4)。

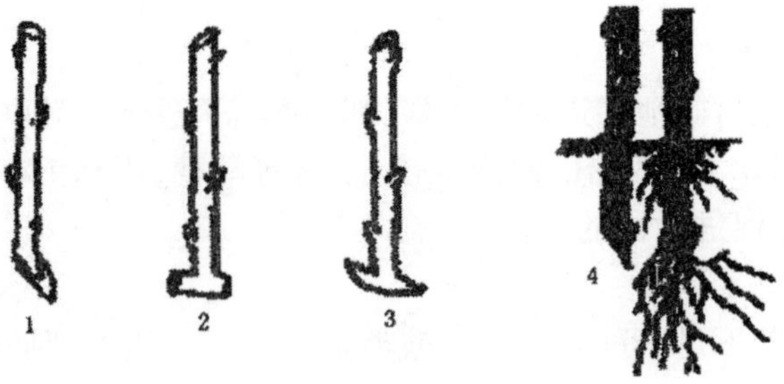

1—踵形插；2、3—槌形插；4—普通插及生根情况

图 3-4　插条的截制与硬枝扦插

2)短枝插(单芽插)

用只具一个芽的枝条进行扦插，选用枝条短，一般不足 10 cm，较节省材料，但体内营养物质少，且易失水。因此，下切口斜切，扩大枝条切口吸水面积和愈伤面，有利于生根，并需要喷水来保持较高的空气相对湿度和温度，使插条在短时间内生根成活。此法多针对一些常绿树种进行扦插繁殖。用此法插白洋茶，枝条 2.5 cm 左右，2 ~ 3 个月生根，成活率可达 90%，桂花扦插的成活率在 70% ~80%。

2. 插条的选择

选择品质优良、树龄较为年轻的母树上的当年生枝条或萌蘖条，要求枝条生长健壮，无病虫害，距主干近，已木质化。

3. 插条剪取时间

在休眠期，即在秋季自然落叶以后或开始落叶时至第二年春天萌芽前。

4. 扦插时期

一般在春季室外土温达 10 ℃以上时进行，具体进行时间，视植物种类及各地区气候条件而定。一般北方冬季寒冷、干旱地区，宜秋季采条贮藏后春插；而南方温暖、湿润地区宜秋插，可省去插条贮藏工作。抗寒性强的可早插，反之宜迟插。

5. 插条的截取（见图 3-5）

插条一般剪成长 10～20 cm 的小段，北方干旱地区可稍长，南方湿润地区可稍短。每个插条一般保留 2～3 个芽或更多的芽。上端的剪口在顶芽上 1～2 cm 处，一般呈 30°～45°的斜面，斜面方向是有芽的一方高，背芽的一方低，以免扦插后切面积水；较细的插条剪成平面也可。下端剪口应在节下，剪口应平滑，以利于愈合，切口一般呈水平状，以便生根均匀；但有些生根缓慢的树种也可剪成斜面，以扩大与土壤的接触面。

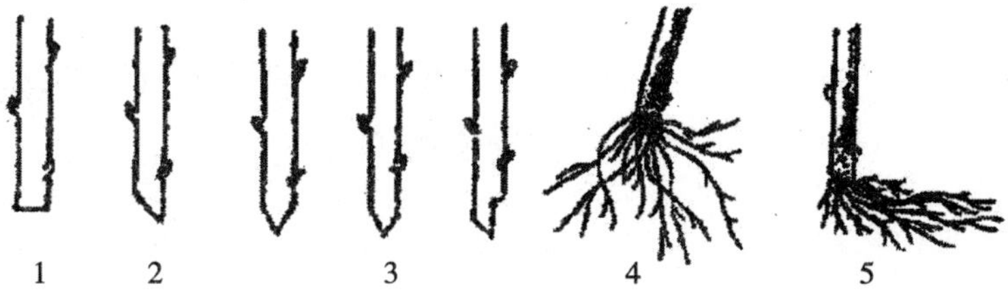

1—平切；2—斜切；3—双面切；4—下切口平切生根均匀；5—下切口斜根偏于一侧

图 3-5　插条下切口的形状与生根

6. 插条的贮藏

贮藏的方法以露地埋条较为普遍。选择高燥、排水良好、背风向阳的地方挖沟，将枝条捆扎成束，埋于沟内，盖上湿沙和泥土即可。若枝条过多，可竖一些草把于中间，以利于通气。北方地区有利用窖藏的，将枝条埋于湿沙中，堆放 2～3 层，更为安全。无论露地还是室内贮藏，均需经常检查有无霉烂现象，以免影响成活率。

7. 扦插方法

扦插前将插床进行翻耕，使土壤疏松、平整，然后每隔 50～60 cm 开 15～20 cm 的沟，沿沟底施入基肥。每亩施腐熟的堆肥 2 500～4 000 kg，再加少量草木灰和过磷酸钙等。经与沟土充分拌匀后，按 10～15 cm 的株距，直插或斜插入苗床。斜插时将插条斜插入沟内成 45°，顶芽露出地面，其方向必须相同。插条入土深度是其长度的 1/2～2/3，干旱地区、沙质土壤可适当深些。并用手将周围土壤压实，然后灌水，使土壤和枝条密接，最后再覆细润土一层，使与顶芽相平。注意扦插时不要碰伤芽眼，插入土中时不要左右晃动插条。

（二）嫩枝扦插

嫩枝扦插又叫绿枝扦插，是利用当年生嫩枝或半木质化枝条来扦插，其发根较已木质化枝条扦插的更强。

1. 插条的选择

嫩枝插一般是随采随插，在 5～8 月进行。插条要尽量剪取发育阶段年轻的母树，选择健壮、无病虫害、半木质化的当年生嫩枝。

2. 插条的截取

插条一般长 5～6 cm。剪取插条时，插条上端芽的剪口必须在芽上 1 cm 左右处，切面与枝条成45°。插条上部须保留1～3片健壮叶片,并剪去叶片前端一半。枝条下端剪口应在节部,因节上养分多,有利于生根。为了防止枝条凋萎,最好在早晨枝条内含水最多时剪取。剪下后,将下端浸于清水中,上面用湿布盖住,以防插条萎蔫。常绿针叶树种的嫩枝扦插插条,一般只要把下剪口剪平即可,不必除去叶片;但若扦插入土困难,可适当除去下部一些枝叶。

3. 扦插的方法

嫩枝扦插与硬枝扦插的方法相似,只是用地更要整理精细、疏松。因此,常在冷床或温床上进行扦插,一般垂直插入土中,入土部分为总长的1/3～1/2。嫩枝扦插对空气湿度要求严格。大面积露地扦插,如无完善的喷雾装置或保湿设备,成活率就不会高。必要时应盖塑料薄膜或搭遮阳网,以保持适当的温度、湿度。此外,还应该注意通风及遮阴。

(三)根插

利用植物的根进行扦插,叫作根插。根插适用于枝条不易扦插的植物,如泡桐、漆树等;或者根部再生能力较强的植物,如紫藤、海棠、樱桃等。

1. 插条选择

选择在休眠期母树周围刨取种根,也可利用出圃起苗时残留在圃地里的根。

2. 插条的贮藏

选粗度在0.8 cm以上的根条,切成10～15 cm的节段,并按粗细分级埋藏于假植沟内,至翌年春季扦插。

3. 扦插方法

一般多用床插,先在床面开深5～6 cm的沟,将种根斜插或全埋于沟内,覆土2～3 cm,平整床面,立即灌水,保持土壤适当湿度,15～20 d可发芽。

(四)叶插

利用植物的叶片进行扦插,叫作叶插。叶插用于能自叶上发生不定芽及不定根的种类。凡能进行叶插的花卉,大都具有粗壮的叶柄、叶脉或肥厚的叶片。叶插须选取发芽充实的叶片,在设备良好的繁殖床内进行,以维持适宜的温度及湿度,才能得到良好的效果,如秋海棠、落地生根、非洲紫罗兰等。

1. 全叶插

以完整叶片为插穗。依扦插位置分为两种。

1)平置法

切去叶柄,将叶片平铺沙面上,以铁针或竹针固定,下面与沙面紧接。落地生根从叶缘处产生幼小植株,秋海棠自叶片基部或叶脉处产生植株,蟆叶秋海棠叶片较大,可在各粗壮叶脉上用小刀切断,在切断处发生幼小植株(见图3-6)。

2)直插法(也称叶柄插法)

将叶柄插入沙中,叶片立于沙面上,叶柄基部就发生不定芽。大岩桐进行叶插时,首先在叶柄基部发生小球茎,之后发生根与芽。用此法繁殖的花卉还有非洲紫罗兰、耐寒苣苔、苦苣苔、豆瓣绿及球兰等(见图3-7、图3-8)。

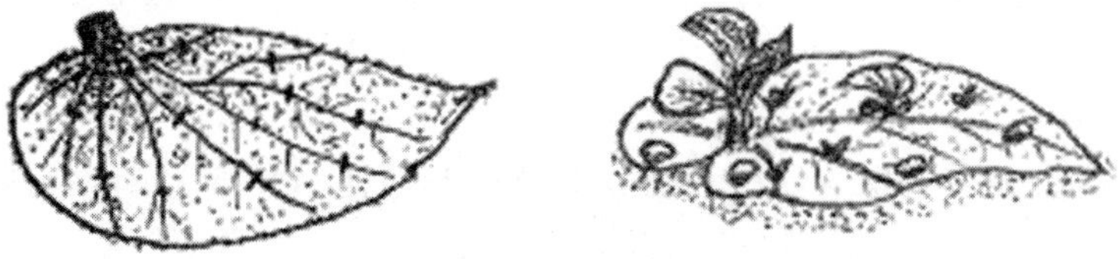

图 3-6　叶平置扦插法(秋海棠类)

图 3-7　叶直插法(虎尾兰)

图 3-8　叶柄直插法(大岩桐)

2. 片叶插(见图 3-9)

将一个叶片分切为数块,分别进行扦插,使每块叶片上形成不定芽。用此法进行繁殖的有蟆叶秋海棠、大岩桐、椒草及千岁兰等。将蟆叶秋海棠叶柄从叶片基部剪去,按主脉分布情况,分切为数块,使每块上都有一条主脉,再剪去叶缘较薄的部分,以减少蒸发,然后将下端插入沙中,不久就从叶脉基部发生幼小植株。大岩桐也可采用片叶插,即在各对侧脉下方自主脉处切开,再切去叶脉下方较薄部分,分别把每块叶片下端插入沙中,在主脉下端就可生出幼小植株。椒草叶厚而小,沿中脉分切左右两块,下端插入沙中,可自主脉处发生幼株。千岁兰的叶片较长,可横切成 5 cm 左右的小段,将下端插入沙中,自下端可生出幼株。千岁兰分割后应注意不可使其上下颠倒,否则影响成活。

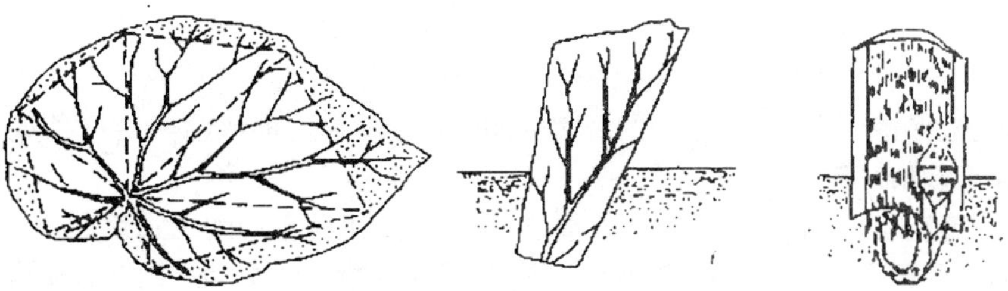

图 3-9　片叶插

三、扦插的方法

不同植物的习性不同,扦插方法也不同。现将生产实践中常用的方法介绍如下。

(一)垂直插

垂直插是扦插繁殖中应用最广的一种,多用于较短的插条。

在大田里可采取这种方法大面积育苗。嫩枝扦插在全光照自动间歇喷雾扦插床上经常采取垂直插可节省空间。花卉生产上,采用垂直扦插繁殖,在换盆培养时可省去换土的工序,直接埋入即可。

(二)斜插

适用落叶植物,多在植物落叶后、发芽前进行,将插穗(15 ~ 20 cm)斜插入土中,插入土部分向南,与地面成45°角,插后将土壤踩实,使插穗与土壤紧密接触,保持土壤的水分与通气条件。

(三)船底插

蔓生植物枝条长,在扦插中将插穗平放或略弯成船底形进行扦插。

(四)深层插

将长插条(1 m 以上)深深插入土中,上部用松散土壤埋住,只露出梢部。此法由于插条切口位于无菌的地层深处,可以充分利用适宜生根的深层土温(冬季可保持 10 ℃,夏季可保持 20 ℃左右)和深层土壤水分。此法成活率较高,在较短的时间内培养成所需大苗,但使用扦插材料较多。由于插条扦插较深,下部土壤紧实,通气不良,因此下部至切口生根少,而上层土壤空气流通良好有利生根,从而形成埋在土里的部位上部根系多、下部稀少的状况。此种方法由于插条过长移植困难,所以具体扦插深度应根据扦插植物生根的难易、插条的长度及土壤的性质决定。有直接用此方法进行扦插植树绿化的。

四、扦插后的管理

(一)保持插壤和空气湿度

扦插后立即浇足第一次水,使插条与土壤紧密接触。要经常保持土壤、空气的湿度(嫩枝扦插等要求空气湿度更重要),以调节插条体内的水分平衡,保持插壤中良好的通气效果,同时还应做好保墒及松土工作。

温室、大棚能保持较高的空气湿度和温度,并且具有一定的调节能力。插床的扦插基质具有通气良好、持水力强的特点。因此,既可用于硬枝扦插,也可用于叶插、嫩枝扦插。扦插之后,当插条生根展叶后方可逐渐开窗流通空气,降低空气湿度,使其逐渐适应外界环境。棚内温度过高,可通过遮阴网降低光照强度,减少热量吸收,或适当开天窗通风降温、喷水降温,保持室内、棚内适宜的环境条件,维持插条生根成活。当插条成活适应之后,逐渐移至栽植区栽培。

在空气温度较高、阳光充足的生长季节,可采用全光照自动间歇式喷雾扦插床进行嫩枝扦插,插后利用白天阳光充足进行光合作用,以间歇喷雾的自动控制装置来满足插条对空气湿度的要求,保证插条不萎蔫又有利于生根。插壤以无营养、通气保水的基质为主,在扦插成活后,为保证幼苗正常生长,应及时起苗移栽。

(二)保证插条营养

插条上若带花芽,应及早摘除。当未生根之前地上部已展叶,应摘去部分叶片,减少养分消耗,保证生根的营养供给。当新苗长到 15 ~ 30 cm 时,培育主干的植物应选留一个健壮直立的新梢,其余除去。除草配合松土进行,减少杂草对养分和水分的竞争。

任务三　嫁接繁殖

【知识点】

嫁接繁殖的意义和作用

嫁接繁殖成活原理

影响嫁接成活的因素

【技能点】

嫁接繁殖的种类和时期

砧木、接穗的选择

嫁接繁殖的方法

嫁接后的管理

相关知识

一、嫁接繁殖的意义和作用

嫁接是指将一种植物的枝或芽接到另一种植物的茎或根上，使之愈合生长在一起，形成一个独立新植株的繁殖方法。供嫁接用的枝或芽称为接穗，承受接穗或接芽的带根植物部分称为砧木。以枝条作为接穗的称"枝接"，以芽为接穗的称"芽接"。用嫁接方法繁殖所得的苗木称"嫁接苗"。嫁接苗和其他营养繁殖苗所不同的特点是一种植物借助了另一种植物的根，因此嫁接苗也称"它根苗"。

嫁接繁殖虽然需要先培养砧木，在操作技术上也较为麻烦，但嫁接有着其他营养繁殖起不到的作用。在生产实践中，仍以嫁接为园林植物和果树的重要繁殖方法之一。嫁接繁殖的优点如下：

(1)保持品种的优良特性。嫁接所用的接穗，均采自发育阶段较高的母树上，遗传性稳定，在园林绿化、美化上，观赏效果优于种子繁殖的植物。虽然嫁接后不同程度受到砧木的影响，但仍能保持母树原有的优良性状。长期以来，大部分果树一直都用嫁接的方法进行。

(2)增加抗性和适应性。嫁接所用的砧木，大多采用野生种、半野生种和当地土生土长的种类。这类砧木的适应性很强，能在自然条件很差的情况下正常生长发育。它们一旦被用作砧木，就能使嫁接品种适应不良环境，以砧木对接穗的生理影响，提高嫁接苗的抗性，扩大栽培范围。例如酸枣耐干旱、耐贫瘠，用它作砧木嫁接枣，就增加了枣适应贫瘠山地的能力；君迁子上接柿子，可提高抗寒性；苹果嫁接在海棠上，可抗棉蚜；梨接在杜梨上，可适应盐碱土壤。

(3)改变株型。在砧木的选择上，如选用矮化砧，接后所得的苗木即为矮化植株；选用乔化砧，就获得高大植株。因此，可以用嫁接繁殖的方法，选择不同的砧木，培育出不同株型的园林苗木。如碧桃嫁接在山桃上，长势旺盛，易形成高大植株，嫁接在寿星桃上，形成矮小植株。其他一些树种的垂枝类、曲枝类品种，如垂枝梅、龙爪槐等，也都可繁殖应用，满足园林绿化对苗木的特殊需求。

(4)提早开花结果。嫁接能使观花观果植物及果树提早开花结果，使材用树种提前成材。嫁接促使观赏树木及果树提早开花结果的原因，主要是接穗采自已经进入开花结果期的成龄树，这样的接穗嫁接后，一旦愈合和恢复生长，很快就会开花结果。例如用种子繁殖板栗，15 年以后才能结果，平均每株产栗子 1 ~ 1.5 kg。而嫁接后的板栗，第二年就能开花结果，4 年后株产就可达 5 kg 以上；柑橘实生苗需 10 ~ 15 年方能结果，嫁接苗 4 ~ 6 年即可结果；苹果实生苗 6 ~ 8 年才结果，嫁接苗仅 4 ~ 5 年。

在材用树种方面，通过嫁接提高了树木的生活力，生长速度加快，从而使树木提前成材。"青杨接白杨，当年长锄扛"就是指嫁接后能使树木生长速度加快，提前成材。

(5)克服不易繁殖现象。园林中的一些植物品种由于培育目的，而没有种子或极少种子，扦插繁殖困难或扦插后发育不良，用嫁接繁殖可以较好地完成繁殖育苗工作。如园林树木中的重瓣品种，果树中的无核葡萄、无核柑橘、无核柿子等。

(6)扩大繁殖系数。嫁接所使用的砧木可采用种子繁殖，获得大量的砧木，而接穗仅用一小段枝条或一个芽接到砧木上，即能形成一个新的植株，在选用植物材料上比较经济，且能在短期内繁殖多数苗木。

(7)恢复树势、治救创伤、补充缺枝、更换新品种。园林中有很多古树，树势生长衰弱，一些树木也常因病虫害、人兽的破坏等使树势生长衰弱，可用生长健壮的砧木进行桥接或寄根接等方法，促进生长，挽回树势。如树冠空裸、缺枝，可在树冠空裸处的枝上接上新的枝或芽，以充实树冠，使树冠丰满美观；如品种不良，影响果树的产量和园林绿化效果，则可用高接换头的嫁接方法，使产量提高或满足园林绿化功能的要求。嫁接还可使一树多种、多头、多花，提高其观赏价值。

通过选用新品种嫁接能够保持优良性状的方法来固定其优良特性，扩大繁殖系数。

但嫁接繁殖也有一定的局限性和不足之处。例如，嫁接繁殖一般限于亲缘关系，要求砧木和接穗的亲和力强，因而有些植物不能用嫁接方法进行繁殖，单子叶植物由于茎构造上的原因，嫁接也很难进行。此外，嫁接苗寿命较短，并且嫁接繁殖在技术上也较复杂，技术要求高，有的还需要先培养砧木，人力、物力上投入较大。

二、嫁接繁殖成活原理

植物嫁接成活主要决定于砧木和接穗之间的亲和力及双方形成层细胞的再生能力。嫁接后，砧木和接穗削面的形成层彼此紧密接触，薄壁细胞进行分裂，形成愈合组织，填满砧木、接穗之间的空隙。在细胞之间产生胞间连丝，由胞间连丝使原生质连通，然后新生细胞进一步分化，使接穗和砧木之间的形成层向内分化为木质部，向外分化为韧皮部，进而使导管和筛管等输导组织相互沟通，使得水分、养分得以输导，维持水分平衡，形成一个整体。在愈伤组织的外部细胞分化为栓皮细胞，使砧木和接穗相接处密合，砧木和接穗两个异质部分从此结合在一起，成为一个新的植株。

因此，在技术措施上，除根据树种遗传特性考虑亲和力外，嫁接成活的主要关键在于：接穗砧木之间形成层紧密结合，结合面愈大，接触面平滑，各部分嫁接时对齐、贴紧、捆紧，才愈易成活。

三、影响嫁接成活的因素

(一)嫁接愈合与亲和力的关系

砧木和接穗经过嫁接能愈合,且能正常生长发育的能力,称为亲和力。亲和力是嫁接成活的最基本条件。砧木和接穗的亲和力越强,则嫁接成活率越高;反之,则低或不成活。

砧木和接穗间的亲和力大小主要由亲缘关系远近决定。亲缘关系越近,则亲和力越强。同种间的亲和力最强,如不同品种的月季间嫁接最易成活。同属异种间嫁接,亲和力次之,在生产上应用最广泛。同科异属间进行嫁接,亲和力一般较弱,但有些植物也能成活,例如女贞嫁接在白蜡上,桂花嫁接在女贞上。不同科的植物间亲和力更弱,嫁接很难获得成功,在生产上不能应用。

此外,亲和力与砧木、接穗间细胞组织结构、生理生化特性的差异也有一定的关系。

(二)砧木和接穗的生活力及树种的生物学特性

愈伤组织的形成与植物种类和砧、穗的生活力有关。一般来说,砧木、接穗生长健壮,营养器官发育充实,体内营养物质丰富,生长旺盛,形成层细胞分裂活跃,嫁接就容易成活。所以,砧木要选择生长健壮、发育良好的植株,接穗也要从健壮母树的树冠外围选择发育充实的枝条。如果砧木萌动比接穗稍早,可及时供应接穗所需的养分和水分,嫁接易成活;如果接穗萌动比砧木早,则可能因得不到砧木供应的水分和养分"饥饿"而死;如果接穗萌动太晚,砧木溢出的液体太多,又可能"淹死"接穗。有些种类,如柿树、核桃富含单宁,切面易形成单宁氧化隔离层,阻碍愈合;松树富含松脂,处理不当也会影响愈合。

接穗的含水量也会影响嫁接的成活。如果接穗含水量过少,形成层就会停止活动,甚至死亡。一般接穗含水量应在50%左右。所以,接穗在运输和贮藏期间,不要过于干燥。嫁接后也要注意保湿,如低接时要培土,高接时要绑缚保湿物,以防水分蒸发。

此外,如果砧木和接穗的细胞结构、生长发育速度不同,嫁接则会出现"大脚"和"小脚"现象。如在黑松上嫁接五针松,在女贞上嫁接桂花,均会出现"小脚"现象。

(三)环境因子的影响

环境因子对嫁接成活的影响,主要反映在对愈伤组织形成与发育的速度上。影响嫁接成功的主要环境因子为温度、湿度、光照。

1. 温度

植物的愈伤组织要在一定温度下才能形成,一般适宜温度为20～25 ℃,低于15 ℃或高于30 ℃,就会妨碍愈伤组织的旺盛生长。植物愈伤组织生长的最适温度,与不同植物萌芽、生长发育所需的最适温度成正相关。如桑树在春季4月嫁接成活率最高,因其形成层分裂最适温度在20～25 ℃。

2. 湿度

湿度对愈伤组织的影响有两个方面:一是愈伤组织生长本身需要一定的湿度;二是接穗需要在一定的湿度条件下,才能保持生活力。空气湿度越接近饱和,对愈合越有利。但不能使嫁接部位浸水,因此要做好包扎工作。

3. 光照

黑暗条件下,有利于促进愈伤组织的生长。因此,嫁接后一定要遮光。

除以上主要环境因子影响嫁接成活率外,通气也有利于嫁接伤口愈合。一般空气中氧气含量(体积分数)在12%以下或20%以上,都会妨碍愈合作用进行。

(四)嫁接质量

在所有嫁接操作中,用刀的技术和速度是最重要的。

(1)接穗的削面是否平滑。嫁接成活的关键因素是接穗和砧木两者形成层的紧密结合。这就要求接穗的削面一定要平滑,这样才能和砧木紧密贴合。如果接穗削面不平滑,嫁接后接穗和砧木之间的缝隙就大,需要填充的愈伤组织就多,就不易愈合。因此,削接穗的刀要锋利,削时要平滑。

(2)接穗削面的斜度和长度是否适当。嫁接时,接穗和砧木结合面愈大,二者的输导组织愈易沟通,成活率就高;反之,成活率就低。

(3)接穗、砧木的形成层是否对准。嫁接时砧木和接穗两者的形成层对的越准,成活率就越高;反之,就越低。

任务实施

一、嫁接的种类和时期

嫁接的方法很多。其操作技术也都有一定差异,但总的可分两大类:枝接类和芽接类。

(一)枝接类

凡是以枝条为接穗的嫁接方法统称为枝接,包括劈接、腹接、插皮接、靠接、桥接、切接、舌接、根接等。目前生产上常用的方法为切接、劈接、腹接。

枝接一般在树木休眠期进行,多在春、冬两季,以春季为最适宜。在北京地区,一般从3月20日以后至4月10日左右最好。但对含单宁较多的树种,如柿子、核桃等枝接时期应稍晚,选在单宁含量较少的时期,一般在4月20日以后,即谷雨至立夏前后为最适宜。同一树种在不同地区进行枝接,由于各地的气候条件的差异,其进行时间也各有不同,均应选在形成愈合组织较有利的时期。如河南鄢陵在9月下旬(秋分)枝接玉兰;山东菏泽在9月下旬接牡丹。而针叶常绿树的枝接时期以夏季较适,如龙柏、翠柏、洒金柏、万峰桔等在北京以6月嫁接成活率为最高。冬季枝接在树木落叶后、春季发芽前均可进行,但这时期温度过低,必须采取相应措施,才不致失败。一般是将砧木掘起在室内进行,接好后假植于温室或地窖中,促其愈合,春季再栽于露地。在假植或栽植过程中,由于砧木、接穗未愈合牢固,不可碰动接口,防止接口错离,影响成活。现枝接采用蜡封接穗,可不受季节限制,一年四季均可进行,方法简便,成活率高,生产中值得推广采用。

(二)芽接类

凡是用芽为接穗的皆为芽接。由于取芽的形状和结合方式不同而分许多种,最广泛应用的是"T"字形芽接。

芽接可在树木整个生长季期间进行,但应依树种的生物学特性等的差异,选择其适应的嫁接时期。除柿树等芽接时间以4月下旬至5月上旬为最适,龙爪槐、江南槐等以6月中旬至7月上旬芽接成活率最高外,北京地区大多数树种以秋季芽接最适宜。即8月上旬至9月上旬,此时嫁接,既有利操作,愈合又好,且接后芽当年不萌发,免遭冻害,有利安全过冬。在这个时期进行芽接,还应据不同树种的特点、物候期的早晚来确定具体芽接时间。樱桃、李、杏、梅花、榆叶梅等应早接,特别是在干旱年份更应早接,一般在7月下旬至8月上旬进行,因其停止生长早,时间稍晚,砧、穗不离皮,不便于操作。而苹果、梨、枣等在8月下旬进行较宜。但杨树、月季最好在9月上中旬进行芽接,过早芽接,接芽易萌发抽条,到停止生长前却不能充分木质化,越冬困难。

二、砧本、接穗的选择

(一)砧木的选择与培育

砧木是形成新植株的基础,其好坏对嫁接苗以后的生长发育、树体大小、花量、结实及品质、产量等具有很大影响。例如,使嫁接苗乔化或矮化,变丛生为单干生,变灌木低位开花为小乔木高位开花,变常绿灌木为常绿小乔木,增强繁育品种的抗寒性,增加花色品种等,而且对嫁接成活关系重大。因此,嫁接时,选择适宜的砧木是保证嫁接达到理想目的的重要环节。选择砧木主要依据下列条件:

(1)与接穗具有良好的亲和力。

(2)与接穗发育均衡,对接穗的生长、开花、结实和寿命等有良好的影响,并能保持接穗原有的优良品性,如能使接穗生长健壮、花大、花美、果型大、品质好。

(3)生长健壮,根系发达,对栽植地区的环境条件适应性强,抗性强,如能抗旱、抗涝、抗寒、抗风、抗盐碱等。

(4)对主要病虫害有较强的抗性。

(5)种源丰富,易于大量繁殖。

(6)能满足园林绿化对嫁接苗的高度要求,符合栽培目的的特殊性状,如选用直立性强的砧木,而一般月季可选用刺玫等作砧木。

根据选择砧木须具备的条件,砧木除要求对接穗具有良好的亲和性和生长影响外,更重要的是对环境的适应性。不同类型的砧木对环境适应能力不同,砧木选择适当,就能更好地满足栽培的需要。

不同地区、不同生态环境都有着相适应的砧木种类,根据栽培要求及区域化原则,可从本地乡土树种中选择出各种适宜的砧木类型,当地的种源缺乏时,也可以就近引入砧木种类,引种地与当地生态条件愈相似,引种成功率愈大。砧木的培育,一般用实生苗最好,它具有根系发达、抗性强、寿命长、可塑性强又易于大量繁殖等优点。但对于种源不足或不宜于种子繁殖的树种,也可用营养繁殖法培育砧木。砧木的年龄、大小及粗细对嫁接成活和接后嫁接苗的生长很有影响,一般应根据所接树种的特性而定,除特殊目的外,一般砧木最好选用1~2年生的实生苗。培育砧木,除一般正常管理外,可通过摘心控制苗木高生长,促进加粗生长。在进行插皮接或芽接时,为使砧木“离皮”,可于嫁接前1个月左右,在砧木基部进行培土和灌水,促进形成层活动,使其易于剥皮,提高嫁接成活率。

(二)砧木的利用方式

砧木的种类很多,性状不尽相同,在嫁接后的生长中反应不同,因此对砧木的利用方式也不同,现介绍几种常用的利用方式。

1. 共砧

共砧又称为本砧,即砧木与接穗品种同属一种。砧木可以是种子繁殖,也可以是无性繁殖的自根砧。自根砧遗传与亲本相同,但无主根,抗性差。种子繁殖的砧木因异花授粉的缘故,变异大。但共砧种源丰富,利用方便,为嫁接首选砧木,果树栽培上常应用。如:苹果、梨、桃、柑、柿、枣、荔枝、龙眼、枇杷等多有应用,并在应用中选育出一些较好的类型。如苹果中,元帅的实生砧耐寒、抗火疫病和颈腐病及绵蚜等。

2. 乔化砧、矮化砧

根据嫁接后砧木对植株高度及大小的影响,将砧木分为乔化砧和矮化砧两类。乔化砧是使嫁接苗长势旺盛,高大的砧木,如桃、杏是梅、碧桃的乔化砧。矮化砧是能控制接穗生长、树体小于标准树体的一类砧木,如寿星桃是桃、碧桃的矮化砧。

3. 基砧和中间砧

基砧是指在双重或多重嫁接中位于苗木基部带根的砧木,也称根砧。

中间砧是指位于基砧和接穗之间的一段砧木。

双重嫁接的苗木是由基砧、中间砧、接穗三部分组成。这种利用砧木的目的,一是利用多种砧木特性共同对接穗影响,或补充一种砧木的性状不足,控制植株生长或提高抗性、适应能力;二是调节基砧与接穗的亲和性或解决中间砧种源不足的矛盾。如榅桲是梨的矮化砧,但接东方梨亲和力较差,因此利用哈蒂(Hardy)或故园(Old home)等西洋梨品种作中间砧,则有利于东方梨成活,并培育成矮化苗木。

(三)接穗的选择和贮藏

1. 接穗的选择

(1)采穗母体的选择。必须从栽培目的出发,从植物种、品种中选择品质优良纯正、观赏价值或经济价值高的优良植株为采穗母体。

(2)采穗的部位。从树冠的外围采健壮的发育枝,最好选向阳面光照充足、发育充实的枝条作为接穗。

(3)接穗的质量。一般采取节间短、生长旺盛、发育充实、芽体饱满、无病虫害、粗细均匀的1年生枝条较好。但有些树种,2年生与年龄更大些的枝条也能取得较高的嫁接成活率,甚至比1年生枝条效果更好,如无花果、油橄榄等,只要枝条组织健全、健壮即可。针叶常绿树的接穗则应带有一段2年生的老枝,这种枝条嫁接成活率高,且生长较快。春季枝接应在休眠期(1~2月)采穗。若繁殖量小,也可随采随接。常绿树木、草本植物、多浆植物及夏季嫩枝嫁接或芽接时,宜随采随接。

2. 接穗的贮藏

春季嫁接用的接穗,一般在休眠期结合冬季修剪将接穗采回,附上标签,标明树种、采条日期、数量,在适宜的低温下贮藏,可放在假植沟或地窖内。在贮藏期间要经常检查,注意保持适当的低温和适宜的湿度,以保持接穗的新鲜,防止失水、发霉。特别在早春气温回升时,需及时调节温度,防止接穗芽体膨大,影响嫁接效果。北京市东北旺苗圃用蜡封方法贮藏接穗，效果很好。其方法是：将枝条采回后，剪成10～13 cm长，保证一个接穗上有3个完整、饱满的芽。用水浴法将石蜡溶解，即将石蜡放在容器中，再把容器放在水浴箱或水锅里加热，通过水浴使石蜡熔化。当蜡液达到85～90 ℃时，将接穗分两头在蜡液中速蘸，一次完成，使接穗表面全部蒙上一层薄薄的蜡膜，中间无气泡，然后将一定数量的接穗装于塑料袋中密封好，放在-5～0 ℃的低温条件下贮藏备用。一般万根接穗耗蜡量为5 kg左右，翌年随时都可取出进行嫁接。存放半年以上的接穗仍具有生命力。这种方法不仅有利于接穗的贮藏和运输，而且可有效地延长嫁接时间，在生产上具有很高的实用性。多肉植物、草本植物及一些生长季嫁接的树种应随采随接，不需预先收集贮藏。木本植物芽接时，接穗采取后，为了防蒸腾，叶片需全部剪去，保留叶柄。

三、嫁接的方法

（一）嫁接前的准备

在选择好砧木和采集好接穗后，嫁接前应准备好嫁接所用的工具、包扎和覆盖材料。

1. 嫁接工具

根据嫁接方法确定所准备的工具。

嫁接工具主要有刀、剪、凿、锯、撬子、手锤。嫁接刀具中可分为芽接刀、切接刀、劈接刀、根接刀、单面刀片等。为了提高工作效率，并使嫁接伤口平滑、接面密接，有利愈合，提高嫁接成活率，应正确使用工具，刀具要求锋利。

2. 涂抹和包扎材料

涂抹材料实际为覆盖材料，通常为接蜡，用来涂抹接合处和刀口，以减少嫁接部分丧失水分，防止病菌侵入，促使愈合，提高嫁接成活率。接蜡可分为固体接蜡和液体接蜡。

（1）固体接蜡。由松香、黄蜡、猪油（或植物油）按4∶2∶1比例配成，先将油加热至沸，再将其他两种物质倒入充分溶化，然后冷却凝固成块，用前加热熔化。

（2）液体接蜡。由松香、猪油、酒精按16∶1∶18的比例配成。先将松香溶入酒精，随后加入猪油，充分搅拌即成。液体接蜡使用方便，用毛笔蘸取涂于切口，酒精挥发后形成蜡膜。液体接蜡易挥发，需用容器封闭。

包扎材料以塑料薄膜应用最为广泛。包扎材料将砧木与接穗密接，保持切口湿度，防止接口移动。湿度低的时候可套塑料袋起到保湿作用。

（二）嫁接的方法

根据嫁接所采用的接穗和砧木情况，可分为枝接、芽接、根接和双重嫁接、多头高接等。

1. 枝接

枝接的优点是嫁接苗生长较快，早春进行嫁接，当年秋季即可出圃，而且在嫁接时间上不受树木离皮与否的限制。下面介绍常见枝接的操作技术。

1）切接

切接是枝接中最常用的一种，适用于大部分园林树种。其方法如图3-10所示。

砧木宜选用2 cm粗的幼苗，稍粗些也可以，在距地面5 cm左右处断砧，削平断面，选择较平滑的一面，用切接刀在砧木一侧（略带木质部，在横断面上为直径的1/5～1/4）垂直下切,深2~3 cm。削接穗时,接穗上要保留2~3个完整饱满的芽,将接穗从距下切口最近的芽位背面,用切接刀向内切达木质部(不要超过髓心),随即向下与接穗中轴平行切削到底,切面长2~3 cm,再于背面末端削成0.8~1 cm的小斜面。将削好的接穗,长削面向里插入砧木切口中,使双方形成层对准密接,接穗插入的深度以接穗削面上端露出0.5 cm左右为宜,俗称"露白",有利愈合成活。如果砧木切口过宽,可对准一边形成层,然后用塑料条由下向上捆扎紧密,可兼有使形成层密接和保湿作用。必要时可在接口处封泥接蜡,或采用埋土办法,以减少水分蒸发,达到保湿目的。嫁接后为保持接口湿度和防止接穗失水干萎,可采取如下保湿措施:套塑料袋、堆土封埋、用塑料条缠缚、接蜡、涂沥青油等。

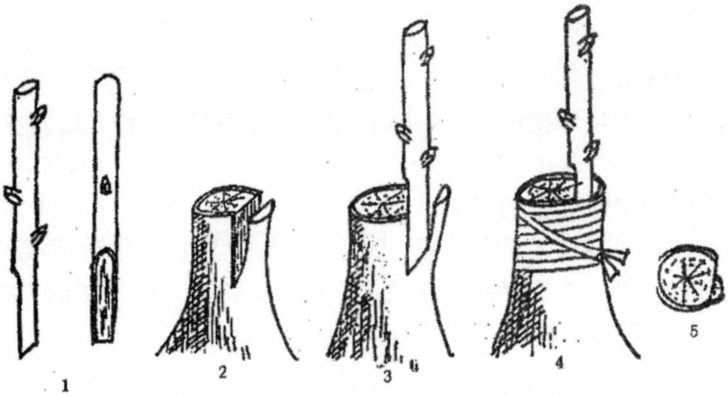

1—接穗下切口正侧面;2—砧木切法;3—砧接结合;4—绑扎;5—形成层结合断面图

图3-10　切接

2)劈接

劈接适用于大部分落叶树种,其方法如图3-11所示。通常在砧木较粗、接穗较细时使用。将砧木在离地面5~10 cm处锯断,并削平剪口,用劈接刀从其横断面的中心垂直向下劈开,注意劈时不要用力过猛,要轻轻敲击劈刀刀背或按压刀背,使刀徐徐下切,切口长2~3 cm。接穗削成楔形,削面长2~3 cm,接穗外侧要比内侧稍厚,刀要锋利,削面要平滑。将削好的接穗插入砧木劈缝。接穗插入时可用劈刀的楔部将劈口撬开,轻轻将接穗插入,靠一侧使形成层对齐。砧木较粗时,可同时插入2个或4个接穗。劈接一般不必绑扎接口,但如果砧木过细,夹力不够用,可用塑料薄膜条或麻绳绑扎。为防止劈口失水影响嫁接成活,接后可培土覆盖或用接蜡封口。

3)靠接

靠接主要用于培育一般嫁接法难以成活的珍贵树种。要求砧木与接穗均为自养植株,且粗度相近,在嫁接前还应移植到一起。在生长季,将砧木和接穗相邻的光滑部位,各削一长、宽均相等的切削面,长3~6 cm,深达木质部,使砧、穗的切口密接,双方形成层对齐,用塑料薄膜条绑缚严紧。待愈合成活后,将砧木从剪口上方剪去,即成一株嫁接苗。这种方法的砧木与接穗均有根,不存在接穗离体失水问题,故易成活(见图3-12)。

4)合接和舌接

合接和舌接适用于枝条较软较细的树种。砧木和接穗的粗度最好相近。合接是将

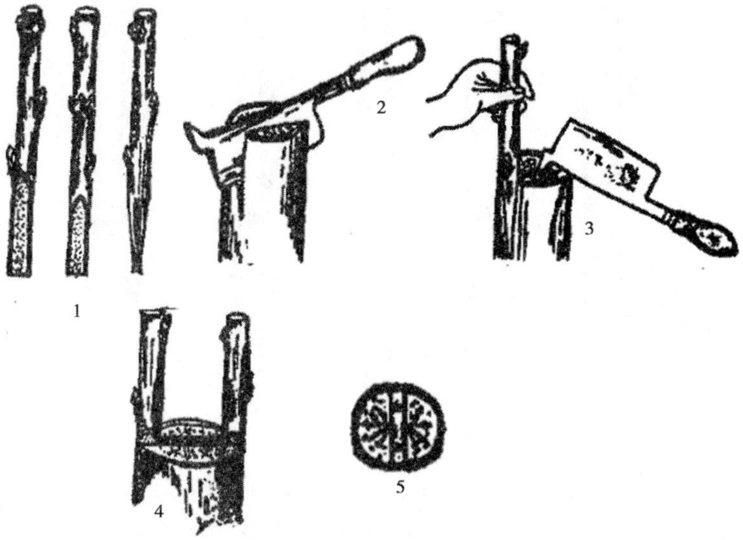

1—接穗切口正、背、侧面;2—砧木劈开;3—接穗插入侧面;4—双穗插入正面;5—形成层结合断面

图 3-11　劈接

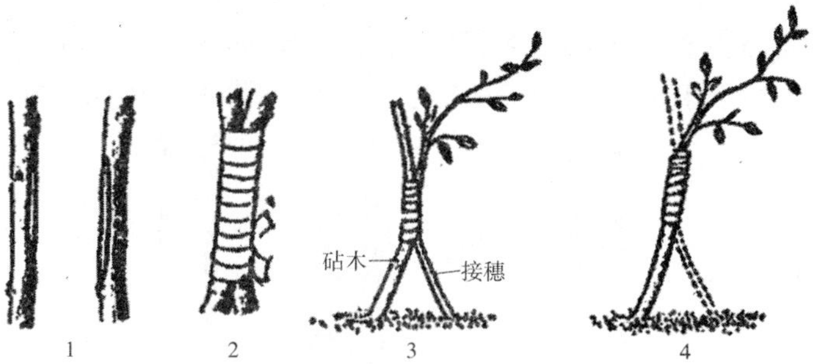

1—砧、穗削面;2—接合后绑严;3—绑缚砧木和接穗后的情况;
4—剪去砧木上端和接穗下端,即成一嫁接树

图 3-12　靠接

砧、穗各削成一长度为 3 ~ 5 cm 的斜削面,把双方形成层对齐对搭起来,绑缚严紧即可。舌接的削法基本同合接,只是削好后再于削面距顶端 1/3 处竖直向下削一刀,深度为削面长度的 1/2 左右,呈舌状。将砧木、接穗各自的舌片插入对方的切口,使形成层对齐,用塑料薄膜条绑缚即可(见图 3-13)。

2. 芽接

芽接的优点是节省接穗,对砧木粗度要求不高,1 年生砧木就能嫁接,即使嫁接不成活,对砧木影响也不大,可立即进行补接。但芽接必须在树木皮层能够剥离时方可进行。常用的芽接方法有带木质部芽接、“T”字形芽接、块状芽接、套芽接等。

1)带木质部芽接

带木质部芽接也叫嵌芽接。此种方法不仅不受树木离皮与否的季节限制,而且用这种方法嫁接,接合牢固,利于嫁接苗生长,已在生产上广泛应用。

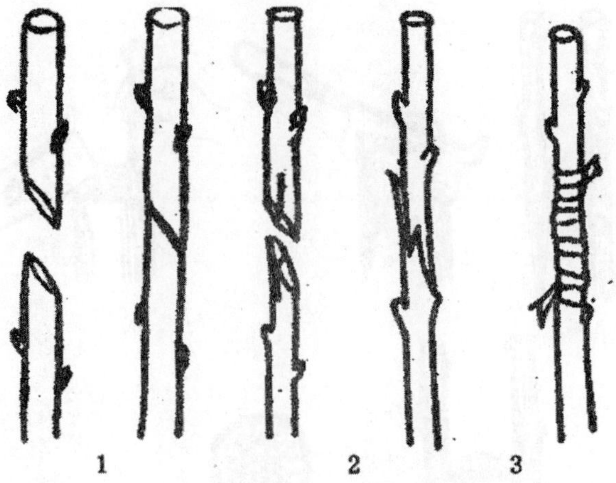

1—合接;2—舌接;3—结合捆扎

图 3-13　合接及舌接

具体做法如图 3-14 所示。接穗上的芽，自上而下切取；先从芽的上方 1 ~ 1.5 cm 处稍带木质部向下切一刀，然后在芽的下方 1.5 cm 处横向斜切一刀，取下芽片。在砧木选定的高度上，取迎风面光滑处，从上向下稍带木质部削一与接芽片长、宽均相等的切面。将此切开的稍带木质部的树皮上部切去，下部留有 0.5 cm 左右。然后将芽片插入切口，使两者形成层对齐，再将留下部分贴到芽片上，用塑料薄膜条绑扎好即可。

1—取芽片;2—芽片形状;3—插入芽片;4—绑扎

图 3-14　带木质部芽接

2)"T"字形芽接

"T"字形芽接也是生产中常用的一种方法，因其接芽片呈盾形，故也称盾形芽接。"T"字形芽接必须在树液流动、树木离皮时进行。

具体做法如图 3-15 所示。采取当年生新鲜枝条为接穗，将叶片除去，留有一点叶柄，先从芽的上方 0.5 cm 左右处横切一刀，刀口长 0.8～1 cm，深达木质部，再从芽下方 1 cm 左右处稍带木质部向上平削到横切口处取下芽片，然后去掉木质部，芽在盾形芽片上居中或稍偏上。切记剥离时不可将芽肉维管束带下，芽片要保湿，不得风干。选用 1～2 年生的小苗作砧木。在砧木距地面 5～8 cm，选树干迎风面光滑处，横切一刀，深度以切断皮层为准，再从横切口中间向下垂直切一刀，使切口呈"T"字形。用芽接刀尾部撬开切口皮层，随即把取好的芽片插入，使芽片上部与"T"字形上切口对齐，最后用塑料薄膜条将切口自下而上绑扎好，芽露在外面，叶柄也露在外面，以便检查成活。

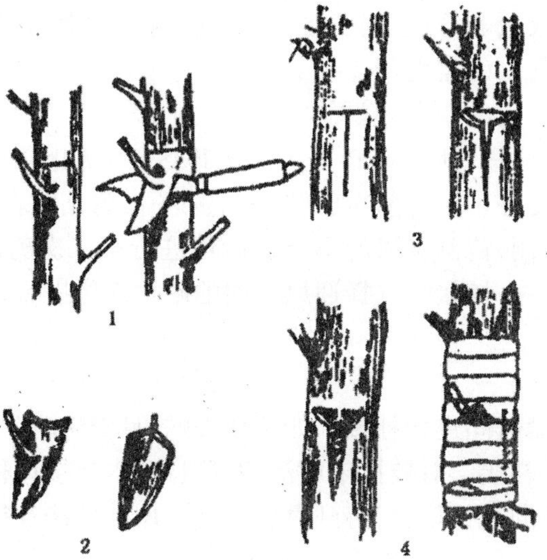

1—芽片；2—芽片形状；3—切砧木；4—芽片插入与绑扎

图 3-15　"T"字形芽接

四、嫁接后的管理

（一）检查成活

枝接和根接，在接后 20～30 d，即可检查成活情况。凡接穗上的芽已经萌发生长或仍保持新鲜的即已成活。芽接苗在接后 7～15 d 即可检查成活。接芽上有叶柄的很好检查，只要叶柄用手轻轻一碰即落的，表示已成活。这是叶柄产生离层的缘故，若叶柄干枯不落的为未成活。接芽不带叶柄的，则需要解除绑缚物进行检查。若芽体与芽片呈新鲜状态，已产生愈伤组织的，表明已嫁接成活，把绑缚物重新扎好。若在春、夏季嫁接的，由于生长量大，可能接芽已萌动生长，更易鉴别。若芽片已干枯变黑，没有萌动迹象，则表明已经死亡。

（二）解除绑缚物

当接穗已反映嫁接成活、愈合已牢固时，就要及时解除绑缚物，以免接穗发育受到抑制影响其生长。但解除绑缚物的时间也不宜过早，以防因其愈合不牢而自行裂开死亡。枝接、根接的在检查成活情况时，将缚扎物放松或解除，嫁接时培土的，将土扒开检查，芽萌动或未萌动，但芽仍新鲜、饱满，切口产生愈合组织，表示成活，将土重新盖上，以防受到暴晒死亡。当接穗新芽长至 2 ~ 3 cm 时,即可全部解除绑缚物。

(三)剪砧、抹芽和除蘖

凡嫁接苗已检查成活但在接口上方仍有砧木枝条的,特指枝接中的腹接、靠接和芽接中的大部分,要及时将接口上方砧木的大部分剪去,以利接穗萌芽生长。剪砧可分两次完成,最后剪口紧靠接口部位。春季芽接的,可和枝接一样同时剪砧;秋季芽接的,应在第二年春季萌动前剪砧。

嫁接成活后,由于接穗砧木亲和差异,促使砧木常萌发许多蘖芽,与接穗同时生长,或提前萌生,争夺并消耗大量养分,不利于接穗成活。为集中养分供给接穗生长,要及时抹除砧木上的萌芽和根蘖,一般需去蘖 2 ~ 3 次。

(四)立支柱

接穗在生长初期很娇嫩,所以在春季风大的地区,为防止接口或接穗新梢风折和弯曲,应在新梢生长后立支柱。上述两次剪砧,其中第一次剪砧时在接口以上留一定长度的茎干就是代替支柱的作用,待刮害风的季节过后再进行第二次剪砧。近地面嫁接的可以用培土的方法代替立支柱,嫁接时选择迎风方向的砧木部位进行嫁接,可以提高接穗的抗风能力。

(五)补接

嫁接失败时,应抓紧时间进行补接。如芽接失败,且嫁接时间已过,树木不能离皮的,则于翌年春季用枝接法补接。对枝接未成活的,可将砧木在接口稍下处剪去,在其萌发枝条中选留一个生长健壮的进行培养,待到夏、秋季节,用芽接法补接。

(六)田间管理

嫁接苗接后愈合期间,若遇干旱天气,应及时进行灌水。其他抚育管理工作,如病虫害防治、灌水、施肥、松土、除草等同一般育苗。

任务四　分株繁殖

【知识点】

分株繁殖的概念
分株繁殖的特点
分株繁殖的时间

【技能点】

分株繁殖技术
分株繁殖的注意事项

相关知识

一、分株繁殖的概念及特点

分株繁殖,是将植物营养体从母株分离单栽,借以繁殖新植株的一种繁殖方法。

分株繁殖本身均带有根系，成活率高，并且在短时间内可以得到大苗，但繁殖系数小，不便于大面积生产，获得的苗木规格不整齐，因此多用于少量苗木的繁殖或名贵花木的繁殖。

二、分株繁殖的时间

分株繁殖一般在春、秋两季进行。

春天在发芽前进行，秋天在落叶后进行，具体时间依各地的气候条件而定。由于分株法多用于花木类，因此应充分考虑到分株对开花的影响。一般夏秋开花的在早春萌芽前进行，春天开花的在秋季落叶后进行，这样在分株后给予一定的时间使根系愈合长出新根，有利于生长，且不影响开花。

任务实施

一、分株繁殖技术

（一）分株繁殖树种

在园林植物的繁育中，分株方法适用于易生根蘖或茎蘖的园林树种。如刺槐、臭椿、枣、银杏、毛白杨、泡桐、文冠果、玫瑰等树种常在根上长出不定芽，伸出地面形成一些未脱离母体的小植株，这就是根蘖。根蘖是由根上的不定芽长出的枝条，具有幼龄植株的生理特性。

易产生根蘖的树种，根插也容易成活。为了刺激产生根蘖，早春可在树冠外围挖环形或条状的深和宽各为 30 cm 左右的沟，切断部分 1 ~ 2 cm 粗的水平根，施入腐熟的基肥后覆土填平、踏实；根蘖苗有时呈丛生状，出苗后可间除部分过密的幼苗，以保证留下的苗木能健壮、整齐地生长。又如珍珠梅、黄刺玫、绣线菊、迎春等灌木树种，多能在茎的基部长出许多茎芽，也可形成许多不脱离母体的小植株，这是茎蘖。这类花木都可以形成大的灌木丛，因此把这些大灌木丛用利刃切分成若干个小植丛，单独栽植，或把根蘖从母树上切挖下来，单独栽植，获得新植株的方法就是分株。

（二）分株繁殖的方法

分株的具体方法有三种：灌丛分株（见图 3-16）、根蘖分株（见图 3-17）、掘苗分株（见图 3-18）。

二、分株繁殖注意事项

（1）分株过程中要注意根蘖苗一定要有较好的根系。

（2）茎蘖苗除要有较好的根系外，地上部分还应有 1 ~ 3 个茎干，这样有利于幼苗的生长。

（3）幼株栽植的入土深度，应与根的原来入土深度一致，切忌将根颈部埋入土中。

（4）对分株后留下的伤口，应尽可能进行清创和消毒处理，以利于愈合。

（5）对于新栽植的分株苗，要注意适当遮阴养护，待新芽萌发后再转入正常养护管理。

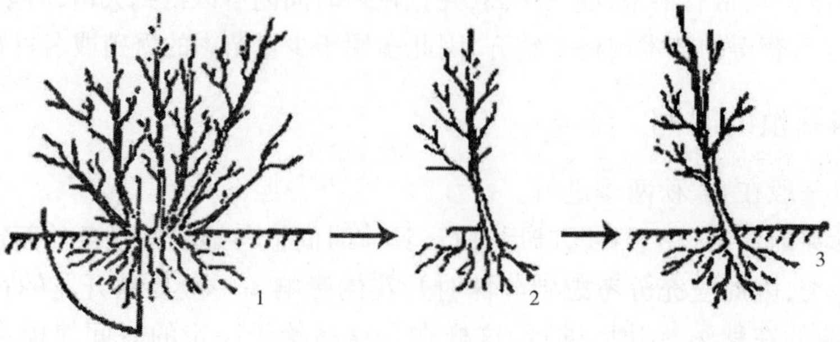

1—侧分;2—分离;3—栽植

图 3-16　灌丛分株

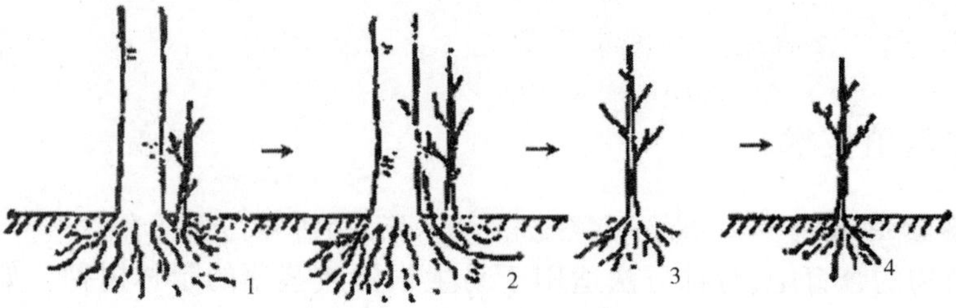

1—根蘖;2—切割;3—分离;4—栽植

图 3-17　根蘖分株

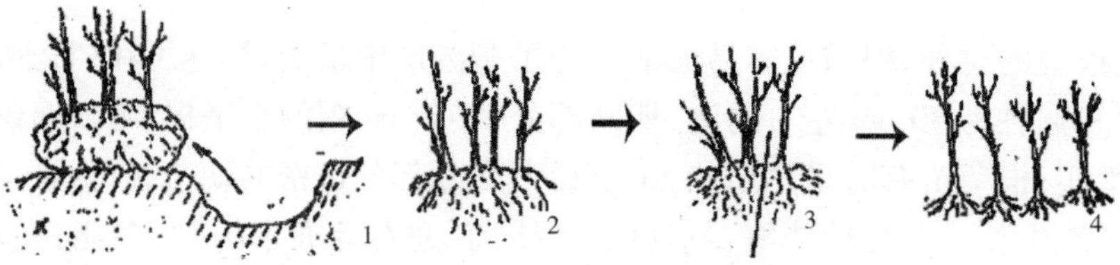

1、2—挖掘;3—切割;4—栽植

图 3-18　掘苗分株

任务五　压条繁殖

【知识点】

压条繁殖的概念

压条繁殖的特点

【技能点】

压条繁殖的方法

促进压条生根的方法

压条繁殖后管理

相关知识

一、压条繁殖的概念

压条繁殖是将未脱离母体的枝条压入土中或空中包以湿润物，待生根后把枝条切离母体，成为独立新植株的一种繁殖方法。此法多用于扦插繁殖不容易生根的园林植物，如玉兰、蔷薇、桂花、樱桃、龙眼等。

二、压条繁殖的特点

压条繁殖在生根之前不与母体脱离，可以借助母体水分、养分供给压条生根发芽，所以成活率很高。虽然这种方法繁殖简单，设备少，但受母体限制，操作费工、繁殖系数低，且生根时间较长，不能大规模使用。

任务实施

一、压条繁殖的方法

（一）低压法

1. 普通压条法

普通压条法是压条繁殖中最为常见的一种方法。常用于枝条离地面较近且易弯曲的树种，如迎春、木兰、大叶黄杨等园林植物。

具体操作：在秋季落叶后或早春发芽前，将长度能弯曲到地面的 1 ~ 2 年生枝条压到地面挖出的 10 cm 深的土沟中，近母体一侧沟成斜坡状，梢头处的沟壁垂直，枝条顺坡放置于沟中，梢头露出地面，用木钩插于枝条向上弯曲处固定，将土壤压实灌水，待枝条生根成活后，切断与母体连结的部分，形成新的植株（见图 3-19）。此法一枝繁殖一棵新生株。对于移植难成活或珍贵的树种，可将枝条压入盆中或筐中，待其生根后再切离母株。

2. 波状压条法

波状压条法适用于枝条长而柔软或为蔓性的园林植物，如葡萄、紫藤、迎春等。

具体操作：春季萌芽前将枝条波状压入土壤，波谷处埋入土壤，波峰处露在地表，形成压于土堆中的枝条部分生根，露在外面的部分萌芽抽生新枝，成活后方能与母体切离形成新的植株，切离形成新株时要求有新梢与根系组成一个个体（见图 3-20）。

3. 水平压条法

水平压条法适用于枝条着生部位低、长而且容易生根的树种，如葡萄、连翘、迎春、紫藤等。

具体操作：在春季萌芽前，顺枝条的着生方向，按枝条长度开水平沟，沟深 2 ~ 5 cm，将枝条水平压入沟中，用木钩分段插住固定，上覆薄层土壤压住枝条（见图 3-21），不可过厚，待萌芽生长后再覆薄土，以促进每个芽节处下方产生不定根系，上部萌芽发新枝。新

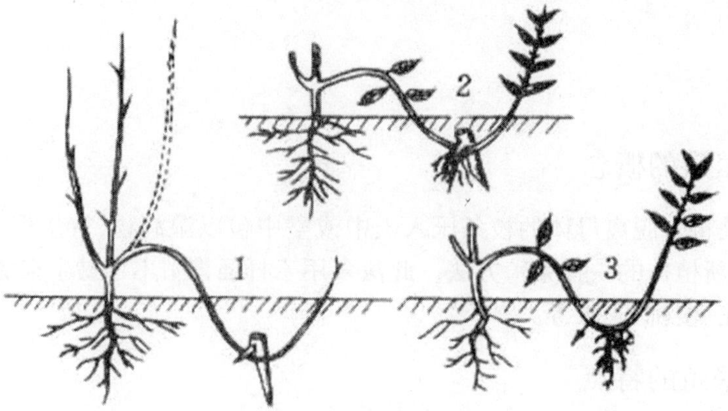

图 3-19　普通压条

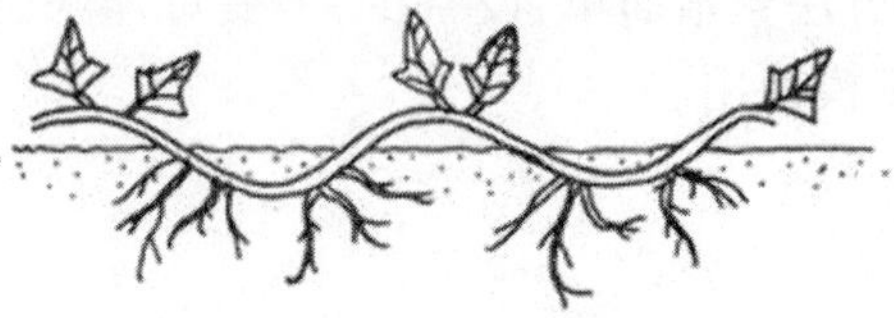

图 3-20　波状压条

枝长 10 cm 以上时，进行多次培土，促进生根，未埋入土中的枝条基部由于优势地位易促使萌芽生蘖，消耗养分，导致压条不易发根生枝。宜经常对这些部位进行抹芽除蘖。秋季落叶后，将其基部生根的小苗自水平枝上剪下形成新的植株，用此法埋压一根枝条可得到多个新植株。

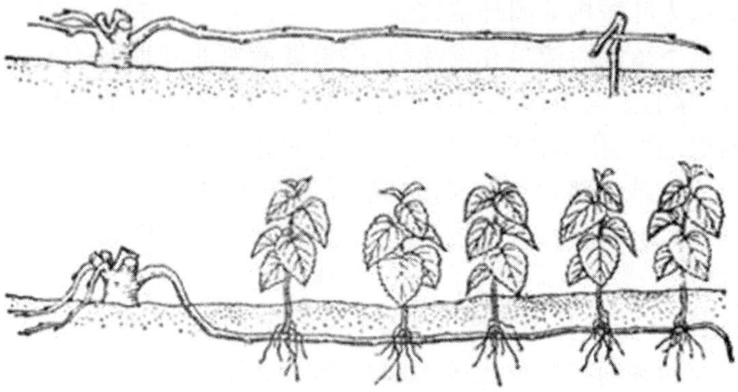

图 3-21　水平压条法

4. 堆土压条法

堆土压条法也叫直立压条法，适用于丛生性和根蘖性强的园林树木，如杜鹃、木兰、贴梗海棠、八仙花等。

具体操作：在早春萌芽前，将植株平茬截干，促进萌蘖，当新生枝长到 15～20 cm 时，随着枝条生长逐渐培土（见图 3-22）。可根据萌条发根能力，在培土前对萌条基部进行刻伤和环状剥皮，然后培土。在压条培土过程中，注意保持土壤湿度。一般经过雨季后就可生根成活。第二年春季把形成新株的枝条从基部剪断,切离与母体的联系后进行栽培。

图3-22　堆土压条

(二)高压法

高压法也称为空中压条,主要用于树体高大、树冠较高、枝条难以弯曲的木本植物进行压条繁殖,如桂花、山茶、米兰、荔枝、龙眼等。

具体操作:高压法一般在生长期进行。先将所选枝条的被压处用刀进行刻伤或环剥处理,阻止枝条上部叶片光合的营养物质下移,在该处积累膨大并形成大量愈伤组织。然后用塑料袋或对开竹筒套在被压处,里面填充疏松、保湿透气性好的基质,如蛭石、苔藓、草炭或肥沃土壤等,用绳扎紧,以利在包裹内生根,待枝条生根后,方从树上剪下移栽(见图3-23)。

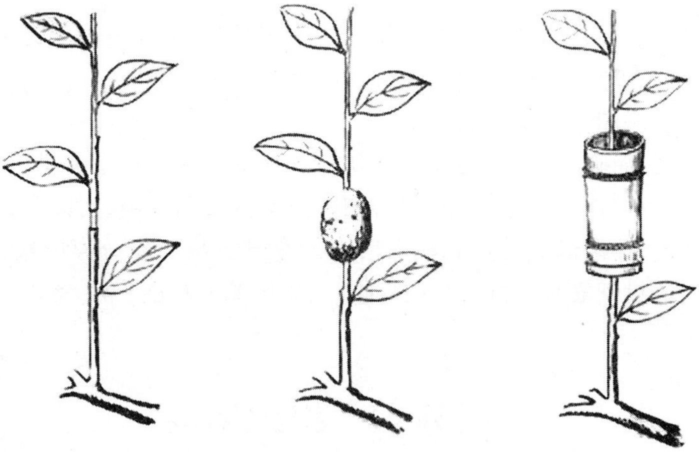

图3-23　高空压条法

二、促进压条生根的方法

对于不易生根或生根时间较长的园林植物,为了促进压条快速生根,可采用刻伤法、软化法、生长刺激法、扭枝法、缢缚法、劈开法及土壤改良法等阻滞有机营养物质向下运输而不影响水分和矿物质的向上运输,使养分集中于处理部位,促进不定根的形成。

常用的刻伤方法有以下几种。

(一)刻伤

在被压的部位纵向刻出几道伤痕,或横向刻伤一二圈,深达木质部,这种方法多用于容易发根的花卉。

(二)去皮法

在被压的部位刻掉一块或两块舌状的皮层,同时带少量木质部。有些则需剥掉一圈较宽的韧皮部,并将形成层刮干净,以防它们产生愈伤组织将割断的韧皮部接通,甚至需要将伤口处的木质部晾干后再包泥土,这样才能促使环剥上方的形成层发生新根。这种方法多用于发根困难的花卉。

(三)缢扎法

用较细的铁丝紧紧地绑扎在压埋的部位,使它深达木质部而不能加粗生长,并将韧皮部的筛管切断,使同化养分在这里集中而刺激生根。

(四)扭枝法

对一些比较柔软和容易离皮的花卉,在大量高压时,为提高工作效率,常用双手将被压部分扭曲,使韧皮部和木质部分离。

在通过上述方法制造伤口时,还可结合使用生长激素处理。高压后要保持土壤湿度。用塑料薄膜包扎的泥土,不容易变干,加水时可解开上面的绑扎绳,或用注射器加水。高枝压条大多需要半年以上的养护再剪离母体,然后带原土上盆栽植。

三、压条繁殖后的养护管理

压条后,外界环境因素对压条生根成活有很大影响,应注意保持土壤湿润,适时灌水;保持适宜的土壤通气条件和温度,需及时进行中耕除草;经常检查埋入土中的压条是否露出地面,露出的压条要及时重压埋入土壤。压条留在地面上的部分生长过长时,需及时剪去梢头,有利于营养积累和生根。

分离压条苗的时期,取决于根系生长状况。当被压处生长出大量根系,形成的根群能够与地上枝条部分组成新的植株,能够协调体内水分代谢平衡时,即可分割。较粗的枝条需分2~3次切割,逐渐形成充足的根系后方能全部分离。新分离的植株抗性较弱,需要采取措施保护,适量的灌水、遮阴以保持地上、地下部的水分平衡,冬季采取防寒措施有利压条苗越冬。

任务六　组织培养

【知识点】

组织培养的发展历史

组织培养的特点

组织培养的意义与应用

组织培养的分类

组织培养的基本设备

【技能点】

培养基的配制

植物组织培养的一般方法

杂菌污染的识别及其预防

外植体的褐变及玻璃化现象

相关知识

一、组织培养的发展历史

植物组织培养的生物学原理的确立最早可追溯至1902年德国植物生理学家Haberlandt提出的高等植物的器官和组织可以不断分割培养的设想与尝试。1934年P. R. White在离体条件下，用添加了酵母浸出液的培养基，培养番茄根尖成功。1939年法国的Nobecourt、Gautbezet和White三人分别培养胡萝卜根、马铃薯块茎薄壁组织和烟草幼茎切断原形成层组织于合成培养基上，继代培养成功。至此，确立了植物组织培养的基本方法，使之成为一门新兴的学科。1958年，英国学者Steward在美国将胡萝卜髓细胞培育成一个完整的植株，首次以实例证明了Haberlandt的设想，是植物组织培养的第一突破。我国植物组织培养研究工作开展也较早。1931年李继侗培养银杏的胚，1935～1942年罗宗洛进行了玉米根尖离体培养。其后罗士伟进行了植物幼胚、根尖、茎尖和愈伤组织的培养。20世纪70年代，尤其是全国科学大会以来，我国在植物组织培养方面进行了大量研究，取得了一些举世瞩目的成就，不少研究已走在世界前列。

二、组织培养的特点

（一）优点

（1）繁殖速度快、繁殖系数大。用试管快繁技术繁殖，可节约繁殖材料，只取原材料上的一小块组织或器官就能在短期内生产出大量市场所需的优质苗木，每年可以繁殖出几万甚至数百万的小植株，既不损伤原材料，又可获得较高的经济效益。

（2）繁殖方式多。有短枝扦插、芽增殖、原球茎、器官分化和胚状体发生。适用的品种多，据文献报道，组培成功的植物种类达上万种，真正能产业化生产的有上千种。特别适用于不能通过扦插繁殖植物的快速繁殖，如兰花、百合、非洲菊等。

（3）繁殖后代整齐一致，能保持原有品种的优良性状。试管繁殖是一种微型的无性繁殖，它取材于同一个体的体细胞而不是性细胞，因此其后代遗传性非常一致，能保持原有品种的优良性状。对保质、保纯有着特殊作用。可获得大量的统一规格、高质量的苗木，苗木商品性好。

（4）可获得无毒苗。采用茎尖培养的方法或结合热处理除去绝大多数植物的病毒、真菌和细菌，使植株生长势强、花朵增大、色泽鲜艳、抗逆能力提高、产花数量增加。

（5）可进行周年工厂化生产。试管快繁是在人工控制的条件下进行的集约化生产，不受自然环境中季节和恶劣天气的影响。所以不受季节限制，可以全年进行连续生产，生产效率高。从取材→接种→培养→生根→移栽,可像工厂化一样生产,所以这一技术在农业上的应用被称为是农业上的一次“革命”。同时对反季节生产有着特殊作用,如在夏天不耐高温的倒挂金钟、四季海棠等花卉,夏天可在培养室内进行组培苗生产,秋天进行花卉生产。

(6)经济效益高。植物组织培养快速繁殖由于种苗在培养瓶中生长,立体摆放,所需要的空间小,节省土地。生产可按一定的程序严格执行,生产过程可以微型化、精密化,能最大限度发挥人力、物力和财力,取得很高的生产效率。如在一个 200 m^2 的培养室内一年可生产试管苗上百万株,如按每株 1 元计算,每年产值上百万元。

(二)缺点

(1)设备、技术要求较高。需要具备一定的设备条件,技术要求较高,操作人员需要专门培训。从成本角度出发,并不是每种植物使用这种方法都合算。

(2)组织培养技术并不能解决所有植物的繁殖问题。到目前为止,许多难以用常规方法繁殖的植物的组织培养繁殖技术仍未成熟,需要继续探索。

(3)试验阶段成本较高。

三、组织培养的意义和应用

(一)无性系的快速繁殖

利用组织培养技术进行的快速繁殖,特点是可以在短时间内获得数量庞大的新植株。对于不能用普通繁殖法或用普通繁殖太慢的植物,组织培养技术是实现商品化生产的最佳途径。组织培养技术快速增殖的特点也被应用于新育成品种、新引进品种、稀缺品种、濒危植物和优良单株等的扩繁。

(二)无病毒育苗

组织培养过程中,利用植物茎尖病毒分布少甚至没有的特点,进行培养、增殖,进而通过无性系的快繁获得脱毒、无病毒种苗和种球。使用无病毒种苗,可以从遗传上杜绝病毒病的传播。

四、组织培养的分类

(一)依据用作外植体的植物材料划分

1. 植株培养

植株培养是以具备完整植株形态的材料(如幼苗、较大植株)为外植体的无菌培养。常用于提供适合接种的外植体,或用于研究植株在某些培养基上的反应等。

2. 器官培养

器官培养即以很少的植物器官(如根尖和根切段,茎尖、茎节和茎切段,叶原基、叶片、叶柄、叶鞘、子叶,花瓣、花药、花丝,果实、种子等)为材料进行无菌培养,形成新植株。

3. 胚胎培养

胚胎培养指通过对幼胚、子房等的培养,使之发育不完全的胚胎部分形成完整植株的过程。它又可分为胚乳培养、原胚培养、胚珠培养、种胚培养等。胚胎培养在某种程度上可克服远缘杂交胚的败育障碍。采用胚乳进行培养,为三倍体植物育种开辟了新的途径。

4. 组织培养

组织培养是以分离出的植物各部位的组织(如分生组织、形成层、表皮、皮层、胚乳组织、薄壁组织、髓等)或诱导出的愈伤组织作为外植体的无菌培养。这是狭义的组织培养。

5. 细胞培养

细胞培养指对单个离体细胞或较小细胞团的培养。

6. 原生质体培养

原生质体培养指对去掉细胞壁后所获得的原生质体的离体培养,通常分为非融合培养、融合培养等类型。此类培养可进行植物体细胞杂交,形成新个体,为品种改良开辟新途径。

(二)依据所用的培养基不同来划分

1. 固体培养

使用固体培养基进行组织培养。

2. 液体培养

使用液体培养基进行组织培养,又可分为静止培养、旋转培养、振荡培养等。

五、组织培养的基本设备

(一)植物组织培养实验室的生产设施

1. 准备室

用以进行组织培养时所需器具的洗涤、干燥、保存;蒸馏水的制备;培养基的配制、分装、包扎和高压消毒;处理大型植物材料,以及进行生理、生化的分析等各种操作。其要求与一般化学实验室相同,需要的设备和用具有天平、酸度计、冰箱、烘箱、实验台、药品柜、洗涤用水槽、各种试剂瓶和容量瓶等。

2. 接种室(无菌室)

接种室是植物材料接种的地方,要求室内干爽、安静、清洁、明亮,保持良好的无菌或低密度有菌状态。主要用于培养材料的表面消毒、外植体的接种、无菌材料的继代转接等。室内设超净工作台、紫外灯、双目实体解剖镜、接种工具等。

接种要在无菌环境下进行,无菌条件的好坏、持续时间的长短对减轻植物材料的污染和接种工作效率关系重大。

3. 培养室

培养室是在人工环境条件下培养接种物和试管苗的场所。为满足培养材料生长、增殖的需要,培养室必须具备人工调控温度、湿度、光照和通风的设备。要求室内洁净、干燥,是进行初代、继代、生根培养的场所。主要设备和用具有空调、培养架、定时器、日光灯、光照培养箱等。

4. 温室

温室或大棚等保护设施是植物组织培养所必需的。生根培养后的幼苗必须经过保护设施下的过渡才能适应自然环境。

(二)植物组织培养的仪器设备

1. 天平

配制培养基,需要不同精密度的天平称量药品。常用的有药物天平、分析天平和电子天平等。

2. 高压蒸汽灭菌锅

灭菌锅用于培养基及器械的灭菌。常用的是手提式内热高压灭菌锅。

3. 烘箱

烘箱用于玻璃器皿的干燥。

4. 冰箱

冰箱用于各种维生素、激素及培养基母液的贮藏;实验材料的保存,以及材料的低温处理。

5. 蒸馏水器

植物组织培养常使用蒸馏水或去离子水,可以用蒸馏水器大批量备用。

6. 空调机

空调机用于培养室环境温度的调控。

7. 超净工作台

培养架是利用风机将空气经过细菌过滤装置,输送至工作台面。

8. 培养架

培养架用于培养容器的放置,由支架、隔板和灯具组成。

9. 玻璃器皿

(1)培养器皿。培养植物材料和贮存药剂,应选用硬质玻璃容器。常用的有试管、三角瓶、培养皿等。

(2)盛装器皿。配制培养基时盛装药剂所使用的烧杯、试剂容器等。

(3)计量器皿。试剂的计量器具有量筒、容量瓶、移液管等。

10. 金属器械

组织培养不但需要玻璃器皿,具体操作时还需要一些金属工具,如镊子、剪刀、解剖刀、解剖针、过滤器械及接种针等。这些器械可以与医用器械或微生物实验室所用的器械通用。

11. 酸度测定仪

酸度测定仪用于测定培养基的 pH 值。

12. 显微镜

一般体视显微镜较多,用于剥取茎尖,以及隔瓶观察内部植物组织生长情况。

任务实施

一、培养基的配制

植物组织培养过程中,植物材料的生长、增殖除了受到外界环境条件的影响,还与培养基的种类、成分密切相关。要成功完成某种植物的组织培养,必须根据所取植物材料的种类和部位,选择合适的培养基和培养环境。

(一)配制母液

生产中,为减少工作量,常将药剂配成比培养基所需浓度高 10 ~ 100 倍的母液,待使用时按比例稀释。以最常用的 MS 培养基(见表 3-2)为例,制成 4 种母液:大量元素母液、微量元素母液、铁盐母液、有机添加物母液。制备母液,可以配制成单一化合物的母液或混合物母液。在配制大量元素的无机盐母液时,应使各种成分充分溶解,然后混合,以防止混合时产生沉淀。配制微量元素的混合母液时,应注意药品的添加顺序,以免发生沉淀。铁盐母液必须单独配制。植物激素能够调节芽、根的生长和分化,常单独配制母液,根据实验需要添加。

表 3-2　MS 培养基的母液配制

母液		成分	规定量(mg)	扩大倍数	称取量(mg)	母液体积(mL)	配 1 L 培养基吸取量(mL)
编号	种类						
1	大量元素	KNO_3	1 900	10	19 000	1 000	100
		NH_4NO_3	1 650		16 500		
		$MgSO_4 \cdot 7H_2O$	370		3 700		
		KH_2PO_4	170		1 700		
		$CaCl_2 \cdot 2H_2O$	440		4 400		
2	微量元素	$MnSO_4 \cdot 4H_2O$	22.3	100	2 230	1 000	10
		$ZnSO_4 \cdot 7H_2O$	8.6		860		
		H_3BO_3	6.2		620		
		KI	0.83		83		
		$Na_2MnO_4 \cdot 2H_2O$	0.25		25		
		$CuSO_4 \cdot 5H_2O$	0.025		2.5		
		$CoCl_2 \cdot 6H_2O$	0.025		2.5		
3	铁盐	Na_2 - EDTA	37.3	100	3 730	1 000	10
		$FeSO_4 \cdot 7H_2O$	27.8		2 780		
4	有机添加物	甘氨酸	2.0	100	200	1 000	10
		盐酸硫胺素	0.1		10		
		盐酸吡哆醇	0.5		50		
		烟酸	0.5		50		
		肌醇	100		10 000		

1. 大量元素

将药品称取后，分别溶解再以顺序混合定容，配成 10 倍浓度的母液。每配置 1 L 培养基时取母液 100 mL。

2. 微量元素

微量元素用量少，为称取方便且精确，常配成 100 倍或 200 倍的母液。每配置 1 L 培养基时取母液 10 mL 或 5 mL。

3. 有机化合物类

同微量元素一样，可配成 100 倍或 200 倍的母液。每配置 1 L 培养基时取母液 10 mL 或 5 mL。

4. 铁盐

铁盐是单独配置的，由硫酸亚铁（$FeSO_4 \cdot 7H_2O$）5.57 g 和乙二胺四乙酸二钠（Na_2－EDTA）7.45 g 溶于 1 L 水中配成。每配置 1 L 培养基时取母液 5 mL。

5. 植物激素

一般将植物激素配成 0.1～0.5 mg/mL 的溶液。由于植物激素多数难溶于水，可采用以下方法：

萘乙酸（NAA）：可溶于热水或先溶于 95% 的酒精中，再加水定容至一定浓度。

吲哚丁酸（IBA）：可先用少量 0.4% 的 NaOH 溶液溶解，再加水到一定浓度。

吲哚乙酸（IAA）：可先溶于少量 95% 酒精中，再加水到一定浓度。

2,4－D：可先用少量 3.65% 的 HCl 溶液溶解，再加水到一定浓度。

细胞分裂素：6－BA 和 KT 等需用 3.65% 的 HCl 或 0.4% 的 NaOH 溶液溶解，再加水到一定浓度。

为避免药品中的杂质对培养物产生不良影响，应采用化学纯或分析纯级别的药品。称量时，为避免失误，最好两人协作，一人称量，一人记录并标记。配制好的母液应贴好标签，注明配制倍数、日期及配 1 L 培养基时应取的量。母液的使用期不应超过一个月，最好在 4 ℃冰箱内保存。

（二）配制培养基

配制培养基前，应做好准备工作。各母液按顺序排好，各种玻璃器皿、量筒、烧杯、吸管、玻璃棒、移液管等放在指定的位置。

制备培养基的步骤如下：

（1）按规定数量称取琼脂，加水在恒温水浴、电炉上或微波炉中加热，待其溶化后，加入蔗糖，溶解后定容至最终容积的 70%。

（2）按顺序加入各种母液，定容至最终容积。用 pH 计或 pH 试纸测 pH 值。

（3）充分混合后，用 0.1 mol/L 的 NaOH 或 HCl 溶液调整 pH 值。

（4）配制好的培养基趁热分装。可以利用漏斗直接分装，也可使用虹吸式分注法或滴管法。一般每培养容器内含 1/4～1/3 容积培养基为宜。分装后立即盖上盖子，进行灭菌。

（5）灭菌时，压力 0.8～1.1 kg/cm^2、121 ℃时保持 15～20 min 即可。灭菌后，切断电源，锅内压力示数接近 0 时，打开放气阀排出剩余蒸气，再取出培养基。

二、植物组织培养的一般方法

(一)组织培养前的准备工作

1. 母本植株的栽培管理

植物材料的质量状况直接影响到其大批量后代的品质和苗圃的经济效益。为获得理想的植物材料,对母本植株进行专门的栽培管理。

针对母本植株生长的环境,通过管理措施降低植株携带的杂菌数量,促进植株的生长。具体措施包括:

(1)尽量避免连作。

(2)栽种前,对栽培基质进行消毒灭菌。

(3)生长季中尽量使用无机肥,以免有机肥引起材料污染。

(4)尽可能为母本植株提供适宜的环境条件,有条件的进行保护地栽培以保证培养材料的健壮生长。

2. 培养材料的选择

目前组织培养获得成功的植物,培养材料的来源几乎涵盖了植物体的各个部位。但是,不同植物或者同种植物不同取材部位的再生能力不一样,应选择最易培养增殖的部位。

取材部位:对大多数植物来说,茎尖是组织培养较为理想的部位,但是生产中常会受到植株茎尖数量较少的限制。目前,茎段、叶片、根、花瓣、鳞茎等材料的培养应用也非常广泛。选取培养材料时,一方面要考虑材料的来源是否有保证,能否进行大批量繁殖,另一方面要考虑培养过程中茎尖分化产生愈伤组织是否会引起不良变异而丧失原品种的优良性状。还要考虑取材部位的发育状况,幼年组织具有比老年组织更高的形态发生能力。

取材时间的选择:植物的生长随季节发生变化,生长状况不同,培养材料对于外界诱导的反应也不一样。大多数植物应在生长开始的时期获取培养材料,生长末期或进入休眠期的外植体对诱导反应较为迟钝。

材料的大小:许多植物的茎尖组织培养证明,材料越小,培养成功的概率越低。因此,不宜将外植体切取得过小。外植体也不是越大越好,有实验表明,过大容易引起污染。一般要求茎尖培养的材料应大于0.2~0.3 mm,叶片和花瓣应大于5 mm^2,茎段长度应大于0.5 mm。

3. 工具、用品等的准备

切取植物材料用的工具有解剖刀、接种针、镊子、放大镜等,药品有酒精、无菌水、漂白粉、升汞溶液等,无菌滤纸等用品要在培养前准备妥当。

(二)材料的灭菌

常用的消毒剂有漂白粉(次氯酸钙1%~10%的滤液)浸泡5~30 min、次氯酸钠溶液(0.5%~10%)浸泡5~30 min、升汞溶液(0.1%~1%)浸泡2~10 min、酒精(70%)浸泡0.2~2 min、双氧水(3%~10%)浸泡5~15 min等。

漂白粉应随配随用,妥善保存。75%的酒精较其他浓度的酒精有更强的杀菌力和穿透力,但杀菌不彻底,一般不单独使用,常用作表面消毒。升汞溶液杀菌效果好,但有剧毒，且消毒后不容易去除残余的汞，需要多次冲洗。

消毒前，一般先用自来水流水冲洗。自田间采回的较大的植物材料可先用洗衣粉进行洗涤。消毒时，将植物材料浸入75%酒精浸泡数秒，进行表面杀菌。然后，浸入消毒溶液，处理规定时间。倒出消毒液，用无菌水冲洗3次后，带入超净工作台准备接种培养。

（三）接种

1. 接种室的消毒

接种前，应首先清洁地面，并使用75%的酒精喷雾以降低接种室内的灰尘。打开紫外灯照射20 min左右，杀灭空气中的杂菌。工作台面用酒精或新洁尔灭溶液清洗。工作人员的头发、衣服、手指都会带来许多杂菌，因此接种前工作人员应穿好工作服，戴上帽子，剪除指甲，并彻底洗手。

2. 材料的分离与接种

经消毒处理的植物材料，按其所需大小，在解剖放大镜或肉眼直接观察下即可进行分离。为防止污染的发生，通常在无菌滤纸上切取培养材料。刀和镊子每次使用后，都应放入95%酒精中浸泡，灼烧冷却后备用。

接种时，要求迅速、准确，尽量减少暴露在空气中的时间。接种时，先用左手拿培养容器，右手轻轻取下封口纸。将容器以45°左右的角度倾斜靠近酒精灯火焰，在灯焰上灼烧口部几秒后，用右手无名指和小指取下橡胶塞。在灯焰上旋转灼烧瓶口或试管口，用镊子将切取好的材料送入培养容器。镊子使用后浸入消毒酒精中备用。当培养容器内已均匀接种若干材料后，再在灯焰上灼烧口部几秒。塞好塞子，扎好封口纸，进行标记，注明接种名称及日期。

（四）培养

1. 初代培养

初代培养也称诱导培养。培养基由于植物种类的不同而不同，通常是MS基本培养基加入适量的植物生长调节剂及其他成分。首先在一定温度（22～28 ℃）下进行暗培养，待长出愈伤组织后转入光培养。如对于赤道附近的花卉，应在恒温状态下培养；而对原产于温带的花卉，用变温培养效果更好。此阶段主要诱导芽体解除休眠，恢复生长。

2. 继代培养

继代培养也称增殖培养。将见光变绿的芽体组织从诱导培养基转接到芽丛培养基上，在每天光照12～16 h、光照强度1 000～2 000 Lx条件下培养，不久即产生绿色丛生芽。将芽丛切割分离，进行继代培养，扩大繁殖，平均每月增殖一代，每代增殖5～10倍。为了防止变异或突变，通常只继代培养10～12次。根据需要，一部分进行生根培养，一部分仍继代培养。

3. 生根培养

培养基通常为1/2MS培养基加入适量的植物生长调节剂，如1/2MS + NAA或IBA（0.1 mg/L）。切取增殖培养瓶中的无根苗，接种到生根培养基上进行诱根培养。有些易生根的植物在继代培养中通常会产生不定根，可以直接将生根苗移出进行驯化培养。或者将未生根的试管苗长到3～4 cm长时切下来，直接栽到以蛭石为基质的苗床中进行瓶外生根，效果也非常好，省时省工，降低成本。这个阶段可筛选淘汰生长不良和感病的试管苗。

(五)移植与炼苗

发根的组培苗(或称试管苗)从培养瓶中移出,在温室中栽培,至植株长大发生5~6片叶为止的过程,为驯化培养阶段,这是组培苗从异养到自养的阶段。

组培苗移出前,要加强培养室的光照强度和延长光照时间,进行光照锻炼,一般进行7~10 d。再打开瓶盖,让试管苗暴露在空气中锻炼1~2 d,以适应外界环境条件。

移栽基质最好用透气性强的珍珠岩、蛭石、泥炭。如果移栽在土壤中,土壤应为疏松的沙壤土,或为沙土掺入少量有机质或林地的腐殖土。用营养钵育苗,可用直径6 cm的塑料营养钵。移栽时选择2~4 cm、3~4片叶的健壮试管苗,将根部培养基冲洗干净,以避免微生物污染而造成幼苗根系腐烂。如果是瓶外生根,将植株基部愈伤组织去掉,用水冲洗一下,直接插入基质中。移栽后浇透水,加塑料罩或塑料薄膜保湿。

一般炼苗的最初7 d,应保持90%以上的空气相对湿度,适当遮阴。7 d以后适当通风降低空气相对湿度,温度保持在23~28 ℃。半个月后去罩、掀膜,每隔10 d喷一次稀释100倍的MS大量元素母液。培养4~6周后,试管苗便可转入正常管理。

三、杂菌污染的识别及其预防

当污染现象发生时,最好先根据污染情况作出判断,分清楚是细菌污染还是真菌污染,以便采取相应措施进行处理。

(一)细菌污染及其预防

在培养过程中,培养基或外植体上出现黏液状或水迹状物,有时要仔细辨认才能看清,这是细菌污染的特征。细菌污染主要是培养基灭菌不够彻底,或在接种操作时没有对外植体进行彻底灭菌所致。因此,所用的培养基一定要在培养室中放置2~3 d,确定无细菌感染的迹象后再使用。为了防止因接种造成细菌感染,应对初代培养、继代培养的材料进行系统检查,发现有被细菌污染的迹象时,应立即清除。

(二)真菌污染及其预防

在接种后,培养基或外植体表面出现白、黑、绿等色的块状真菌孢子,其蔓延速度较快,为真菌污染的特征。真菌污染易通过空气、培养容器、瓶口进行,因此要加强对空气的灭菌管理。在每次操作前,最好先用紫外线灯灭菌20~30 min,再用75%的酒精对容器、材料表面进行喷雾灭菌。

四、外植体的褐变及玻璃化现象

(一)外植体褐变

外植体褐变是指在接种后,其表面开始褐变,有时甚至会使整个培养基变褐的现象。褐变现象的发生与植物品种、外植体的生理状态(较成熟)、培养基成分(无机盐浓度过高或细胞分裂素的水平过高)和不当的培养条件(光照过强、温度过高、培养时间过长等)有关。为了防止褐变现象的发生,通常采取如下措施。

1. 选择适当的外植体

不同时期和年龄的外植体在培养中褐变的程度不同,选择适当的外植体是克服褐变的重要手段。避免在夏季高温季节取材，选择幼苗、褐变程度轻的品种和部位作为外植体。

2. 外植体预处理

对较易褐变的外植体可采取预处理措施，即先用流水冲洗外植体，然后放置在 5 ℃左右的冰箱中低温处理 12 ~ 14 h。消毒后先接种到只含蔗糖的琼脂培养基中培养 3 ~ 7 d，使组织中的酚类物质部分渗入培养基中，取出外植体用 0.1% 的漂白粉溶液浸泡 10 min，然后再接种到合适的培养基上。

3. 筛选合适的培养基和培养条件

降低盐浓度，减少 6 – BA 和 KT 的使用，采取液体培养，初期黑暗或弱光条件下培养，保持较低温度（15 ~ 20 ℃）也是降低褐变的有效方法。

4. 添加抗氧化剂

在培养基中添加抗氧化剂，或用抗氧化剂进行材料的预处理或预培养，可预防醌类物质的形成，对易褐变材料的培养有很好的辅助作用。常用的抗氧化剂有抗坏血酸、聚乙烯吡咯烷酮、牛血清蛋白、硫代硫蛋白等。添加 1 ~ 5 g/L 的活性炭对酚类物质的吸附效果也很明显。

5. 连续转移

对易发生褐变的植物，在外植体接种后 1 ~ 2 d 立即转移到新鲜培养基上，可减轻酚类物质对培养物的毒害作用，连续转移 5 ~ 6 次可基本解决外植体的褐变问题。

（二）玻璃化

在植物组织培养过程中，叶片和嫩梢呈透明或半透明水浸状的培养物称为玻璃化苗，它是组培苗的一种生理失调症状。玻璃化大大降低了试管苗的有效增殖系数，严重影响了试管苗质量，造成人、财、物的极大浪费，因此必须对玻璃化加以控制。解决这一问题常用的方法有：

（1）降低培养基中细胞分裂素和赤霉素浓度，添加低浓度多效唑、矮壮素等生长抑制物质。

（2）控制适宜的培养温度，避免温度过高，变温培养时注意温差不宜过大。

（3）使用透气性好的封口材料，改善培养容器的通风换气条件，降低容器内湿度。

（4）适当增加培养基琼脂浓度，降低培养基的水势。

（5）减少培养基中含氮化合物的用量，选用低 NH_4^+ 水平的 B5 培养基。

（6）增加自然光照，光照强度较弱时，可通过延长时间进行补偿。

（7）控制继代次数。

任务七　容器育苗

【知识点】

容器育苗的概述

栽培容器的种类与选择

容器栽培的基质

【技能点】

容器基质的配制

容器栽培技术

相关知识

一、容器育苗概述

(一)容器育苗概念及发展

容器育苗就是将培养土或培养基质装入器皿内繁育苗木的方式。其所得的苗为容器苗。

很早以前,我国的园林苗圃就使用瓦盆、木桶、木箱等容器进行珍贵花木的繁育工作。现代意义上的容器育苗始于20世纪60年代,在北欧的发达国家最先推广使用。我国目前的容器育苗占育苗总量的比例仍远低于发达国家,有着很大的发展空间。尤其是近几年,容器育苗的推广与设施育苗的发展相结合,为提高我国育苗工作的科技含量与苗木品质发挥了巨大的作用。

(二)容器育苗优缺点

容器育苗之所以得到较快发展,是因为容器育苗有许多其他育苗形式无法代替的优点:

(1)容器育苗的生产不受土壤条件的限制,能够利用盐田地、低洼地、荒滩等不适合地栽的土地资源进行苗木生产,因而降低了苗圃的土地使用成本。

(2)容器育苗常与设施栽培相结合,可以满足苗木对温度、湿度、光照的要求,有利于促进苗木的迅速生长,培育优质苗木。

(3)容器育苗移植时无须修剪,是全根全苗移植,因而苗木移植后成活率更高,缓苗时间短,能更快地表现绿化及景观效果。

(4)容器育苗的出圃不受季节限制,特别适于工期紧张的绿化项目。

(5)容器育苗的培育过程中,无须进行截根、起苗等工作,节省了人工;移植后,成活率高,养护费用低,降低了绿化成本。

(6)容器育苗的出圃不会造成苗圃耕作层土壤的大量损失,因而,更有利于苗圃生产的可持续发展。

(7)容器育苗的培育,有利于无土栽培的推广,可以解决苗木出口的带土问题和苗木检疫问题,因而,有利于发展外向型、出口型的苗木生产。

(8)容器育苗还便于机械化操作。

容器育苗虽有许多优点,但也存在一些缺点:

(1)容器育苗技术复杂,管理更为精细、费工。

(2)苗木的根系受到容器的限制,不如大田育苗舒展,有时会形成畸形根系。

(3)容器育苗的基质总量少,温度变化快,更容易受到高温或低温的伤害。

二、育苗容器的种类及选择

（一）育苗容器

育苗容器种类很多，但基本可以分为两个类型。

1. 单体容器

生产上单独使用，主要用作播种或育苗。

常见的有瓦盆、木桶、竹编容器、塑膜钵、塑料钵、纸钵、营养钵及控根容器等。其中，瓦盆、木桶和竹编容器是传统的育苗容器，价格便宜，目前仍然应用广泛。由于口径越大越容易破碎，瓦盆一般用于播种和培育小规格苗木。木桶和竹编容器可以用来培育大规格苗木。

塑膜钵由聚乙烯薄膜压制而成，是目前培育小规格苗木广泛应用的容器。

塑料钵、纸钵、营养钵既可进行无土栽培，也可进行容器育苗（见图 3-24）。

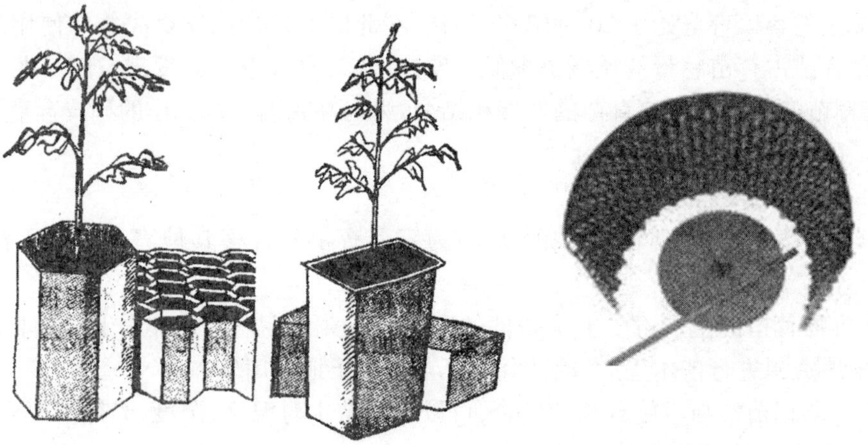

1　　2　　3

1—蜂窝纸杯；2—塑料容器；3—控根容器

图 3-24　单体容器

2. 连体容器

每个连体容器由若干个单体容器构成，包括塑料连体育苗盘、泥炭连体育苗盘及纸质连体育苗盘等。育苗盘内单体容器的数量越多，每个单体容器容积就越小，因而容器数量不等的育苗盘适合培育不同规格的苗木（见图 3-25）。

图 3-25　连体容器

（二）栽培容器的选择

园林苗木进行容器栽培，首先必须科学合理地选择容器，使植物在容器中既能正常生长，又能满足经济、观赏等多方面的需要。一般情况下，栽培容器的选择应着重考虑以下几个方面。

1. 容器的规格

容器的规格要合适，过大或过小都不利于植物生长。容器太小，所装基质少，供水供肥能力低，出现窝根或生长不良的现象，严重时甚至停止生长；容器过大，相应提高生产费用，苗木不能充分利用容器所提供的空间和生长基质，有时栽培植物会因盆径过大导致生长不良。

一般情况下，在确定容器规格时，要考虑植物的形态、特性及栽培时间的长短。比较高大的、根系发达的或栽培时间较长的植物，容器的规格应该大一些；反之，应小一些。主根发达、侧根较少的植物，所选择的容器应该口径适当小一些、盆的深度应大一些；反之应选择适当浅而口径大一些的容器。

在容器栽培中，为了避免根系生长时出现窝根现象，应该适时地将容器苗移栽到较大容器之中。但是要做到这一点并不容易，因为移栽不仅需要耗费大量劳动力，而且时间难以把握，往往会因不能及时实施而使苗木移栽到较大容器时出现缓苗期。

2. 容器的排水状况

容器的排水状况对苗木的生长十分重要。排水不良易导致容器苗的根系生长衰弱、死亡，进而影响到苗木对水分和养料的吸收。

容器的保水性、通气性与容器的材质关系极大，盆土的湿度也受材质的影响。塑料容器盆土的水分只会从盆口的表面蒸发，保水性好，但要注意防止盆土过湿；无釉陶盆，盆土水分蒸发快，易干燥，应加强水分管理。

容器的深度对容器的排水状况有一定的影响。容器越深，排水状况就越好。但是，如果栽培基质的透气性、保水性、排水状况都颇为优良，则容器深度对苗木生长的影响就可以忽略不计。

3. 容器的颜色

容器的颜色对容器苗的生长也有一定的影响，尤其在炎热的夏季，暴露于直射光下黑色容器中基质的温度可能会超过48 ℃。浅色容器可以降低生长基质的温度，但白色聚乙烯袋因为不能抵抗紫外光而易于老化。

当苗木生长到冠层足以遮盖整个容器的表面时，容器的颜色对苗木生长的影响就会减小。

4. 经济成本

在园林苗木的容器栽培中，购买容器是一笔相当大的初期投资。另外，对于整个容器栽培生产体系而言，容器的投资是必需的，容器可保持园林苗木整洁美观，便于运输，对苗木根系的保持力强，种植后的成活率高，因而容器投资的回报率较高。

不同的容器材质，成本相差较大。塑料盆、聚乙烯袋、素烧盆等容器价格相对比较低廉，而陶瓷盆则价格比较昂贵。因此，在选择容器时，应根据经济实力选用经济实用的栽培容器。

5. 观赏效果

容器选择还应注意观赏和陈设的不同需要，随着经济的发展，栽培容器已不再是盛装植物和基质的一种简单的容器，还成为时尚主题的一项重要内容。丰富的材质、优美的造型和组合方式、缤纷的色彩，使栽培容器的装饰性显著增强。栽培容器的装饰作用正在被设计师充分利用，经过精心挑选，用于营造优美的景观，彰显个性。

三、容器育苗的基质

容器育苗是离地培育，苗木的根系受到容器的限制，培养基质是苗木获得水和营养元素的主要途径。因此，培育基质的品质直接影响到苗木的生长发育。

营养基质应具备以下条件：

(1)基质本身不带有病原体、杂草种子、害虫，不会对苗木生长产生毒害的物质。

(2)容重以0.7 g/cm^3 左右为好，重量轻，适于搬运。

(3)总孔隙度以在60% ~80%为宜，吸水性能好，透气性强。

(4)不会因温度的变化或水分的干湿交替发生变形、变质或开裂。

(5)本身有一定的肥力但总的盐分含量低，不会与肥料、农药发生化学反应而改变自身理化性质。

目前，国内苗木生产企业所使用的基质大致有两种类型：

纯无土基质：使用的原料有泥炭、蛭石、沙、珍珠岩等，不含土壤成分，常见于生产管理较先进的苗木生产企业，保护设施内进行机械化生产，培育的苗木整齐一致，质优价高。

培养土：以耕作过的熟土或园土为主要原料，添加一些堆肥及无土栽培的基质以改良土壤性状。我国目前的大多数苗木生产企业都属于此类。

任务实施

一、容器基质的配制

(一)配制基质的材料

盆土(栽培基质)的材料，常用的有堆肥土、沙、腐叶土、泥炭、松针土、蛭石、珍珠岩及腐熟的木屑等。各种材料的特性及制备方法(见表3-3)。

表3-3　常见盆土材料的特性以及设备

种类	特性	制备	注意事项
堆肥土	含较丰富的腐殖质和矿物质，pH4.6 ~ 7.4；原料易得，但制备时间长	用植物残落枝叶、青草、干枯植物或有机废物与园土分层堆积3年，每年翻动两次，再进行堆积，经充分发酵腐熟而成	制备时，堆积疏松，保持润湿。使用前需过筛消毒
腐叶土	土质疏松，营养丰富，腐殖质含量高，pH4.6 ~ 5.2，为最广泛使用的培养土，适用于栽培多种花卉	用阔叶树的落叶、厩肥或人粪尿与园土层层堆积，经2年的发酵腐熟，每年翻动2 ~ 3次制成	堆积时应提供有利于发酵的条件，存储时间不宜超过4年

续表 3-3

种类	特性	制备	注意事项
草皮土	土质疏松，营养丰富，腐殖质含量较少，pH6.5～8，适于栽植玫瑰、石竹、菊花等花卉	草地或牧场上层5～8 cm表层土壤，经1年腐熟而成	取土深度可以变化，但不宜过深
松针土	强酸性土壤，pH3.5～4.0；腐殖质含量高，适于栽培酸性土植物，如杜鹃花	用松、柏针叶树落叶或苔藓类植物堆积腐熟，经过1年翻动2～3次制成	可用松林自然形成的落叶层腐熟或直接用腐殖质层
沼泽土	黑色，丰富腐殖质，呈强酸性反应，pH3.5～10；草炭土一般为微酸性，用于栽培喜酸性土花卉及针叶树等	取沼泽土上层10 cm深土壤直接作栽培土壤，或用水草腐烂而成的草炭土代用	北方常用草炭土或沼泽土
泥炭土	有两种：褐泥炭，黄至褐色，富含腐殖质，pH6.0～6.5，具防腐作用，宜加河沙后作扦插床用土；黑泥炭，矿物质含量丰富，有机质含量较少，pH6.5～7.4	取自山林泥炭藓长期生长经炭化的土壤	北方不多得，常购买
河沙或沙土	养分含量很低，但通气透水性好，pH在7.0左右	取自河床或沙地	—
腐木屑	有机质含量高，持肥、持水性好。可取自木材加工厂的废用料	由锯末或碎木屑熟化而成	熟化期长，常加入人粪尿熟化
蛭石、珍珠岩	无营养含量，保肥、保水性好，卫生洁净	—	防止过度老化的蛭石或珍珠岩
煤渣	含矿质，通透性好，卫生洁净	—	多用于排水层
园土	一般为菜园、花园中的地表土，土质疏松，养分丰富	经冬季冻融后，再经粉碎、过筛而成	带病菌较多，用时要消毒
黄心土	黄色、砖红色或赤红色般呈微酸性，土质较黏，保水保肥力较强，腐殖质含量较低，营养贫乏，无病菌、虫卵、草籽	取自山地离地表70 cm以下的土层	用时常要拌入有机质和沙、腐木屑、珍珠岩等
塘泥	含有机质较多，营养丰富，一般显微酸性或中性，排水良好	取自池塘，干燥后粉碎、过筛	有些塘泥较黏，用时常拌沙、腐木屑、珍珠岩等
陶粒	颗粒状，大小均匀，具适宜的持水分和阳离子代换值，能有效地改善土壤的通气条件；无病菌、虫卵、草籽；无养分	由黏土煅烧而成	—

注：成海钟，园林植物栽培养护，2005。

(二)盆栽基质的配制

不同植物的生长习性不同,所需盆土条件不一样,因而应用统一的配比方法是不现实的。表 3-4 是一般园林植物盆栽基质的常用配置比例。

表 3-4　木本植物《容器基质的常用配比》

应用范围	腐叶土或草炭土(份)	针叶土或兰花泥(份)	田园土(份)	河沙(份)	过磷酸钙或骨粉(份)	有机肥(份)
播种或分苗	4	—	6	—	—	—
木本育苗	3	—	5.5	—	0.5	1
木本定植	3	—	5	—	0.5	1.5
木本换盆	2.5	—	5	—	0.5	2

通常盆栽基质的配置顺序如下:

(1)确定基质的材料配比方案。

(2)按配方准备各种原材料。

(3)将所准备的原材料按照配比方案混合均匀。

(4)必要时进行消毒或调节酸碱度。

(三)栽培基质的消毒

基质的主要成分如园土、泥炭土、腐叶土等,均含有不同程度的杂菌和虫卵,为保证园林植物特别是对一些较为名贵的园林花木,栽培至容器后健壮生长,减少病虫害,使用前必须对基质进行消毒。土壤消毒方法很多,常采用日晒、烧土、蒸汽消毒和化学消毒等方法。

1. 物理消毒

(1)蒸汽消毒。即将 100 ~ 120 ℃的蒸汽通入土壤,消毒 40 ~ 60 min,或以混有空气的水蒸气在 70 ℃时通入土壤,处理 1 h,均可消灭土壤中的病菌。蒸汽消毒设备、设施成本较高。

(2)日光暴晒。对土壤消毒要求不严格时,可采用日光暴晒消毒方法,尤其是夏季,将土壤翻晒,可有效杀死大部分病原菌、虫卵等。在温室中土壤翻新后灌满水再暴晒,效果更好。水稻田土用来种花可免除消毒。

2. 化学药剂消毒

化学药剂消毒具有操作方便、效果好的特点,但因成本较高,通常小面积使用。常用 40% 的福尔马林 500 mL/m^3 均匀浇灌,并用薄膜盖严密闭 1 ~ 2 d,揭开后翻晾 7 ~ 10 d,使福尔马林挥发殆尽后使用;也可用稀释 50 倍的福尔马林均匀泼洒在翻晾的土面上,使表面淋湿,用量为 25 kg/m^2,然后密闭 3 d,再晾 10 ~ 15 d 以上即可使用。氯化苦在土壤消毒时也常有应用。使用时每平方米打 25 个左右深约 20 cm 小穴,每穴加氯化苦药液 5 mL 左右,然后覆盖土穴,踏实,并在土表浇上水,提高土壤湿度,使药效延长,持续 10 ~ 15 d 后,翻晾 2 ~ 3 次,使土壤中氯化苦充分散失,2 周以后使用,或将培养土放入大箱中,每 10 cm 一层,每层喷氯化苦 25 mL,共 4 ~ 5 层,然后密封 10 ~ 15 d,再翻晾后使用。需要注意的是,氯化苦是高效、剧毒的熏蒸剂,使用时要戴乳胶手套和适宜的防护面具。

二、容器栽培技术

(一)栽植前的准备

在栽植前应配制适合植物生长发育所需的培养土。根据所栽植物的大小、习性、发育阶段和现有的生产条件选择合适的容器,要避免大容器栽小苗或小容器栽大苗。栽培用盆常用通气性能较好的容器,如素烧盆、木盆等。

(二)上盆

上盆是选择适应规格的花盆,用一块碎盆片、窗纱等物盖于盆底排水口上,凹面向下,然后在盆底填入一层粗粒培养土或碎瓦片、煤渣、沙砾等,作排水物,上面再填一层培养土,以待植苗。待植的苗木应进行修剪,剪去过长根和病腐根,并在保持株形完满的前提下适当修剪技叶。

植苗时,用左手拿苗放于盆口中央深浅适当的位置,用器具填培养土于苗四周,用手指或榔头等自盆边向中心压紧、打实。植株不宜栽得过深,填土也不宜过满,基质土面与盆口应保留 1.5 cm 距离。

塑料袋作容器时,一般不在底部填上排水层,而是直接装入基质,将装好基质的塑料袋排放在指定位置后,挖穴或用木棒引孔栽苗。

大型容器栽培大苗时,一般也不填排水层,栽植前先在容器底部填入一层土壤,然后放苗入容器,边填基质边用器具捣实。

苗木种植完毕后应立即浇水,水要灌足,一般连续浇两次,水从排水孔中流出时停止浇水。

(三)排列

容器排列一般宽 1 m 左右,长度不限。容器的下面要填水泥板或砖块,现在一般放在园艺地布上,以防植物根系穿透容器,长入土地中,影响根系的生长和形成完整的根系。

容器的排放要整齐、美观,密度要合理,中间留出步道,便于管理和操作。

喜光植物应摆放在阳光充足处,摆放密度应小一些;中性、阴性植物应分别排放在半阴、荫蔽处,并可适当加大密度。

(四)栽后管理

1. 施肥

施肥可根据植株的生长发育时期,分别采用施基肥、追肥和叶面施肥等方法,补充养分,满足植株生长发育的需要。

1)基肥

一般上盆及换盆时常施以基肥。常用基肥主要有饼肥、牛粪、鸡粪、蹄片等,基肥施入量不应超过盆土总量的20%,可与培养土混合后均匀施入。蹄片因分解缓慢可放于盆底或盆土四周。

2)追肥

追肥以薄肥勤施为原则,一般一年追肥 3 ~4 次。落叶种类在晚秋落叶至早春萌芽前,常绿种类在旺盛生长前;植物旺盛生长期间追肥 1 ~2 次;最后一次追肥于 8 ~9 月进行。

通常以沤制好的饼肥、油渣为主,也可用化肥或微量元素追施或叶面喷施。盆栽植物的用肥应合理配施,否则易发生营养缺乏症。观叶植物不能缺氮;观茎植物不能缺钾;观花和观果植物不能缺磷。观叶植物、幼年期植物、茎叶发育期的观花植物应多施氮肥,花芽分化期、孕蕾期、开花期的花木应多施磷钾肥。

叶面追施时有机液肥的质量分数不宜超过5%,化肥的施用质量分数一般不超过0.3%,微量元素质量分数不超过0.05%。

追肥方法可用浇施(将肥料先溶于水,再用喷壶将肥液直接浇入基质中)、穴施(在靠近容器壁的基质中打孔或挖小穴,然后将颗粒肥放入其中,最后埋土)、叶面追肥(施肥时需注意不宜在低温下进行,通常应在中午前后喷洒,液肥应多喷于叶背面)等方法。

施肥应在晴天进行。施肥前先松土,待盆土稍干后再施肥。施肥后,立即用水喷洒叶面(叶面追施除外),以免残留肥液污染叶面。施肥后第二天务必浇1次水。

2.浇水

盆栽植物的水分管理是容器栽培的关键技术措施之一。浇水应遵循"不干不浇,见干就浇,浇则浇透,透而不漏"的原则,避免"半截水"。

浇水次数、浇水时间和浇水量应根据植物种类、不同生育阶段、自然气象因子、培养土性状等条件灵活掌握。

同一植物在不同的生长阶段需水状况不一样。进入休眠期时,应依种类的不同而减少或停止浇水;从休眠期转入生长期,浇水量须逐渐增加;生长旺盛时期,要多浇,开花期前和结实期少浇,盛花期适当多浇。

不同的季节,植物的浇水量不同。春季天气转暖,植物开始生长,浇水量要逐渐增加,一般3~4天浇水1次;夏季温度较高,植物处于生长旺盛期,蒸腾量大,宜多浇水,每天早晚各浇一次;秋季温度逐渐下降,植物生长转缓,浇水量可适当减少,但南方常处于秋老虎时期,还需经常浇水;冬季控制浇水。

夏季浇水以清晨和傍晚为宜,冬季以上午10时以后为宜。

随着设施条件和生产技术的改善,喷灌、滴灌已越来越多地应用于盆栽生产,利用微雾喷灌降温增湿,形成了一整套系统的水肥管理模式,这是机械化、标准化盆栽生产的发展方向。

3.松盆

相当于露地栽培中的松土除草,也称扦盆。不断的浇水管理,常使营养土表面板结,有时还伴生青苔,影响栽培基质的通气透水性能,抑制植物生长。扦盆技术较为简单,可用竹片、小铁耙等器具疏松盆面营养土,同时清除表面杂草、青苔等物。

4.整形修剪

有些盆栽植物在生长过程中,需要进行适当的整形修剪,如摘心、摘芽、剪枝等,使各类植物朝栽培者所希望的方向发展。通过整形修剪,或形成枝叶繁茂、形态浑圆丰满的冠形,或形成粗壮挺拔的主干,或使花木的花朵大而美丽。

5.支撑

一些容器栽培的高干植物、缠绕植物及特殊花木等要用支柱支撑,以免被风吹倒,防止晃动植株伤及根系和折断枝条。

盆栽植物的支撑常有以下几种形式：

(1)棒状。支撑方法是将支柱末端扎入土中，用细绳或细线将植物绑扎、固定在支柱上。支撑物常用木棒、竹棒、塑料棒、金属棒等。支撑容器大苗时，可以将容器成行、成列排放，用木棒或竹竿等物将大苗按照一定的高度相互绑扎在一起，形成群体效应，大大增强抵抗大风等自然灾害的能力。单株大苗，可参照露地栽植大树的方法，用三角形撑架支撑。

(2)环状。用铁丝、竹丝、枝条等物绕制而成的支架放置于盆面，使植物的茎、枝在一定的范围内伸展，防止枝叶风折。

(3)篱架状。支撑物多为扇状，深插于盆中，引导植物缠绕生长。

(4)艺术支架。根据栽培者所希望的造型，做成各种形状，置于盆面供植物攀缘生长，并且通过一定的整形修剪手段形成各种造型。支架材料多样。

任务八　设施育苗

【知识点】

设施育苗的概念、特点

设施主要类型

温室设备

【技能点】

设施育苗环境调控技术

相关知识

一、设施育苗的概念、特点

设施育苗就是利用现代化的设施和设备，如现代化的全自控温室、供暖温室、日光温室、塑料大棚、荫棚等，把土地保护起来，创造适合植物生长的环境条件，进行育苗或苗木培育。

目前，我国设施育苗呈现如下特点：

(1)育苗严格按照程序进行，根据树种调查和规划的方法、步骤，基质准备、装盘、播种、浇水等工序由工厂流水线生产，质量统一，效率高，按不同的育苗规模，每小时可以装300～500盘，播6万～8万粒种子，全自动滚筒式育苗播种机最高播种时速达28万粒。

(2)通过提供适合植物生长的环境，能够迅速繁殖大量质量高的壮苗，缩短了育苗周期，幼苗整齐、壮苗率高，为后期生产打下良好基础。

(3)可以根据人们的生产需要，按照市场需求适时提供各种不同日龄、不同栽培方式的幼苗，减小季节差别，使得林果、花卉、蔬菜等农产品可以随时上市。

(4)育苗过程中，能有效避免各种有害环境对幼苗的刺激，能积极预防和控制病虫害的发生，使脱毒苗规模化生产成为可能。一些稀有品种和自然难以繁殖的品种，通过设施育苗技术，也可得到迅速扩繁。

（5）育苗过程中，幼苗根系始终在合适的穴盘内周转，幼根损伤小，通常是全根、全苗，绿化及栽培成活率高。

（6）节约土地。设施育苗利用穴盘，通过叠层育苗，可少占良田，甚至不占良田，单位面积育苗密度高，能达到普通育苗的 3～5 倍，同时环境控制更加容易实现。

当然，投资成本也比较高，管理要求更为精细。

二、设施主要类型

（一）温室

温室（greenhouse）是以有透光能力的材料作为全部或部分围护结构材料建成的一种特殊建筑，能够提供适宜植物生长发育的环境条件。温室对环境因子的调控能力最强、最全面，是比较完善的设施类型。温室有许多不同的类型，对环境的调控能力也不相同，在园林植物培育中有不同的用途。

1. 温室的种类

按照温室所使用的建筑材料，可分为土木温室、钢架温室、管材温室、玻璃温室、薄膜温室；按人为加温或不加温，分为日光温室和加温温室；以温度状况，可分为高温温室、中温温室、低温温室（冷室）等；按建造的形式，分为单栋和连栋温室等；按用途不同，可分为观赏温室、生产温室和科研温室。

其中，覆盖材料对温室保温起着非常重要的作用。用于温室的覆盖材料类型很多，透光率、老化速度、抗碰撞力、成本等都不同，常见温室覆盖材料的特点如表 3-5 所示，在建造温室时，需要根据具体用途、资金状况、建造地气候条件及温室的结构要求等进行选择。

表 3-5　常见温室覆盖材料的特点

<table>
<tr><th colspan="2">覆盖材料</th><th>透光率（%）</th><th>散热率（%）</th><th>使用寿命（年）</th><th>优点</th><th>缺点</th></tr>
<tr><td rowspan="2">玻璃</td><td>加强玻璃</td><td>88</td><td>3</td><td>>25</td><td rowspan="2">透光率高，绝热，抗紫外线，抗划伤，热膨胀－收缩系数小</td><td rowspan="2">重，易碎，价格高</td></tr>
<tr><td>低铁玻璃</td><td>90～92</td><td><3</td><td>>25</td></tr>
<tr><td rowspan="2">丙烯酸塑料板</td><td>单层</td><td>93</td><td><5</td><td>>20</td><td rowspan="2">透光率极高，抗紫外线照射，抗老化，不易变黄，质软</td><td rowspan="2">易划伤，膨胀－收缩系数高，老化后略变脆，造价高，易燃，使用环境温度不能过高</td></tr>
<tr><td>双层</td><td>87</td><td><3</td><td>>20</td></tr>
</table>

续表 3-5

覆盖材料		透光率(%)	散热率(%)	使用寿命(年)	优点	缺点
聚碳酸酯板	单层板	91～94	<3	10～15	使用温度范围宽，强度大，弹性好，轻，不太易燃	易划伤，收缩系数较高
	双层中空板	83	<3	10～15		
聚酯纤维玻璃	单层	90	<3	10～15	成本低，硬度高，安装方便	不抗紫外线照射，易沾染灰尘，随老化变黄，降解后产生污染
	双层	60～80		7～12		
聚乙烯波浪板	单层	84	<25	>10	坚固耐用，阻燃性好，抗冲击性强	透光率低，延伸性好，随老化逐渐变黄
聚乙烯膜	标准防紫外线膜	<85	50	3	价格低廉，便于安装	使用寿命短，环境温度不易过高，有风时不易固定
	无滴膜		50	3		

2. 几种温室的特点

1）单屋面温室

仅有一个向南倾斜的透光屋面，构造简单，小面积温室多采用此种形式。

单屋面温室光线充足，保温良好，结构简单，建筑容易，是我国园艺生产中采用的主要温室类型。为防止互相遮挡，一般温室间的距离约为温室本身的跨度，因此土地利用面积仅为50%左右。由于温室前部较低，不能栽植较高植物，温室空间利用率较低，尤其是温室空间较小，不便于机械化作业；另外，由于光线来自一面，常造成植物偏光生长。

2）不等屋面温室

有南北两个不等宽屋面，向南一面较宽。采光面积大于同体量的单屋面温室。由于来自南面的照射较多，室内植物仍有向南弯曲的缺点，但比单屋面温室稍好。北向屋面易受北风影响，保温性不及单屋面温室。南向屋面的倾斜角度一般为22°～28°，北向屋面为45°。前墙高60～70 cm，后墙高200～250 cm，一般跨度为500～800 cm，宜用于小面积温室。此类温室在建筑上及日常管理上都感不便，一般较少采用。

3）双屋面温室

这种温室因有两个相等的屋面，因此室内受光均匀，植物没有弯向一面的缺点。通常建筑较为宽大，一般跨度600～1 000 m，也有达1 500 m的。宽大的温室具有很大的空气容积，当室外气温变化时，温室内温度和湿度不易受到影响，有较大的稳定性，但温室过大时有通风不良之弊。温室有较高栽培床时，温室四周短墙的高度为60～90 cm；采用低栽培床时,高 40～50 cm。采光屋面倾斜角度较单屋面式小,一般在 28°～35°。由于采光屋面较大,散热较多,必须有完善的加温设备。为利于采光,双屋面单栋温室在高纬度地区(>40°N)宜采用东西延长方向(屋脊),低纬度地区采用南北延长方向。

4)连栋式温室

连栋温室除结构骨架外,一般所有屋面与四周墙体都为透明材料,如玻璃、塑料薄膜或硬质塑料板,温室内部可根据需要进行空间分隔。在冬季北风较强的地区,为提高温室的保温性,温室的北墙可选用保温性能强的不透明材料。国际上大型、超大型温室皆属此式。连栋温室的土地利用率高,内部作业空间大,每日可以有充足的阳光直射时间且接受阳光区域大。一般自动化程度较高,内部配置齐全,可以实现规模化、工厂化生产,也便于机械化、自动化管理。连栋温室在冬季多降大雪的地区不宜采用,因为屋面连接处大量积雪容易发生危险。

目前中国园林植物生产中常用的连栋温室主要有以下几类:

(1)薄膜连栋温室。

薄膜连栋温室有单层膜温室和双层充气膜温室两种。单层膜温室北方地区冬季运行成本太高,而在南方地区适当加温即可四季使用。

(2)玻璃连栋温室(见图 3-26)。

玻璃作为覆盖材料,常见的有双坡面温室和 Venlo 型温室。双坡面温室主体结构采用热浸镀锌钢材,表面防腐。Venlo 型温室是一种源于荷兰的小屋面双坡面玻璃温室。结构材料、钢柱及侧墙檩条采用热浸镀锌轻钢结构,屋面托架采用桁架结构,屋面梁采用专用铝合金型材。相比双坡面温室,它的结构特点是构件截面小、安装简单、使用寿命长、便于维护等。

玻璃温室的造价比其他覆盖材料的温室高,但玻璃不会随使用年限的延长而降低透光率,在温室使用超过 20 年时,玻璃温室造价低于其他材料的温室。

图 3-26　玻璃连栋温室

玻璃温室透光性能最好,但玻璃导热系数大,保温性能较差,适于在冬季较温暖的地区使用，或者用于生产对光照条件要求高的花卉。在冬季（特别在严寒地区）因其采暖负荷大，运行成本比较高。

（3）PC 板连栋温室。

PC 板温室又称阳光板温室，它主要是以 PC 板作为覆盖材料的一种温室。PC 板一般为双层或三层透明中空板或单层波浪板。PC 板温室骨架采用热浸镀锌钢管装配式，坚固耐用、防腐蚀、抗老化。有双坡面温室、Venlo 型温室，也有拱形顶温室。PC 板透光率比较高，密封性好，抗冲击性好，保温性好，是目前所有覆盖材料中综合性能最好的一种，不受地区限制，不足之处是价格较昂贵。

（二）塑料大棚

塑料大棚有时称为温室大棚，简称大棚（见图 3-27）。它是中国 20 世纪 60 年代发展起来的保护地设施，与玻璃温室相比，具有结构简单、一次性投资少、有效栽培面积大、作业方便等优点，是目前常用的苗木生产设施。

图 3-27 塑料大棚实图

塑料大棚以单层塑料薄膜作为覆盖材料，全部依靠日光作为能量来源，冬季不加温。塑料大棚的光照条件比较好，光照时间长，分布均匀，无死角阴影；大棚散热面大，夜间没有保温覆盖，且没有加温设备，所以棚内的气温直接受外界自然条件的影响，季节差异明显，且日变化较棚外剧烈。塑料大棚密封性强，棚内空气湿度较高，晴天中午，温度会很高，需要及时通风降温、降湿。

塑料大棚在北方只是临时性保护设施，常用于园林植物的春季提前、秋季延后生产。但在长江以南可用于一些园林植物的周年生产。大棚还用于播种、扦插及组培苗的过渡培养等，与露地育苗相比具有出苗早、生根快、成活率高、生长快、种苗质量高等优点。

塑料大棚一般南北延长，长 30 ~ 50 m，跨度 6 ~ 12 m，脊高 1.8 ~ 3.2 m，占地面积 180 ~ 600 m^2，主要由骨架和透明覆盖材料组成，棚膜覆盖在大棚骨架上。大棚骨架由立柱、拱杆（架）、拉杆（纵梁）、压杆（压膜绳）等部件组成。棚膜一般采用塑料薄膜，目前生产中常用的有聚氯乙烯（PVC）、聚乙烯（PE）。

根据大棚骨架所用的材料不同，塑料大棚可分为下列几种类型：

（1）竹木结构：是初期的一种大棚类型，但目前在农村仍普遍采用。大棚的立柱和拉杆使用的是硬杂木、毛竹竿等，拱杆及压杆等用竹竿。竹木结构的大棚造价较低，但使用年限较短，又因棚内立柱较多，操作不便，且遮阴，严重影响光照。

(2)混合结构:由竹木、钢材、水泥构件等多种材料构建骨架。拱杆用钢材或竹竿等,主柱用钢材或水泥柱,拉杆用竹木、钢材等。该种大棚既坚固耐久,又节省钢材,造价较低。

(3)钢结构大棚:骨架采用轻型钢材焊接成单杆拱、桁架或三角形拱架或拱梁,并减少立柱或没有立柱。这种大棚抗风雪力强,坚固耐久,操作方便,是目前主要的棚型结构,但造价较高,钢材容易锈蚀,需定期维护或采用热浸镀锌钢材。

(4)装配式钢管结构:主要构件采用内外热浸镀锌薄壁钢管,然后用承插、螺钉、卡销或弹簧卡具连接组装而成。所有部件由工厂按照标准规格,进行专业生产,配套安装。目前常用的有6 m、8 m、10 m及12 m跨度的大棚。该类大棚的特点是规格标准、结构合理、耐锈蚀、安装拆卸方便、坚固耐用。

(三)荫棚

荫棚是现代化苗木生产中必不可少的设施,在保护苗木安全越夏方面起到了十分重要的作用。

1. 荫棚的作用

荫棚具有避免日光直射、降低温度、增加湿度、减少蒸发的作用。夏季时,苗木不能耐受温室大棚里的高温酷暑,需要移出保护设施,置于荫棚下养护;夏季嫩枝扦插及播种均需在荫棚下进行,刚上容器养护的苗木需要在荫棚内养护一段时间以度过缓苗期。

2. 地点的选择

荫棚应建在温室、大棚附近,地势高燥、通风和排水良好。棚内地面铺设一定厚度的炉渣、粗沙或卵石,会有利于排出夏季降雨造成的积水。荫棚北侧应尽量空旷,以利通风。

3. 分类

荫棚有临时性和永久性两类建造形式。临时性荫棚多在使用时搭建,秋凉后逐渐拆除,竹、木结构为主。永久性荫棚是固定设施,以钢材或水泥结构为主,其生产功能更加完善,修建时常设有灌溉(主要是喷灌)、排水设备。

三、温室设备

(一)加温设备

1. 暖气加温

暖气加温是最理想的加温方法(见图3-28)。目前市场上有专供温室使用的供暖锅炉,一般分立式和卧式两种。卧式锅炉升温快,温度高,供应多栋温室,取暖效果较为理想。供暖有水暖和汽暖两种方式。

2. 电热加温

电热加温是采用电热线、电加温管、电加温炉等设备进行小面积加热的方法,有使用灵活、方便的特点。

目前,较为常用的方式是电热线加温。电热线加温需要电热线和自动控温两个部分。电热线有两种,一种是加热线外套塑料管散热,另一种是裸露的加热线。使用时,裸露的加热线需要进行绝缘防护。控温设备主要是继电器。当温度低于所需温度时,电路自动接通,达到后再自动断开。

图 3-28　暖气加热示意图

3. 热风加温系统

由加热器、风机、送风管和温度自控装置组成。空气被加热后由风机通过悬吊在温室上部的塑料薄膜管输送到需要加热的区域。

（二）降温设备

1. 湿帘降温

湿帘降温是人工换气降温的改进形式，是湿帘和风扇的蒸发降温系统。其原理是水蒸发时的吸热效应。在温室或大棚的一面墙壁上垂直安装一片湿帘，在对面的墙上安装排风扇，将外面的空气经过湿帘抽入室内。

2. 室内喷雾降温

在高温季节里，采用强制换气和喷雾相结合是使室内温度快速下降的有效方式。喷雾降温装置有两种：一种是室内旁侧内底部管道的喷嘴向上喷雾，另一种是从上部向下喷雾。生产中，利用高压泵喷出雾状微小水滴降温的方法较为普遍（见图 3-29）。

(a) 高压雾化喷头　(b) 弥雾降温

图 3-29　温室降温示意图

3. 遮光降温

由于光照会带来热效应，通过遮阴减弱光照强度可以降低室温。

传统的遮光方法有覆盖苇帘、玻璃涂白等方法。目前，利用遮阳网遮光降温应用较为广泛。遮阳网是一种耐热的化纤纺织物。不同的孔隙大小对应不同的遮阴度。使用时，有单层和多层复合等方法(见图 3-30)。

图 3-30　温室内遮阳降温

(三)通风设备

通风的目的是调节设施内部的温度、湿度和二氧化碳浓度。通风通常有自然通风和强制通风两种方法。

1. 自然通风

自然通风即开窗换气,有天窗换气和侧窗换气两种方式。

开闭天窗的操作方式有手动式、半自动式和全自动式。目前大多数温室采用电动方式启闭。开闭侧窗的方式分为侧窗拉开式、侧窗开张式和卷开式。

2. 换气扇强制换气

换气扇强制换气是利用换气扇的动力强行把室内空气排出去或者从外界将气吸进的方法达到换气的目的。排气扇换气的方式包括谷间换气、肩部换气和开膛式换气三种。谷间换气是在连栋温室中相邻接的部位(即谷间)设置换气扇的方式,适用于连栋温室,一般采用卷开式;肩部换气在温室或大棚的两侧设置换气窗,其特点是对流通风的效果较好;开膛式放风应用于塑料大棚。

(四)二氧化碳施肥装置

在温室、大棚的栽培环境下,空气条件往往比较密闭。日出后 1.5 ~ 2 h,绿色植物的光合作用达到峰值,设施内的二氧化碳浓度会降至不足外界正常情况的 20%。久而久之,必然会导致设施内的二氧化碳浓度被大量消耗后得不到补充而抑制光合作用的正常进行,进而影响到苗木的生产。因此,需要增加设施内的二氧化碳浓度以保证苗木正常的光合作用。

设施内补充二氧化碳,可使用二氧化碳施肥器(见图 3-31)。值得注意的是,虽然通风的方法能够达到空气流通的作用,但是大范围的通风会引起设施内的温度降低而使问题更加复杂。

密闭条件下施用二氧化碳气肥的注意事项如下:

(1)参照 1 000 ~ 1 500 mg/kg 为上限浓度进行增施。当二氧化碳浓度分析仪显示超标时,应及时停止。待密闭至少半小时后,通风并保温。

(2)通过有机物燃烧获得二氧化碳气肥,会随之产生一氧化碳、亚硫酸等有害气体,

图 3-31 二氧化碳施肥器示意图

引起叶片卷边、发黄;使用液态或固态二氧化碳气化获得二氧化碳,会引起室温降低,且造价较高。购置二氧化碳气肥发生器(造价相对较高)或使用硫酸与碳酸氢铵发生反应(造价较低)的方法较为普遍。

(3)施用二氧化碳的时间,由季节、光照、温度及苗木种类决定。阴、雨、雪天不施,气温低于 12 ℃时不施。最佳施用时间为晴天上午 10 ~ 11 时,下午 13 ~ 14 时 30 分。如果光照好、气温高、苗木肥水足、光合作用强,施用浓度应高一些;如果光照弱、气温低、肥水不足、光合作用弱,施用浓度应低一些。

技术操作

设施育苗环境调控技术

在构成设施内环境的因素中,温度、水分、光照、栽培基质、空气条件、营养元素等与苗木关系最为密切。理论上,如果环境条件完全满足苗木的需要,苗木的生产可以达到理想的效果。但是,苗木的生长是随时间不断变化的,因此需要进行调控环境以满足不同苗木在不同生理时期的需要。

一、温度调控

温室内的温度要比外界温度高,是因为白天太阳照射,其热能贮藏于土中,晚上地面放热时,又因被塑料覆盖,被阻隔的热气不能很快外流,从而提高了室内温度。温室的保温性与床土面积有关,床土面积越小,保温性越差。因此,温室越小,保温性越差。大型温室、连栋温室由于床土面积大,保温效果好,近几年得到了较好发展。

一般露地昼夜温差为 10 ~ 15 ℃,对植物的生长发育是比较有利的,白天温度较高,有利于光合作用的进行;夜间温度较低,能抑制呼吸作用,减少消耗,增加营养物质的积累,保证苗木的正常生长发育。而在温室大棚中，其温度的日变化比露地变化大。据测定，在春季4月中旬，露地温差为20 ℃，而塑料大棚昼夜温差达40 ℃，对植物生长极为不利。因此，使用塑料温室，因注意解决白天降温和夜间增温的问题。

白天室内降温的方法，可以通过苇帘遮光、开天窗通气、屋顶洒水、室内喷雾、开启湿帘与鼓风机、开启空调等方法，也可开启遮阳网遮阳，来减少光照，调节温度，同时防止苗木受灼伤。夜间增温的方法，一般是通过安装暖气和开启空调来达到。

二、湿度调控

栽培设施内的湿度管理包括对设施内空气相对湿度和土壤湿度的调节。

设施内的空气相对湿度状况在受外界环境影响的同时又有其自身的特点。梅雨季节，设施内气温低、湿度大，对大多数苗木的生长不利；夏秋高温季节，我国大部分地区高温多雨，而设施内部由于覆盖物的保护，气温高、湿度小，同样不利于苗木的生育。因此，设施内空气相对湿度的调节应根据季节、天气情况及苗木的种类科学、合理地进行。生产上，常利用干湿温度表估算空气相对湿度。在设施内喷水或设置盛水容器以增加水分蒸发量是提高空气相对湿度的普遍方法。提高温度(梅雨季节)或加强通风可以降低空气相对湿度。

灌溉可以调控土壤湿度。设施内进行灌溉有三种方式：漫灌、喷灌和滴灌。漫灌常应用于大棚内，操作最为简单，但也最浪费水。喷灌系统由管道和喷头组成，有移动式喷灌和固定式喷灌两种方式：移动式喷灌自动化程度高、灌溉效率高，缺点是建造复杂、成本较高；固定式喷灌成本较低，操作简单，因而应用相对广泛。保护设施中灌溉效果最为理想的是滴灌。滴灌系统由水源、过滤器、水泵、肥料注入器、管道、滴头等组成。相比其他灌溉方式，滴灌的优势突出：滴灌可以准确控制供水量，能直接将水供给根区，水的利用率最高，能避免干湿交替引起的土壤板结，能维持较稳定的土壤水分状态等。当然，滴灌系统建设复杂、成本较高的缺点也阻碍了推广。

三、光照调控

保护设施内栽培的不同苗木在不同生育时期对光照有着不同的要求。保护设施的光照管理就是针对不同的苗木，给予最为合适的光照条件，以满足其生长发育对光照的需要。

(1)多数苗木生育的最适光照强度为全光照的50%～70%。露地苗木喜阳，室内观赏植物耐阴。

(2)夏季日照强烈，光照度超过大多数植物的光饱和点，会抑制植物的光合作用甚至引起日灼，需要降低光照度以安全度夏。冬季为抵御低温，常加盖覆盖物。阴、雨、雪天气时，设施内往往光照不足，光照度低于光合作用的临界点，不利于苗木的生产，需要补光。

(3)利用播种繁殖培育苗木，萌发过程中有的种子喜光，有的种子厌光；苗期需要降低光照强度以保护幼苗；利用扦插繁殖培育苗木，需要适当降低光照度以减少水分蒸腾。

(4)某些园林苗木的光周期现象需要特定的日照时数完成花芽分化。为调控花期，常进行补光或遮光处理以使花期提前或延迟。

(5)栽培设施的覆盖材料虽然都是透光的，但使用过程中会出现老化、污染或凝聚水滴的现象，影响设施内的光照度。应尽量选用防老化、除尘、无滴的长寿膜，以增强棚内受光、增温的效果。

生产上，遮光一般采用遮阳网遮阴的方法。春秋高温时期中午遮光，夏季晴天应从10～16时遮光。补光主要是通过电灯增加光照度，常用的有白炽灯、荧光灯、高压汞灯、高压钠灯、金属卤化物灯等。

任务九　无土栽培技术

【知识点】

无土栽培概述

无土栽培的方式

【技能点】

无土栽培的管理与营养液配制及使用

相关知识

一、无土栽培概述

（一）无土栽培概念

无土栽培是指不用天然土壤，而用营养液或其他固体基质加营养液栽培生产苗木的方法。无土栽培的方法是利用固体基质或营养液代替天然土壤为苗木人为提供根系的生长条件，以使苗木完成生长周期或商品生产的栽培方法。

（二）无土栽培特点

无土栽培与传统栽培相比，具有以下优点：

（1）无土栽培育苗由于采用的基质往往重量更轻、体积更小，其商品苗木更易于长途运输和销售。

（2）无土育苗基质更容易进行消毒，这能有效降低苗期因土壤携带的病菌导致的病虫害的发生。

（3）无土育苗配合栽培容器与层架装置，可进行立体育苗，更节省空间，生产设施的利用率更高。

（4）无土育苗常与现代化栽培设施配合，苗木的生长环境可调控性更强，苗木的生产更科学、高效，苗木的个体间差异更小，品质更高，也更符合生产者的要求。

（5）无土栽培不用土壤，扩大了园林植物的种植范围。栽培地点选择上自由度大，如在沙漠、盐碱地、海岛、荒山、砾石地等都可以进行无土栽培。

但无土栽培也存在有一定的缺点：

（1）投资大。无土栽培开始时需要许多设备，如水培槽、培养液池、循环系统等，所以一次性投资较大。

（2）无土栽培中，营养液大都循环使用。若消毒不彻底很容易被病菌污染，而且病菌传播蔓延快,很容易造成较大的经济损失。

(3)无土栽培过程中,营养液的配制比较复杂、费工,需要一定的技术。

(三)无土栽培基质

苗木生长所需的水和绝大多数矿质元素都来自于根系的吸收和利用,因此适宜的根系生长环境是获得优质、高产苗木的重要条件。

无土育苗的基质是固定并支持苗木、保持水分和营养、提供根系正常生长发育环境的物质条件,应无毒无害、疏松透气、大小孔隙比例合理、化学性质稳定。无土栽培的基质有很多种,各地也可以此原则,选择当地来源丰富并价廉物美的材料进行无土栽培。

无土育苗的基质包括岩棉、蛭石、珍珠岩、沙、砾石、泥炭、树皮、锯屑等。

1. 岩棉

岩棉是由辉绿岩、石灰石、焦炭以3∶1∶1或4∶1∶1的比例,或由冶铁炉渣、玄武岩和沙砾混合后,在1 500～2 000 ℃高温炉内熔融,喷成纤维压制而成。由于是高温烧制,所以新的岩棉无毒、不含有机质而且不会变形。岩棉的外观是白色或浅绿色,吸水性很强,物理性质优良,化学性质稳定,因而能为苗木提供保肥、保水、无菌、空气充足的根际环境,适于苗木生产。

2. 泥炭

泥炭是目前被公认为效果最好的无土栽培基质之一。育苗生产上常以泥炭为主体,配合沙、蛭石、珍珠岩等基质,放置于育苗钵内或制成营养钵培育苗木。泥炭又称草炭,是由一些植物残体在低温、潮湿、缺氧环境下未充分分解而成的煤化程度最低的煤。泥炭由未完全分解的植物残体、矿物质和腐殖质组成。泥炭保水性好、蓄肥力强,但成分中有效氮、磷、钾含量不高,灰分偏高,酸性大,因此在育苗时最好选用有机质含量超过40%的泥炭并与沙、煤渣、珍珠岩或蛭石配合使用。

3. 蛭石

蛭石是云母类次生硅质矿物在800～1 100 ℃炉体内受热所形成的紫褐色有光泽的平行海绵状小片。蛭石具有较好的通气性和较高的缓冲能力及离子交换能力,与其他基质配合作为育苗基质,效果理想。

4. 沙

沙是无土栽培应用最早的一种材料。沙的来源广泛、价格便宜,但容量大、持水力差,其成分与性质因来源不同而差异较大。利用沙为栽培基质,应首先确保不含有害物质,使用前应先用清水冲洗。其次,不同粗细的沙粒对苗木生育的影响也有所不同,应过筛剔除大的沙粒,用水冲去粉沙和泥土。在育苗过程中,选择合适的管理措施,保持营养液的供应量和供应时间。

5. 珍珠岩

珍珠岩是火山岩加热至1 000 ℃时膨大而形成的质地均匀的灰白色核状颗粒。珍珠岩所含的矿物质成分几乎不能被苗木吸收利用。其稳定性好,能抗各种理化因子的作用而不发生变化;通气性好,吸水量大。但密度较小,常会漂浮在基质表面。

无土育苗使用的基质既可以单独使用,也可按照一定的比例混合使用。混合使用时,各种成分的优势互相补充,效果更好。实践表明,在配制时按照组分的养分含量和苗木的需求添加一些肥料的基质，所培育出的苗木品质较好。目前，育苗常使用泥炭和蛭石按2∶1或3∶1比例混合的基质。

二、无土栽培方式

（一）育苗钵育苗

育苗钵育苗是将基质放入钵内繁育苗木的方式。在育苗钵内既可播种也可育苗。常见的有塑料钵、纸钵和营养钵。

（1）塑料钵。在目前的育苗生产中应用广泛，可以单个使用也可联体使用。育苗时，根据苗木种类和苗木的大小选用合适规格的钵体，填装基质后进行播种或移苗。

（2）营养钵。又称为无壁容器育苗，是用制钵机将基质压制成块状，中间留有小孔以供播种或移苗使用。

国外常用，常见的是基质以泥炭为主体，加入一些其他有机物后压制而成。利用营养钵育苗时无须另外施肥。

（3）纸钵。利用许多上下开口的六棱柱形纸钵连接在一起形成的容器盛装基质培育苗木。

（二）岩棉育苗

播种时，在小岩棉块上面割开一条缝，嵌入预先处理好的种子，置于盛装营养液的容器内。出苗期保持岩棉块的湿润，以促进出芽。出苗后盛装容器内维持一定量的营养液，以保持苗木的水肥供应。随着苗木的生长，将小的岩棉块嵌入大的岩棉块内继续培育，逐步增大岩棉块间的距离以扩大苗木的营养空间。

（三）穴盘育苗

穴盘是按照一定规格制成的带有许多小型钵状穴的塑料盘，常见的有72孔穴盘、128孔穴盘、288孔穴盘。不同规格的穴盘可用作播种或移苗。

（四）育苗盘育苗

育苗盘与穴盘一样，也是由塑料压制而成。常用的规格有60 cm×30 cm×5 cm或40 cm×30 cm×5 cm，底部有细孔供排水透气。装入基质可直接播种或育苗，也可盛放育苗钵进行立体栽培。

技术操作

无土栽培的管理与营养液配制及使用

与传统土壤育苗一样，无土育苗也是通过调控苗木生长的环境条件达到苗木管理的目的。无土育苗往往与设施栽培相结合。因此，无土育苗的管理同保护地管理。本部分着重介绍无土育苗的养分管理，即营养液及其施用。

无论何种形式的无土栽培，都是通过营养液来为苗木提供生育所需的水分和养分。无土栽培能否成功，很大程度上取决于营养液配方和浓度是否合适，营养液管理能否满足苗木不同生育阶段的需求。营养液应养分完全、均衡，安全无害，且配制方便。实际配制时,应选择合适的肥料种类,根据苗木的需求和环境条件选择合适的施用时间和浓度。

(一)营养液的组成

无土育苗用于配制营养液的原料是水、含有营养元素的化合物和使营养元素有效性更为长久的辅助材料。

1. 水

一般使用硬度15度以下的水进行无土育苗为好。

硬水所含钙盐和镁盐较多,会导致营养液pH值较高,按配方配制营养液时,会使营养液的钙镁含量过高,甚至盐分总值过高。自来水价格较高,但配制营养液时水质有保障。井水配制营养液前,应先进行分析试验,以确定是否适宜。使用收集来的雨水时,应澄清、过滤,必要时加入沉淀剂或消毒剂进行处理。

2. 营养元素化合物

1)含氮化合物

(1)硝酸钙:含有氮、钙两种营养元素,是目前无土栽培中应用最广泛的氮源和钙源肥料。呈生理碱性。

(2)硝酸铵:用作营养液的氮源,呈现较强的生理酸性。

(3)硝酸钾:提供氮源和钾源,是生理碱性肥料。

2)含磷化合物

(1)磷酸二氢钾:提供钾元素和磷元素。

(2)磷酸二氢铵:提供氮元素和磷元素。

3)含钾化合物

硫酸钾:是无土栽培中良好的钾素肥源。

4)含钙、镁化合物

硫酸镁:是无土栽培中最常用的镁源。

5)含铁化合物

螯合铁:是无土栽培中最常用的铁源。

6)微量元素

(1)硼砂:是营养液中良好的硼源。

(2)硫酸锰:提供锰元素。

(3)硫酸锌:提供锌元素。

(4)硫酸铜:提供铜元素。

3. 络合剂

络合剂也叫螯合剂,常见的有EDTA、DTPA、CDTA等,配制营养液时常用的是铁与络合物形成的螯合物,其他金属离子如锰离子、锌离子、铜离子等在营养液中的有效性较高,无须使用螯合物。常用的螯合铁有乙二胺四乙酸一钠铁和乙二胺四乙酸二钠铁等。

(二)营养液的配制与使用

在无土栽培100多年的发展历史中,很多专家和学者研制出了许多营养液配方。在实际应用中,应结合苗木种类,当时、当地的条件灵活运用,适当调整(见表3-6)。

表 3-6　几种营养液的配方和有效元素含量

营养液配方名称	盐类化合物用量(mg/L)												各元素含量(mmol/L)					
	四水硫酸钙	硝酸钾	硝酸铵	磷酸二氢钾	磷酸氢二钾	磷酸二氢铵	硫酸铵	硫酸钾	七水硫酸镁	磷酸二氢钠	氯化钠	盐类总计	N		P	K	Ca	Mg
													NH_4^+	NO_3^-				
Amon 和 Hoagland	708	1011				230			493			2 442	2.0	16.0	2.0	10.0	3.0	2.0
Hewitt	1 181	505							369	160		2 215		15.0	1.33	5.0	5.0	1.5
荷兰温室作物研究所(岩棉)	886	303		204			33	218	247			1 891	0.5	10.5	1.5	7.0	3.75	1.0
法国国家农业研究所 NFT 配方	614	283	240	136	17			22	154		12	1 478	3.0	11.0	1.1	4.25	2.6	0.63
日本园试配方	945	809				153			493			2 400	1.33	16.0	1.33	8.0	4.0	2.0

配制营养液总的原则是确保在配制后存放或使用营养液时都不会产生难溶性化合物的沉淀。配制营养液一般配制浓缩贮备液(母液)和工作营养液两种。生产上一般用浓缩贮备液稀释成工作营养液。

1. 母液的配制

配制母液为防止发生沉淀，将配方中的各种化合物进行分类，把相互之间不会产生沉淀的化合物放在一起溶解。配方中的化合物一般分为三类，配制成的浓缩液分别称为 A 母液、B 母液、C 母液。

A 母液以钙盐为主，一般包括 $Ca(NO_3)_2$、KNO_3。B 母液以磷酸盐为主，一般包括 $NH_4H_2PO_4$、$MgSO_4$。C 母液是由铁和微量元素合在一起配制而成的。A 母液、B 母液浓度，一般比植物能直接吸收的稀营养液浓度高出 100 ~ 200 倍。C 母液浓度则高出 1 000 ~3 000 倍，使用时再稀释。

按照要配制的母液的体积和浓缩倍数计算出配方中各种化合物的用量，依次准确称取 A 母液和 B 母液中的各种化合物，分别放在各自的贮存容器中。肥料必须一种一种加入，前一种肥料充分溶解后才能加入后一种，待全部溶解后加水至所需体积，搅拌均匀即可。配制 C 母液时，量取所需制备体积 2/3 的清水，分为两份放入两个塑料容器内，称取 $FeSO_4 \cdot 7H_2O$ 和 EDTA－2Na 分别加入这两个容器中，搅拌溶解后，将溶有 $FeSO_4 \cdot 7H_2O$ 的溶液缓慢倒入溶有 EDTA－2Na 的溶液中，边加边溶解；称取 C 母液所需的其他微量元素化合物，分别溶解后，分别缓慢加入已经溶有了 $FeSO_4 \cdot 7H_2O$ 和 EDTA－2Na 的溶液中，边加边搅拌，加入清水至所需的体积，搅拌均匀。

2. 工作营养液的配制

利用母液稀释工作营养液时，也要防止沉淀的发生。在贮液池内放入需要配制体积1/2～2/3的清水，量取所需A母液的用量倒入，使用搅拌器使其扩散均匀。然后，量取B母液的用量，开启水阀，随清水倒入贮液池，搅拌均匀。此时水量达总液量的80%左右。最后量取C母液，按照B母液的方法加入贮液池，搅拌均匀后即完成工作营养液的配制。

育苗过程中养分的供应，除在配制基质时加入一些肥料外，主要通过营养液补给的方式。

育苗营养液可以使用育苗专用配方或无土栽培的配方，常用的有日本园试配方和山崎配方，施用时取标准浓度的1/3～1/2剂量。

3. 营养液的施用

营养液的施用有两种方式：喷施和底部供液。

1）喷施

将营养液的供给与水分供应结合进行2～3次；冬季水和营养液交替喷施，每2～3天一次。

一般幼苗出土后开始喷施，每天或隔天1次。育苗过程中，为促进苗木根系发育，应防止育苗容器内积液过多，每次供液后容器底部液层高度不超过0.5～1 cm。不同苗木对营养液的浓度要求不同，同一苗木在不同生育时期也不同。因此，夏季时施用营养液的次数应适当增加，喷水次数也应增加。营养液的施用浓度应随苗木的生长逐渐增高。

2）底部供液

底部供液的原理是将育苗床用防水材料围成槽状，引入营养液。利用营养液在基质下的循环流动和基质的虹吸作用，供应养分和氧气。

项目小结

苗木繁殖是苗木数量增殖的基础，苗木繁殖方法多样，既有通过种子形成苗木的有性繁殖，又有通过根、茎、叶的部分形成苗木的无性繁殖。不同植物生物学特性不同，观赏要求不同，对于种子发芽容易的植物，可采用播种繁殖的方式，对于根、茎能产生萌蘖的植物可采用分株繁殖的方法，对于再生能力强的植物，可采用扦插或组培的方法，对于两种有较强亲和力的植物，可采用嫁接方法繁殖。

随着社会的发展，传统育苗技术在很大程度上已经不能满足市场对苗木数量和种类的需要。组培育苗、无土育苗、设施育苗、容器育苗等新型育苗技术改变了苗木生长环境，提供了相对可控制的植物生长的最适宜温度、湿度、光照、水肥等环境，摆脱了植物繁殖和生长对环境的依赖，可进行高品质、高效益的生产，已得到广泛的应用。

思考与练习

1. 简述播种繁殖的概念，播种繁殖有什么特点？
2. 播种有哪些方法？各适合于哪些植物？
3. 播种繁殖的技术措施有哪些？

4. 简述播种苗抚育管理的内容。
5. 简述营养繁殖的概念，营养繁殖有什么特点？
6. 促进扦插生根的方法有哪些？
7. 简述扦插的概念，扦插的方法有哪些？
8. 简述嫁接的概念，嫁接的方法有哪些？
9. 简述嫁接成活的原理，接穗与砧木的选择着重考虑什么？
10. 简述分株繁殖的概念，分株的类型有哪些？
11. 简述压条繁殖的概念，压条繁殖的方法有哪些？
12. 简述组培的概念，组培有哪几个阶段？
13. 简述容器育苗的意义。
14. 简述营养土应具备的条件。
15. 无土栽培的优点有哪些？

技能训练

技能训练一　苗圃整地

一、目的要求

使学生熟悉苗圃整地的过程，掌握整地的要求。

二、材料与工具

铁锹、锄头、钉耙。

三、方法步骤

(1)分组：以3～4人为一组。
(2)明确任务：根据苗圃原有地块情况确定每组整地面积。
(3)耕地、耙地、土壤消毒。
(4)根据当地土壤、雨水情况进行高床、低床或平床的苗床制作。

四、结果评价

根据整地、做床质量要求进行成绩评定。
优秀——操作规范、生产安全，土碎地平、床面平整，床高合适，无草根瓦片。
良好——操作规范、生产安全，土不够碎、床面较平整，床高较合适，基本无草根瓦片。
合格——注意安全生产、操作尚规范，土不够碎，做床不够整齐，存在草根瓦片等。
不合格——不注意安全生产，床面不平整，土不碎，有草根瓦片等。

五、作业

完成实训报告。

技能训练二　园林苗木的播种

一、目的要求

让学生掌握播种方法,播种技术,并灵活运用。

二、材料与工具

园林树木种子、锄头等。

三、方法步骤

(1)分组:以3~4人为一组。
(2)明确任务:根据播种地面积确定播种量、播种方法。
(3)划线、开沟、播种、覆土、浇水。
(4)播后管理。

四、结果评价

根据播种技术,种子发芽数量,播后管理情况对学生进行成绩评定。

优秀——操作规范、生产安全,播种量计算合理,播种方法选择得当,播种技术熟练,种子发芽率高,播后管理好。

良好——操作规范、生产安全,播种量计算基本合理,播种方法选择得当,播种技术正确,种子发芽率较高,播后管理良好。

合格——注意安全生产,操作尚规范,基本完成播种任务,进行播后管理。

不合格——不注意安全生产,播种量计算不准确,没有完成播种任务,种子发芽率低,没有进行播后管理。

五、作业

完成实训报告。

技能训练三　硬枝扦插

一、目的要求

通过本次实训使学生掌握硬枝扦插插条的选择与截取、扦插方法及扦插后的管理技术。要求学生独立完成硬枝扦插的全部过程。

二、材料与工具

(1)植物材料:选择休眠枝若干(插条)。

(2)用具及药品:修枝剪、卷尺、喷水壶、铁锹、铁铲、平耙、萘乙酸或 IBA 等药品、酒精、天平、量筒等。

三、实训内容与技术操作规程

(一)采条

选择生长健壮、品种优良的幼龄母树,取组织充分木质化的 1 ~2 年生枝条作插条。

(二)插条的截取

将粗壮、充实、芽饱满的枝条,剪成 15 ~20 cm 的插条,每个插条上带 2 ~3 个发育充实的芽,上切口距顶芽 0.5 ~1 cm,下切口靠近下芽,上切口平剪,下切口斜剪。

(三)插条的处理

将切制好的插条 50 根或 100 根捆成一捆(注意上、下切口方向一致),直立放入配制好的生长素溶液中,浸泡深度 2 ~3 cm,浸泡时间根据生长素浓度确定。

(四)扦插

将插条垂直插入或倾斜 45°(倾斜方向要一致)插入基质中,插入深度为插条的 2/3 或 3/4,插入后要充分与土壤接触,避免悬空。

(五)管理工作

(1)浇水。扦插后立即浇透水,并且保持插床湿润。

(2)遮阴。为了防止插条因光照增温而失水,插后 1 ~2 个月应搭荫棚,遮荫降温。

(3)抹芽。扦插成活后,当新苗长至 15 ~30 cm,应选取一个健壮的直立芽保留,其余除去。

(4)施肥。根据生长情况施入适当浓度的速效性化学肥料。

四、注意事项

(1)插条在春季进行扦插前应用水浸泡,浸泡时间不宜过长。

(2)一般扦插深度不宜过浅,插条要与土壤紧密接触。

(3)扦插后要经常保持土壤湿润。

五、结果评价

优秀——插穗合乎要求,插条截取操作正确,成活率高,实验报告完成质量高。

良好——插穗基本合乎要求,插条截取操作正确,成活率较高,实验报告完成质量较好。

合格——插穗基本合乎要求,插条截取操作基本正确,成活率一般,实验报告完成质量尚可。

不合格——插穗不要求,插条截取操作不正确,成活率低,实验报告完成质量差。

六、作业

完成实训报告。

技能训练四　嫩枝扦插

一、目的要求

通过本实训使学生掌握嫩枝扦插插条的选择与截取、扦插方法及扦插后的管理技术。要求学生独立完成嫩枝扦插的全部过程。

二、材料与工具

选择半木质化的嫩枝插条若干、ABT1 号生根粉、基质、枝剪、铲、锄、耙、喷雾器、塑料薄膜、支架等。

三、实训内容与技术操作规程

(1)插条及母树的选择:剪取性状优良的母树上生长健壮、无病虫害、茎干粗壮的半木质化枝条作插条。

(2)采条及扦插时间:5 ~6 月。

(3)插条规格及处理:插条长 7 ~ 12 cm,顶端留叶 2 ~3 片,基部用利刃切成平或斜切口。然后浸泡在 ABT1 号生根粉溶液中,浸泡时间与浓度呈反比。

(4)扦插床的准备:插床长 10 m、宽 1.2 m、高 35 cm。扦插基质可以用黄沙,也可以用草炭和珍珠岩混合而成。

(5)扦插的方法及插后管理:株距 2 ~3 cm,行距 5 cm。先用木棒或小树枝在基质上插 1 小孔,然后将插穗插入小孔,扦插深度是条长的 1/3 ~ 1/2。用手压紧,浇一次透水。搭塑料小拱形棚,保持床内相对空气湿度,并在拱形薄膜拱棚上搭一高的荫棚遮阴,遮光率在 50% 左右。

四、注意事项

(1)嫩枝扦插的插条要选择半木质化的枝条为宜。

(2)扦插后要立即浇透水,保持床土湿润。

(3)插条与土壤紧密接触。

(4)扦插后要搭遮阳网以保持空气湿度。

五、结果评价

优秀——剪穗合乎要求,截枝操作正确,成活率高,实验报告完成质量高。

良好——剪穗基本合乎要求,截枝操作正确,成活率较高,实验报告完成质量较好。

合格——剪穗基本合乎要求,截枝操作基本正确,成活率一般,实验报告完成质量尚可。

不合格——剪穗不合乎要求，截枝操作不正确，成活率低，实验报告完成质量差。

六、作业

完成实训报告。

技能训练五　芽　接

一、目的要求

让学生通过芽接实训掌握砧木的选择、接芽的削取、芽接方法，并独立完成芽接操作过程，掌握芽接后的管理。

二、材料与工具

(1)工具:修枝剪、芽接刀、塑料绑扎条等。
(2)植物材料:砧木、接芽若干。

三、实训内容

(一)接芽
从性状优良、生长健壮、无病虫害的母树上选取接芽，芽体要饱满。
(二)芽接方法
主要进行"T"字形芽接和嵌芽接实习。
(三)嫁接技术
切削砧木与接芽时，注意切削面要平滑，大小要吻合；绑扎要紧松适度；要露出叶柄。
(四)管理
两周内检查成活率，并解绑，适时补接和除萌蘖，以及采取其他管理措施。

四、注意事项

(1)嫁接时应保留叶柄，绑扎时腋芽应留在外面。
(2)砧木与接芽要吻合。

五、结果评价

优秀——接芽合乎要求，接削操作正确，成活率高，实验报告完成质量高。
良好——接芽基本合乎要求，接削操作正确，成活率较高，实验报告完成质量较好。
合格——接芽基本合乎要求，接削操作基本正确，成活率一般，实验报告完成质量尚可。
不合格——接芽不合乎要求，接削操作不正确，成活率低，实验报告完成质量差。

六、作业

完成实训报告。

技能训练六　枝　接

一、目的要求

让学生通过本次实训熟练掌握园林植物枝接方法，独立完成枝接的全部操作过程，了解枝接砧木选择、接穗截取，掌握枝接方法和枝接后管理技术。

二、材料与工具

(1)工具：劈接刀、修枝剪、枝接刀、塑料绑扎条、盛穗容器、接蜡、湿布等。

(2)植物材料：砧木若干、接穗若干。

三、实训内容与技术操作规程

(一)采穗

采穗母树要求性状优良、生长健壮、无病虫害，接穗要求用木质化程度高的1～2年生的枝。

(二)嫁接方法

主要进行劈接、切接、插皮接等的练习。

(三)嫁接技术

切削接穗与砧木时，注意切削面要平滑，大小要吻合；砧木和接穗的形成层一定要对齐，绑扎要紧松适度。

(四)管理

嫁接后及时检查成活率，积极松绑，做好除萌、立支柱等管理工作。

四、注意事项

(1)嫁接操作技术要求：齐、平、快、紧、净。

(2)嫁接刀具锋利。

(3)切削砧木、接穗时，不撕皮，不破损木质部。

五、结果评价

优秀——接穗、削砧木操作正确，成活率高，实验报告完成质量高。

良好——接穗、削砧木操作合乎要求，成活率较高，实验报告完成质量较好。

合格——接穗、削砧木操作基本合乎要求，成活率一般，实验报告完成质量一般。

不合格——接穗、削砧木操作不正确，成活率低，实验报告完成质量较差。

六、作业

完成实训报告。

技能训练七　分株繁殖

一、目的要求

让学生通过本次实训熟练掌握园林植物分株繁殖方法。要求学生按照实训要求完成实践操作的各个环节，最终使每个学生都能独立完成分株繁殖整个过程。

二、材料与工具

易生根蘖或茎蘖的园林植物若干；铁锹、利斧或利刃。

三、实训内容与技术操作规程

（一）灌丛分株

将母株一侧或两侧土挖开，露出根系，将带有一定茎干（一般1～3个）和根系的萌株带根挖出，单独栽植。

（二）根蘖分株

将母株的根蘖挖开，露出根蘖，用利斧或利铲将根蘖株带根挖出，单独栽植。

（三）掘起分株

将母株全部带根挖起，用利斧或利刀将植株根部分成有较好根系的几份，每份地上部分有1～3个茎干，独立栽植。

四、注意事项

挖掘时注意不要对母株根系造成太大的损伤，若有伤根、烂根用利刀直接去掉，分株的每一丛均应带有根系。

五、结果评价

优秀——分株时间合适，操作正确，分株成活率高，实验报告完成认真。

良好——分株时间较为合适，操作基本正确，分株成活率较高，实验报告完成较认真。

合格——分株时间掌握尚可，操作基本正确，分株成活率一般，实验报告完成一般。

不合格——分株时间掌握不对，操作不正确，分株成活率低，实验报告完成较差或没完成。

六、作业

完成实训报告。

技能训练八　压条繁殖

一、目的要求

让学生通过本次实训掌握压条繁殖技术和压条后的管理技术。

二、材料与工具

铁锹、利斧或利刀、修枝剪、喷雾器、紫藤、葡萄、迎春等。

三、实训内容与技术操作规程

（一）普通压条法

此法为最普通的一种方法，适用于枝条离地面近且容易弯曲的树种。如迎春、木兰等。

（二）水平压条法

适用于枝条长且易生根的树种，如连翘、紫藤、葡萄等。

（三）波状压条法

适用于枝条长而柔软或为蔓性的树种，如紫藤、迎春等。即将整个枝条呈波浪状压入沟中，枝条弯曲的波谷压入土中，波峰露出地面。

（四）堆土压条法

适用于丛生性和根蘖性强的树种，如杜鹃、木兰、贴梗海棠、八仙花、玫瑰等。

（五）高压法

凡是枝条坚硬、不易弯曲，或树冠太高、枝条不能弯到地面的树枝，可采用高压繁殖。高压法一般在生长期进行。

四、结果评价

优秀——压条方法正确，时间合适，压条后成活率高，实验报告完成认真。

良好——压条方法较为正确，时间合适，压条后成活率较高，实验报告完成较认真。

合格——压条方法基本正确，时间选择尚可，压条后成活率一般，实验报告完成一般。

不合格——压条方法不正确，时间不合适，压条后成活率低，实验报告完成差或没完成。

五、作业

完成实训报告。

技能训练九　培养基的配制

一、目的要求

通过实训，使学生掌握 MS 培养基的配制技术。

二、材料与工具

(1)药品：培养基药品、蔗糖、琼脂、NaOH 和 HCl、细胞分裂素、生长素等。

(2)工具：培养瓶、量筒、移液管、玻璃棒、电子天平、不锈钢锅、电磁炉、酸度计(pH 试纸)、高压灭菌锅、标签纸等。

三、实训内容

(一)母液的配制

分别称取大量元素、微量元素、铁盐、有机物的各种药品，按照要求分别溶解，定容 1 000 mL母液。

1. 大量元素母液配制

母液种类	成分	规定量(g)	扩大倍数	称重量(g)
大量元素	NH_4NO_3	1.65	10	16.5
	KNO_3	1.9	10	19.0
	$MgSO_4 \cdot 7H_2O$	0.37	10	3.7
	KH_2PO_4	0.17	10	1.7
	$CaCl_2 \cdot 2H_2O$	0.44	10	4.4

(1)称量：按表格内称重量分别称取各种化合物，依次放入烧杯，钙盐单独放一个烧杯。

(2)溶解：用少量蒸馏水将药品溶解。

(3)定容：加蒸馏水定容至 1 000 mL，成 10 倍液。

2. 微量元素母液配制

母液种类	成分	规定量(mg)	扩大倍数	称重量(g)
微量元素	H_3BO_3	6.2	100	0.62
	$MnSO_4 \cdot 4H_2O$	22.3	100	2.23
	$ZnSO_4 \cdot 7H_2O$	8.6	100	0.86
	KI	0.83	100	0.08
	$NaMoO_4 \cdot 2H_2O$	0.25	100	0.03
	$CuSO_4 \cdot 5H_2O$	0.025	100	0.003
	$CoCl_2 \cdot 6H_2O$	0.025	100	0.003

(1)称量:称量药品放入烧杯。

(2)混合:加少量蒸馏水分别溶解,然后依次混合。

(3)定容:加蒸馏水定容至 1 000 mL,成 100 倍溶液。

3. 铁盐母液配制

母液种类	成分	规定量(mg)	扩大倍数	称重量(g)
铁盐	Na_2-EDTA	37.3	100	3.73
	$FeSO_4 \cdot 7H_2O$	27.8	100	2.78

(1)称量:称取药品,放入 2 个不同烧杯。

(2)混合定容:用 450 mL 蒸馏水加热并不断搅拌使之溶解,然后将 2 种溶液混合,把 pH 调到 5.5,加蒸馏水到最终容积 1 L。

(3)贮藏:溶液应放在棕色瓶中,并避光冷藏。

4. 有机物母液配制

母液种类	成分	规定量(mg)	扩大倍数	称重量(g)
有机物	肌醇	100	100	10
	甘氨酸	2	100	0.2
	烟酸	0.5	100	0.05
	VB_6	0.5	100	0.05
	VB_1	0.1	100	0.01

(1)称重:称取药品,分别放入烧杯。

(2)混合:用少量蒸馏水分别将药品溶解,然后依次混合。

(3)定容:加蒸馏水定容至 500 mL,成 100 倍液。

5. 生长调节物质母液的配制

(1)称量:用天平称取生长素(或细胞分裂素)50 ~ 100 mg。

(2)溶解:生长素(如 IAA,IBA,NAA)可用少量 95% 的酒精或 0.1 mol/L 的 NaOH 溶液;细胞分裂素(如 KT,ZT,6 - BA)可用 0.1 mol/L 的 HCl 加热溶解。

(3)定容:加蒸馏水定容至 100 mL,配制成浓度为 0.5 ~ 1 mg/mL 的溶液。

(二)母液的保存

1. 装瓶

将配制好的母液分别倒入瓶中,母液瓶上贴好标签,注明母液号、配制倍数(或浓度)与配制日期。

2. 储藏

将母液瓶储放在冰箱里备用。

(三)培养基的配制

(1)首先将所需的各储藏母液按顺序放好,将洁净的各种玻璃器皿,如量筒、烧杯、移液管、玻璃棒等放在指定位置。

(2)提取母液。按母液顺序和规定量,用吸管吸取母液,放入盛有一定量蒸馏水的容量瓶中。大量元素母液 100 mL,微量元素母液 10 mL,铁盐母液 10 mL,有机物母液 10 mL。

注意:取各种母液的吸管不能混用。

(3)加热溶解。先在锅中加 400~600 mL 的蒸馏水,水温 30~50 ℃时加入琼脂 6~8 g,加热并不断搅拌,直至琼脂完全融化,再加入蔗糖、母液混合液和生长调节剂原液。

注意:琼脂必须完全融化,以免造成浓度不均匀。

(4)定容。各种物质完全溶解,充分混合后,加蒸馏水将培养基定容至 1 000 mL。

(5)调整 pH 值。用酸度计或 pH 试纸测试培养基酸碱度。用 0.1 mol/L 的 NaOH 和 0.1 mol/L 的 HCl,把培养基的 pH 值调整到 5.6~5.8。

(6)装瓶。把配好的培养基分别装入培养瓶中,每瓶 40 mL 左右。装瓶后,立即加盖,贴上标签,注明培养基的名称与配置时间等。

(7)灭菌。将培养瓶放入高压灭菌锅。设定温度为 121 ℃,保持 15~20 min,然后让灭菌锅自然冷却至 80 ℃左右打开高压锅。

四、考核内容与评分标准

优秀——母液配制方法正确,称量熟练且符合要求,pH 调试合适,培养基分装量合适,凝固性好。

良好——母液配制方法基本正确,称量较为熟练且符合要求,pH 调试合适,培养基分装量较合适,凝固性良好。

合格——母液配制方法基本正确,能在老师的指导下完成称量及 pH 调试,培养基分装量基本合适,凝固性一般。

不合格——母液配制方法不正确,不能认真倾听老师建议,培养基分装量不合适,不能凝固。

五、作业

完成实训报告。

技能训练十 无菌接种与培养

一、目的要求

让学生通过本次实训,掌握组培无菌接种技术及各阶段培养技术。

二、材料与工具

(1)工具:超净工作台、酒精灯、剪刀、解剖刀、镊子、培养皿、滤纸等。

(2)材料:园林植物材料、培养基、75%酒精、消毒剂。

三、实训内容

(一)准备工作

(1)开启接种室紫外灯 30 min。

(2)用水和肥皂清洗净双手,穿上消过毒的专用实验服、帽子和鞋子,进入接种室。

(3)用浸有 75% 酒精的酒精棉擦拭双手和工作台。

(4)用浸有 75% 酒精的酒精棉擦拭装有培养基、培养皿和无菌水瓶的外表,放入工作台。

(5)把高温灭菌后的剪刀、解剖刀、镊子等工具浸泡在 95% 的酒精中,放入工作台。

(二)接种

(1)在工作台上,把植物材料浸泡在 75% 的酒精溶液中 5 ~ 30 s,再浸泡在 0.1% 的升汞中 5 ~ 10 min,然后用无菌水冲洗 3 ~ 5 次。

(2)开瓶前用酒精灯火焰灼烧瓶口,转动瓶口使各个部分都能灼烧到,打开瓶口瓶盖朝上。

(3)把培养材料迅速插入培养瓶中,瓶口、瓶盖在酒精灯上灭菌后,再盖好瓶盖。每瓶中接种 3 ~ 5 个植物材料。

(4)将接种好的培养瓶放入培养室内。

(5)接种一周后,到培养室观察植物材料污染情况,并做记录,总结原因。

四、结果评价

优秀——接种准备到位,接种操作正确,培养后污染率低,实验报告认真。

良好——接种准备较为规范,接种操作良好,培养后污染率较低,实验报告较为认真。

合格——接种准备基本规范,接种操作基本正确,培养后污染率较高,实验报告较为认真。

不合格——接种准备不到位,接种操作不正确,培养后污染率高,实验报告不认真。

五、作业

完成实训报告。

技能训练十一　栽培基质的配制

一、目的要求

掌握容器育苗对基质的要求,常用容器育苗基质的配制方法和基质的消毒技术。

二、材料与用具

园土、泥炭土、腐叶土、蛭石、珍珠岩等;有机肥、甲醛、硫黄粉、石灰、塑料薄膜等;铁锹、筛子、喷壶、喷雾器、粉碎机等。

三、方法步骤

(1)分组完成基质的配制、消毒工作。

(2)熟悉各种土料,根据需要将各种土料粉碎、过筛后备用。

(3)按照育苗植物对基质的要求,将各土料按比例混合,分别配制成普通培养土、播种培养土、疏松培养土、中性培养土、黏性培养土及杜鹃花培养土等专用培养土。

(4)测定培养土的酸碱度,根据需要用硫黄粉、石灰调节至所需酸碱度。

(5)甲醛稀释50倍后喷洒培养土,喷后堆起,用塑料薄膜封起,进行熏蒸消毒。在操作时注意施药安全。

四、结果评价

记录各类培养土配制的过程及对培养土酸碱度的测定结果。

优秀——操作规范,质量标准,能够独立完成。

良好——基本规范,质量合格,能够独立完成。

合格——在实践教师指导下基本能够完成操作,质量基本合格。

不合格——不能认真完成操作,质量不合格。

五、作业

完成实训报告。

技能训练十二 无土栽培营养液的配制

一、目的要求

了解无土栽培营养液配制的常用药品,掌握无土栽培营养液配制技术。

二、材料与用具

化学药品:$Ca(NO_3)_2 \cdot 4H_2O$,KNO_3,$NaNO_3$,$K_2H_2PO_4$,K_2SO_4,$HgSO_4 \cdot 7H_2O$,$FeSO_4 \cdot 7H_2O$,EDTA - 2Na,H_3BO_3,$MnSO_4 \cdot 4H_2O$,$ZnSO_4 \cdot 7H_2O$,$CuSO_4 \cdot 5H_2O$,$(NH_4)_6Mo_7O_{24} \cdot 4H_2O$;1 mol/L H_2SO_4,HNO_3 溶液。

电子天平(感重0.000 1 g),量筒(500 mL、100 mL、50 mL),烧杯(1 000 mL、500 mL、100 mL),移液管(10 mL、5 mL、1 mL),容量瓶(1 000 mL、500 mL、100 mL),pH计,试剂瓶(1 000 mL、500 mL、100 mL),药匙,玻棒和胶头滴管等。

三、方法与步骤

(1)药品纯度换算。

(2)根据原料药品纯度,计算每升用量(依据华南农业大学营养液配方用量)。

(3)药品称量:A液药品称量,B液药品称量,C液药品称量。

(4)母液配制。将药品充分溶解,调节 pH 值,于容量瓶中定容,定容后装入试剂瓶中。

(5)母液保存。母液装瓶后,贴好标签,标注母液类型、浓度、配制日期,低温避光保存。

四、结果评价

项目	营养液母液配制技术								
序号	测定标准	评分标准	满分	检测点					得分
				1	2	3	4	5	
1	考核时间	60 min 完成营养液母液配制	20						
2	药品纯度换算	药品用量换算准确	10						
3	药品称量	依据药品特性确定称量方法,正确依据药品用量称量,准确正确使用天平	20						
4	母液配制	根据药品特性正确溶解、混合药品,测定和调节酸碱度方法正确,溶液 pH 值调节准确,定容操作正确	40						
5	母液保存	母液装瓶方法正确,标记名称、浓度、配制日期	10						
总分		100		实际得分					

五、作业

完成实训报告。

项目四 园林苗木的养护管理

【教学目标】

通过本项目的学习,使学生能够掌握园林苗木移植概念、意义和移植成活原理,掌握园林苗木整形修剪方法和修剪技艺,能够对园林苗圃进行土壤、养分管理和灌溉、排水。

任务一 苗木移植

【知识点】

移植概念,移植意义,移植成活原理

移植时间

【技能点】

移植前准备

移植

移植后管理

相关知识

一、苗木移植的概念、意义及成活的基本原理

(一)苗木移植的概念、意义

在一定的时期,将生长拥挤的较小苗木从苗床上挖起来,更换育苗地并按规定的株行距栽种下去,让小苗更好地生长发育,这种操作方法叫移植,也叫移栽。凡经过移植的苗统称为移植苗。这一技术环节是培育大苗的重要措施。

苗木在幼年时较喜阴或耐阴,一般需要密植,而且幼苗生长所需要的营养面积小,密植可以提高单位面积的产苗量。当苗木长大到一定时期,必须进行移植。移植后扩大了苗木的株行距,增大了生长空间,改善了光照和通风状况,结合增强肥水管理和合理的整形修剪,能有效地促进苗木发育出良好的根系,形成优美的树形,成为优质大苗。同时移植的过程也是一个淘汰的过程。那些生长差,达不到要求或预期,不能发育成优质大苗的小苗可以逐步被淘汰。移植的意义归纳起来有以下几个方面:

(1)为苗木提供适当的生存空间。

一般的育苗方法,如通过播种、扦插或嫁接等方法培育树苗时,小苗的密度较大,苗间距为几厘米到几十厘米,随着苗木不断生长,个体逐渐增大,苗木之间互相影响,争夺水、肥、光照和空气等,会严重制约苗木的生长发育,因此必须扩大苗木的株行距。通过间苗和移植都可以扩大株距,但间苗会浪费大部分苗木,留下来的苗木也不能对其根系进行剪

截,促其发展,因此常采用移植的方法来扩大苗木的株行距。移植时要根据植株特性来决定合理的株行距,等苗木生长几年后再进行移植,并随苗木的不断生长逐步扩展其生存空间。

幼苗经过移植,增大了株行距,扩大了生存空间,能使根系充分舒展,进一步扩大树形,使叶面充分接受阳光,增强树苗的光合作用、呼吸作用等生理活动,为苗木健壮生长提供良好的环境。另外,由于增大了株行距,改善了苗木间的通风透光条件,从而减少了病虫害的滋生,同时也便于施肥、浇水、修剪和嫁接等日常管理工作。

(2)促进产生发达的根系。

幼苗移植时切断了主根和部分侧根,能刺激根部产生大量的侧根和须根。移植苗木所用的圃地,一般管理都较好,土壤有机质含量高,又有较完善的排水系统,故能提供根系生长最适合的土壤条件,促进根系生长发育,使根数增多,吸收面积扩大,形成完整发达的根系,提高苗木生长质量。另外,移植后的苗木由于切断了主根,根系分布于土壤浅层,吸收根数量多,有利于将来绿化栽植的成活率和生长发育,达到良好的绿化效果。而未经过移植的苗木则根系分布较深,侧根、须根的数量较少,起苗时不易多带根,定植后不易成活或生长较弱。因此,未经移植的大苗一般不直接用于园林绿化。

(3)培养优美的树形。

经过移植淘汰了树形差的苗木,移植后扩大了树苗的生长空间,使苗木的枝条充分伸展,形成该树种应有的树形。同时,经过适当的整形、修剪,使树形更适合于园林绿化的需要。另外,有些树种经过嫁接可以培育出特殊的树形,如龙爪槐就是通过嫁接培养出如伞如盖的优美树形。

(4)合理利用土地。

苗木生长的不同时期,树体大小不同,对土地面积的需求不同。园林绿化用大苗,在各个龄期根据苗体大小、树种生长特点及群体特点合理安排密度,这样才能最大限度地利用土地,在有限的土地上尽可能多地培育出大规格的优质苗木,使土地效益最大化。

苗木移植时一般要进行分级栽植,将高度大小较一致的一批苗木栽到同一块地中,以有利于个体整齐、均衡地生长,也有利于统一进行管理。

总之,经过移植,能给苗木提供适当的生长空间和土、肥、水条件,使苗木能长出发达的根系和优美的树体,为园林绿化提供优质的大规格苗木。

(二)移植成活的基本原理

苗木移植成活的基本原理是如何维持地上部与地下部的水分和营养物质供给的平衡。移植苗木挖掘时根系受到了大量损伤,而地上部分基本未伤,这就打破了原来地上与地下的平衡关系。为了达到新的平衡,一是进行地上部的枝叶修剪,减少部分枝叶量,也就是等于减少了水分和营养物质的消耗,使供给与消耗相互平衡,苗木移植就能成活。相反,不对地上部进行修剪,水分和营养物质就会出现供不应求的局面,苗木就会因缺少水分和营养物质而死亡。二是在地上部不修剪或少修剪枝叶的情况下,保持地上部水分和营养物质,尽量少蒸腾和消耗,并维持较长时间的平衡,苗木仍可以移植成活,特别是常绿树种的移植。

不同树种苗木移植后,其成活难易往往有很大差别,这是受不同树种的习性决定的。

因此,在苗木移植前必须了解其习性,按其习性要求来决定各项技术措施,才能获得较高的成活率。从新陈代谢活动的生理角度来看,苗木经过掘起搬运,再栽下去,由于根系大量损伤,就打破了原来地上部分和地下部分的平衡,使水分和有机营养物质大量消耗。如果这种平衡不能迅速恢复,苗木就有死亡的危险。因此,在移植技术措施上就要提出如何解决地上茎叶和地下根系之间水分及营养物质相对平衡的办法。理论与实践均表明,保证移植成活的基本原理在于根据树种习性,掌握适当的移植时期,尽可能减少根系损伤,适当剪去树冠的部分枝叶,及时灌水,创造条件来正确地调整地上部分与根系之间的生理平衡,并促进根系与枝叶恢复生长。

落叶树种移植,除要注意修剪地上部枝叶,使地下根系表面积(或根量)与地上枝叶外表面面积(枝叶量)相等 ,或枝叶外表面面积略小于根系外,还要注意移植的季节。落叶期移植由于枝叶量小,其蒸腾量少,容易平衡地上部与地下部的平衡关系,移植成活率高。即秋季落叶后至春季以芽前期移植最好,特别是春季发芽前移植成活率最高,落叶树种若在生长期移植,要对地上部分实行强修剪,少留枝叶,争取带大土球移植,或多带根系少带土,移植后经常给地上部喷雾,生长期也能移植成活。

常绿树种移植时,为了保持其冠性,一般地上部分较少修剪,实际上地上部枝叶外表面面积远大于地下部分根系面积,移植后水分和营养物质的供给与消耗是不平衡的。移植时为了达到平衡,应尽可能多带和保留原根系,起的土球尽可能大些,移植后要保持树冠对水分的要求,要经常往树冠上喷水,维持一段时间后,地上与地下部都逐渐恢复生长,常绿树种就能成活。常绿树种移植的季节以休眠期最佳,因为这时树木的气孔、皮孔处于关闭状态,叶细胞角质层增厚,生命活动减弱,消耗水分与营养物质少,移植成活率高。再者,常绿树种在生长季节移植后,采用在南面、西面方向搭遮阳网的方法来减少阳光照射,从而减少树冠水分蒸腾量,并安装移动喷头喷水,待恢复到正常生长(约一个月),逐渐去掉遮阳网,减少喷水次数,使移植成功。中、小常绿苗成片移植可全部搭上遮阳网,浇足水,过渡一段时间后去掉,也可在阳光强的中午盖上,早晚打开。另外,移苗时还要考虑苗木的生物学特性,如阴湿性、耐盐碱、耐热性、耐寒性等,根据其特性采取相应的技术措施。

二、移植技术

(一)移植的次数

培养大苗所需移植的次数取决于该树种的生长速度和对苗木的规格要求。一般说来,园林里应用的阔叶树种在播种或扦插龄满 1 年时即进行第一次移植,以后根据生长快慢和株行距大小,每隔 2 ~3 年移植一次,并相应地扩大株行距。目前各生产单位对普通的行道树、庭荫树和花灌木用苗只移植 2 次,在大苗区内生长 2 ~3 年,苗龄达到 3 ~4 年即出圃。而对重点工程和易受人为破坏的地段或要求马上产生绿化效果的地方所用苗木,则常常需要培育 5 ~8 年甚至更长时间,这就要求做 2 次以上的移植。对生长缓慢、根系不发达而且移植后较难成活的树种,如椴树、栎树、七叶树、银杏、白皮松等,可在播后第三年(苗龄 2 年)开始移植,以后每隔 3 ~5 年移植一次,待苗龄 8 ~10 年,甚至更大一些时方可出圃。

(二)移植时间

一般树种多在苗木休眠期进行移植。常绿树种也可在生长期移植。苗木移植后,根系受到一定程度的损伤,打破了地下和地上部分的水分供应平衡,因此要经历一段时间的缓苗期,使根系得以继续生长,增强吸水能力,苗木才恢复正常生长。

1. 春季移植

北方地区由于冬季寒冷干旱,所以在春季移植较好,而且以早春解冻后立即移植较为适宜。春季土壤解冻后,树木的芽尚未萌动,而根系已开始活动,移植后,根系可先期进行生长,为生长期吸收水分供应地上部分做准备。同时,土壤解冻后至树木萌芽前,树体生命活动较弱,树体内贮存的养分还没有大量消耗,移植后易于成活。春季移植应按树木萌芽的早晚来安排。早萌芽者早移植,晚萌芽者晚移植。总之,在萌芽前或萌芽时必须完成移植工作。有的地方春季干旱大风,如果不能保证移植后充分供水,早移植反而不易成活,这时应推迟移植时间或加强保水措施。

2. 秋季移植

秋季移植一般在冬季气温不太低,无冻伤危害和春旱危害的地区采用。移植时间在植株地上部分生长缓慢或停止生长后进行,即落叶树开始落叶至落完叶止,常绿树在生长高峰过后,这时地温较高,根系尚未停止活动,移植后根系得以愈合并长出新根,为来年的生长做好准备。

3. 雨季移植

在夏季多雨季节移植,多用在北方移植针叶常绿树和南方移植常绿树类。在这个季节雨水多、湿度大、苗木蒸腾量较少,根系生长较快,移植成活率高。

4. 冬季移植

南方地区冬季较温暖,此时树苗生长缓慢,可在冬季进行移植。北方冬季也可带冰坨移植。

任务实施

一、移植前准备

(一)移植密度(株行距)

移植苗的株行距取决于苗木的生长速度、气候条件、土壤肥力、苗木年龄、培育的年限及机械化水平。在保证苗木有足够营养面积的前提下实行合理密植,以充分利用土地资源,提高单位面积产苗量。

(二)移植准备

移植苗木除合理安排移植时间外,还要考虑选择移植地块、规划设计、整地、施肥、起苗等一系列工作。

1. 选择地块

移植苗木的目的是要培育大规格的优质苗木。为了给苗木提供适宜的生长条件,所选的地块要平坦,光照充足,通风好而无大风,交通便利,有良好的灌排水设施。在选择地块时要考虑土壤肥力、地下水位、土质、土层厚度等因素。大苗的根系相对较深，因此要选择土层较厚的地块。为了促使根系良好发育，还要选择肥力较好、质地疏松、保水保肥的土壤。土层厚度最好在 1 m 以上，地下水位 1.5 ~ 2 m 以下，同时要根据所移苗木的数量及移植密度来确定地块面积，做到大小适宜。

2. 规划设计

选定地块后要进行规划设计，确定移植苗木的种植方式、密度，挖坑或开沟的数量和规格等，同时要预计所需劳力的数量和工作时间。

移植苗的种植方式一般采用长方形或正方形。长方形种植其株距小于行距，正方形种植则株行距相等，行向一般为南北方向。采用正方形种植方式时，株行距要依苗木的大小和生长速度来定，一般为几十厘米到 1 米多。株行距确定后，用测绳或皮尺等工具来划线定点，然后开沟或挖坑。沟或坑的深度一般为 50 ~ 80 cm，宽度为 60 ~ 100 cm。坑的数量和所移苗木数量一致，沟的数量等于苗木总数除以每条沟所植的苗木数，每沟所植苗数为沟的长度除以株距。

移植苗的密度取决于苗木的生长速度、苗冠和根系的发育特性、苗木的喜光程度、培育年限、培育目的、抚育管理措施等。一般来说，针叶树的株行距比阔叶树的小；速生树种的株行距大些，慢生树种可小些；苗冠展开、侧根须根发达、培育年限较长者，株行距应大些，反之应小些；以机械化进行苗期管理的株行距应大些，人工进行苗期管理可小些。一般苗木移植的株行距可参考表 4-1。

表 4-1　苗木移植的株行距

项　目	第一次移植株距 × 株距（cm）	第二次移植株距 × 株距（cm）	说明
常绿小苗	30 × 40	40 × 70 或 50 × 80	绿篱用苗 1 ~ 2 次；白皮松类 2 ~ 3 次
落叶速生树苗	90 × 110 或 80 × 120		杨树、柳树等
落叶慢长树苗	50 × 80	80 × 120	槐树、五角枫等
花灌木树苗	80 × 80 或 50 × 80		丁香、连翘等
攀缘类树苗	50 × 80 或 40 × 60		紫藤、地锦等

移植苗木的数量和所挖坑或沟的规格确定以后，还要计算移植的工作量。例如，算出所动土方数，再根据每个劳动力每天所挖掘土方数算出所需的劳动力数量，然后根据移植所用时间来确定每日的用工量，同时结合当地劳动力工资水平计算出每日的工资总额。这样就算出了挖沟、挖坑所用的时间、劳动力、资金投入等。整个移植的过程，针对开沟、挖坑、起苗、苗木贮存、苗木运输、苗木移植、施肥、浇水、土地测量规划等工作，都应该有用工人数、资金、时间等的计划安排，做到工作前有准备，工作中有条理，工作后有统计。

3. 整地

在土地测量规划后即可进行整地施肥。如果移植苗木较小，根系较浅，可进行全面整地。先在地表均匀地撒一层有机肥，其用量为 1 500 ~ 3 000 kg/亩，也可结合施农家肥施入适量的化肥，如磷肥，然后深翻，深度为 30 cm。深翻后打碎土块，平整土地，划线定点，种植苗木。移植规格较大的苗木时，采用沟状整地或穴状整地。挖沟一般为南北向，沟深 50 ~ 60 cm，宽 70 ~ 80 cm。挖坑深 60 cm，直径 80 cm。挖坑开沟时要将心土和表土分别堆放，种植时将表土回填坑底。坑和沟的四壁要垂直，不能挖成上大下小的锅底形或"V"形，也不要上小下大。整地可在移植前进行。如果计划春季移植，可在前一年秋季挖坑或沟，使土壤晒冻熟化；也可挖坑或沟后施入农家肥埋土，第二年再在施肥基础上移植，这样既可合理安排工作，又使土壤熟化，能取得较好的效果。

4. 起苗

起苗前要做好准备工作，安排好劳力、工具和其他材料。起苗前几天对小苗生长的地块浇水，使土壤相对疏松，便于起苗，增加苗体水分，移植后容易成活。常用的起苗方法有裸根起苗和带土球起苗两种。

1）裸根起苗

落叶阔叶树在休眠时移植，一般采用裸根起苗。起苗时依苗的大小保留好根系。一般二、三年生苗木保留的根幅直径为 30 ~ 40 cm。在此范围之外下锹，切断周围的根系，再切断主根提苗。起苗时使用的工具要锋利，防止主根劈裂或撕裂。起苗后抖去苗木根部的宿土，尽量保留好须根。

2）带土球起苗

常绿树及移植不易成活的树种，须带土球移植。其方法是先铲除苗木根系周围的表土，以见到须根为度，然后按一定的土球规格，顺次挖去规格周围之外的土壤。待四周挖好后，用草绳包扎土球，包扎好后再铲断主根，将带土球的苗木提出坑外。二、三年生苗木土球的直径为 30 ~ 35 cm，厚度为 30 cm。规格较大的苗木则要求较大的土球。

起苗时要尽量保护好苗木的根系，不伤或少伤大根，尽可能保留须根，以利于移植成活生长。起苗时也要注意保护树苗的枝干，以利于将来形成良好的树形。枝干受伤会减少叶面积，给树形培养增加困难。

5. 苗木的处理

起苗后栽植前要对苗木进行修枝、修根、浸水、截干、埋土、贮存等处理。修枝是将苗木的枝条适当截短，一般对阔叶落叶树进行修枝以减少蒸腾面积，同时疏去生长位置不当，且影响树形的枝条。裸根苗起苗后要剪根，主要是剪短过长的根系，剪去病虫根或根系受伤的部分，同时把起苗时断根后不整齐的伤口剪齐，以利于伤口愈合发出新根。主根过长时将其适当剪短。带土球的苗木可将土球外边露出的较大根段的伤口剪齐，过长的须根也要剪短。修根后还要对枝条进行适当修剪，一年生枝条进行短截，多年生枝条进行回缩，减小树冠以利于地上和地下的水分平衡，使移植后顺利成活。针叶树的地上部分一般不作修剪。萌芽较强的树种也可将地上部分截去，使其移植后发出更强的主干。修根、修枝后马上进行移植，不能及时栽植的苗木要保湿，将裸根苗的根系泡入水中或埋入土中保存，带土球苗用草帘覆盖土球或将土球用土堆围住。栽植前还可用促进生根的药剂或保水剂处理根系，使移植后能更快成活生长。此外，还要将苗木按大小及树形完好程度分级，分批栽植。

二、移植

苗木经过修根、修枝、浸水或化学药剂处理后就可以移植。移植时要边移边取苗,同时要施入一定量的有机肥作底肥,以促进苗木根系发育。每株苗用农家肥 10 ~ 20 kg 与表土混合后施入坑底或沟底,然后边回填边踩实,直到距地面 20 ~ 30 cm 为止。回填后将表面做成圆丘形,放入苗木,使根系舒展,苗干位于坑或沟的正中。种植时两人配合,一人扶苗,一人填土。填土时先用细土将根系覆盖,填土至一半时轻轻把苗木上提,踩实后再填土,边填边踩,直到平地表处为止。苗木埋土的深度为原来的深度或稍深 1 ~ 2 cm。若埋土过深,则苗木的缓苗期长,根容易腐烂,过浅则根系容易暴露,影响生长。埋完土后平整地面或筑土堰以便浇水。栽植苗木时还要注意苗木前后左右对齐。带土球的苗木放入坑中后,要先将土球的包扎物拆下取出,再在土球的外围填土。边填土边踩实,直填到土球上方为止。栽植时还要注意勿损伤树干。

三、移植后的管理

(一)浇水

苗木移植后要马上浇水。苗圃地一般采用漫灌的方法,此方法浪费水,但灌溉的效果较好。第一次浇水要透彻,直到坑内或沟内的水不再下渗为止。以后每隔十天或半个月再浇一次水,以保证苗木成活。浇水时间宜在早上和傍晚。浇水不能太频繁,以避免造成地温太低而不利于苗木生长。夏天气温高,生长旺盛时,要浇足水以满足苗木生长的需要;秋季苗木停止生长前要控制水量;入冻前要浇冻水。

(二)覆盖

浇水后等水分下渗,地里能劳作时,在树苗下覆盖薄膜或干草。覆盖塑料膜时,要将薄膜剪成方块,薄膜的中心穿过树干,用土将薄膜的中心和四周压实以防止空气流通。覆膜可提高地温,促进树苗生长,同时也可防止水分散失,减少浇水量,提高成活率。覆草是用秸秆覆盖地面,厚 5 ~ 10 cm。覆草可保持水分,增加土壤有机质,夏季可降低地温,冬季可提高地温,是促进苗木生长的好办法。覆草的不利因素是会增加病虫害滋生。如果不覆盖而裸地育苗,则待水分渗下后地表开裂时,覆盖一层干土,堵住裂缝,防止水分散失。

(三)扶正

移植苗第一次浇水或降雨后容易倒伏暴露出根系,因此栽植后要经常到田间观察。倒伏苗要及时扶正,培土踩实,不然会出现树冠长偏或死亡的现象。扶苗时要视情况挖开土壤扶正,不能硬扶,否则会损伤树体或根系。扶正后整理好地面,培土踏实后立即浇水。对容易倒伏的苗木,在移植后立支架,待苗木根系长好不易倒伏时再撤掉支架。

(四)中耕除草

中耕是将土地翻 10 ~ 20 cm 深,可结合除草一起进行。除草在夏天生长旺盛及秋初草籽尚未成熟前进行。晴天太阳直晒时除草可使杂草被晒死。除草要一次锄尽、除根,不能只把地上部分除去。阴天和雨天不宜除草。除掉的草最好抖掉土渣后拣出地外。

（五）施肥

在施足底肥的基础上，苗木生长的不同阶段要施不同的肥料，供苗木生长需要。苗木生产中，初期施肥量应少，以氮肥为主，苗木生长旺期即夏天要施大量肥料，使苗木旺盛生长。苗木生长后期，以磷、钾肥为主，适量施以氮肥。施肥的方法可分为土壤施肥和根外追肥即叶面喷肥两种方法。有的苗圃将有机肥随水施入或将化肥溶于水中施用。在秋季苗木停止生长落叶前，结合深翻扩穴施入适量农家肥，会使苗木生长状况更好。若使用微量元素肥料结合测土施肥，可使施肥更科学。

（六）防治病虫害

大苗培育过程中，病虫害防治也是一项非常重要的工作。常做的病虫害防治工作有种植前土壤消毒，可用药剂喷洒土壤、火烧地面、秋冬翻晒等消灭土壤中病虫。栽植后加强田间管理，改善田间通风透光条件，消除杂草杂物以减少病虫残留。在苗木生长期间要经常巡视田间苗木生长状况，一旦发现病虫害，要及时诊断、合理用药或采取其他方法治理，使病虫害得以及时控制，不致扩大危害。

（七）排水

培育大苗的地块一般较平整，在雨季容易受到水涝危害，因此雨季排水是非常重要的工作。首先要做好排水设施，提前挖好排水沟，使流水能及时排走。另外，降雨后也可能出现水流冲垮地边、冲倒苗木的情况，所以降雨后要及时整修地块，扶正苗木。南方降雨量大的地方要格外注意排水。北方高原地带降水量小，主要考虑浇水的问题，但也不能忽视排水设施的建设。

（八）查成活数和补植

苗木移植后会有少量的苗木不能成活，因此在移植后一两个月要查成活数，将枯株挖走补植新株，以有效地利用土地。

（九）越冬防寒

在北方苗木移植后要做好越冬防寒工作。常用的方法是浇冻水，即在土壤冻结前浇一次越冬水，这样既能保持冬春土壤水分，又能防止地温下降太快。一些较小的苗木可采用培土、覆盖草帘或搭塑料拱棚防寒。易冻死的较大的苗木可缠草绳防冻伤。萌芽或成枝均较强的树种可剪去地上部分，使来年长出更强壮的树干。冬季风大的地方也可设风障防寒。冬季防寒主要针对易受冻害的树种，北方土生土长的树种一般可在露地安全越冬。

任务二　苗木的整形修剪

【知识点】

整形修剪的概念、关系

整形修剪的作用

【技能点】

整形修剪的程序

整形修剪的时间

整形修剪的方法
苗木不同时期修剪技艺

相关知识

一、整形修剪的概念、关系

“整形”一般针对幼树（幼苗）而言，指用剪、锯、捆绑、扎等手段使幼树长成栽培者所希望的特定形状，提高其观赏价值。“修剪”一般对大树（大苗）而言，指对植株的某些器官（枝、芽、干、叶、花、果、根等）加以疏删或剪截，以达到调节生长、开花结果的目的。整形主要是通过修剪来完成的，修剪又是在整形的基础上根据某种目的而实行的。修剪是手段，整形是目的，两者紧密相关，统一于一定的栽培管理要求下。在科学的土、肥、水管理的基础上进行合理的整形修剪，是提高园林绿化水平的一项重要技术环节。

二、整形修剪的作用

（一）提高苗木移植的成活率

苗木起运时不可避免地会伤害根部，移植后根部难以及时供给地上部分充足的水分和养分，造成树体的吸收与蒸腾比例失调。虽然顶芽或一部分侧芽仍可萌发，但仍有可能出现树叶凋萎甚至造成整株死亡。通常情况下，在起苗之前或起苗后，适当剪去劈裂根、病虫根、过长根，疏去病弱枝、徒长枝、过密枝，有些还需适当摘除部分叶片（大树移植时，高温季节甚至截去若干主侧枝），以确保移植后顺利成活。

（二）控制园林植物生长势

园林树木在生长过程中，因环境不同，生长情况各异。生长在片林中的树木由于接受上方光照，因此向高处生长，使主干高大，侧枝短小，树冠瘦长；相反，孤植树木同一树龄同一树种，则树冠庞大，主干相对低矮。为了避免以上情况，可用人工修剪来控制。通过修剪可以疏除地上部分不需要的枝条，使养分和水分供应更集中，有利于留下的枝条和芽的生长。

通过修剪可以促进局部生长。由于枝条位置各异及生长势有强有弱，往往造成偏冠，极易倒伏。因此，要及早修剪改变强枝先端方向和开张角度，使强枝处于平缓状态，以减弱生长势或去强留弱。但修剪量不能过大，以防止削弱树势。具体是“促”还是“抑”要因树而异，要因修剪方法、时期、树龄等而异，既可促使衰弱部分壮起来，也可使过旺部分弱下去。

（三）控制植物开花结果

通过修剪调节树体内的营养，使其合理分配，让养分集中供给顶芽、叶芽，调整营养枝和花果枝的比例，促进花芽分化形成更多花枝，提高花、果数量和质量，使观花植物能产生更多的鲜花、切花，使观果植物结出更多的果实。一些花灌木还可通过修剪达到控制花期或延长花期的目的。

（四）保证植物健康生长

通过整形修剪适当疏枝，一是可增强树体内通风透光能力，二是可提高植株抗逆能力和减少病虫害的发生率。冬季集中修剪时剪去病虫枝、干枯枝，收集起来集中处理，可防止病虫害蔓延，促使植物更健康地生长。树木衰老时进行重剪，即剪去树冠上绝大部分侧枝，或把主枝也分次锯掉，能刺激树干皮层内的隐芽萌发，便于留粗壮的新枝代替老枝，达到恢复树势、更新复壮的目的。

（五）创造各种艺术造型

通过整形修剪可以把树冠培育成符合特定要求的形态，塑造出一定冠形和姿态的观赏树形，如各种动物、建筑、几何体形状等。通过整形修剪，也可使观赏树木像树桩盆景一样造型多姿，具有“虽有人作，宛自天开”的意境。虽然灌木没有明显的主干，也可以通过修剪协调形态的大小，创造各种艺术造型。在自然式的庭院中讲究树木的自然姿态，崇尚自然的意境，常用修剪的方法来保持“古干虬曲，苍劲如画”的天然效果。在规则式的庭园中，常将一些树木修剪成尖塔形、圆球形或其他几何体形状，以便和园林形式协调一致。

（六）创造最佳环境美化效果

人们常将观赏树木的个体或群体互相搭配造景，配植在一定的园林空间中，或者和建筑、山水、桥等园林小品相配，创造相得益彰的艺术效果。为了达到以上目的，一定要控制好树的形体大小比例。例如，在假山或狭小的庭园中配置树木，可用整形修剪的办法来控制其形体大小，以达到小中见大的效果。树木相互搭配时，可用修剪的手法来创造有主有从、高低错落的景观。优美的庭园花木，多年以后就会阻碍小径影响散步行走，或失去其美丽的观赏价值，因此必须经常整形修剪，保持其美观与实用。

任务实施

一、整形修剪的程序

（一）制订修剪方案

作业前应对计划修剪园林苗木的树冠结构、树势、主侧枝的生长状况、平衡关系等进行详尽观察分析，根据修剪目的及要求，制订具体修剪及保护方案。如在整形修剪成几何体树形时，若将树剪成圆球形，先要决定树球的高度，定好半径，找出球的最高中心点，然后再开始动手去剪；对于非几何形体的树形，最好先做好轮廓架子，然后将大枝条按形体的构成规律布满架面，小枝填补其间；修剪观赏花木时，首先要观察分析树势是否平衡，如果不平衡，分析是上强（弱）下弱（强），还是主枝间不平衡，并要分析造成的原因，以便采用相应的修剪技术措施。对重要景观中的树木、古树、珍贵的观赏树木，修剪前需咨询专家的意见，或在专家直接指导下进行。

（二）培训修剪人员、规范修剪程序

修剪人员必须接受岗前培训，掌握操作规程、技术规范、安全规程及特殊要求，获得上岗证书后方能独立工作。根据修剪方案，对要修剪的枝条、部位及修剪方式进行标记。然后按先剪下部、后剪上部，先剪内膛枝、后剪外围枝，由粗剪到细剪的顺序进行。一般从疏

剪入手，把枯枝、密生枝、重叠枝等先行剪除；再按大、中、小枝的次序，对多年生枝进行回缩修剪；最后，根据整形需要，对一年生枝进行短截修剪。修剪完成后尚需检查修剪的合理性，有无漏剪、错剪，以便更正。

(三)注意安全作业

安全作业包括两个方面：一方面，是对作业人员的安全防范，所有的作业人员都必须配备安全保护装备；另一方面，是对作业苗木周围行人与设施的保护，在作业区边界应设置醒目的标记，避免落枝伤害行人。修剪作业所用的工具要坚固和锋利，不同的作业应配有相应的工具。当几个人同剪一棵高大苗木时，应有专人负责指挥，以便高空作业时的协调配合。

(四)清理作业现场

及时清理、运走修剪下来的枝条同样十分重要，一方面保证环境整洁，另一方面也是为了确保安全。目前在国内一般采用把残枝等运走的办法，在国外则经常用移动式削片机在作业现场就地把树枝粉碎成木片，可节约运输量并可再利用。

二、整形修剪的时间

园林植物种类繁多，习性与功能各异，各地在具体确定修剪时期上相差较大，虽然每种植物都有其适宜的修剪季节，但从整体上看，一年中任何时候都可以进行修剪，具体时间选择应从实际出发，在生产实践中应灵活掌握。最佳时期应至少满足两个条件：一是不影响植物的正常生长，减少营养消耗，避免伤口感染。如抹芽、除蘖宜早不宜迟；核桃、葡萄等应在春季伤流期前修剪完毕。二是不影响植物的开花结果，不破坏原有冠形，不降低其观赏价值。如观花观果类植物，应在花芽分化前和花期后修剪；观枝类植物，为延长其观赏期，应在早春芽萌动前修剪等。总之，整形修剪一般都在植物的休眠期或缓慢生长期进行，以冬季和夏季整形修剪为主。

(一)冬季修剪

冬季修剪也叫休眠期修剪，是指自秋冬至早春在植物休眠期内进行的修剪。落叶树从落叶开始至春季萌发前，树木生长停滞，树体内营养物质大都回归根部贮藏，修剪后养分损失最少，且修剪的伤口不易被细菌感染腐烂，对树木生长影响较小，大部分树木及多量的修剪工作在此期间进行。热带、亚热带地区原产的乔、灌观花植物，没有明显的休眠期，但是从11月下旬到第二年3月初的这段时间内，它们的生长速度明显缓慢，有些树木也处于半休眠状态，所以此时也是修剪适期。

冬季修剪的具体时间应根据当地的寒冷程度和最低气温来决定，有早晚之分。如冬季寒冷的地方，修剪后伤口易受冻害，因此以早春修剪为宜；对一些需保护越冬的花灌木，在秋季落叶后立即重剪，然后埋土或卷干。在温暖的南方地区，冬季修剪时期，自落叶后到翌春萌芽前都可进行，因为伤口虽不能很快愈合，但也不至于遭受冻害。有伤流现象的树种，一定要在春季伤流期前修剪。冬季修剪对树冠构成、树梢生长、花果枝的形成等有重要作用，一般采用截、疏、放等修剪方法，尤其要疏除各种无用枝(见图4-1)。

(二)夏季修剪

夏季修剪也叫生长期修剪，是指在夏季植物生长季节内进行的修剪，自春季萌芽后开

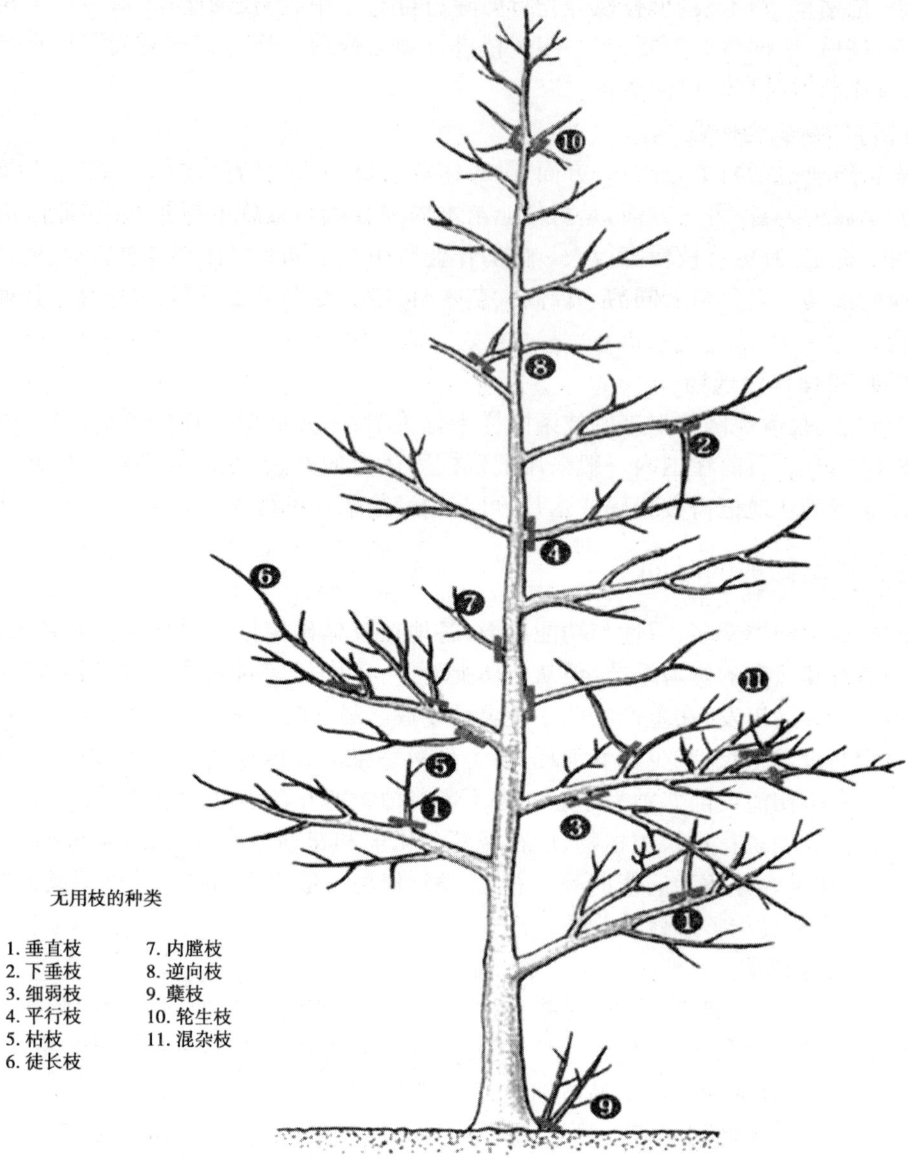

图 4-1　无用枝示意图

始至秋季落叶前结束。在植物的生长期,贮藏的营养较少,叶片浓密丰厚,消耗大量营养,树木枝叶茂盛,甚至影响到树体内部通风和采光,因此需要进行夏季修剪。一般采用抹芽、除蘖、摘心、环剥、扭梢、曲枝、疏剪等修剪方法。

常绿树没有明显的休眠期,春夏季可随时修剪生长过长、过旺的枝条,使剪口下的叶芽萌发。常绿针叶树在 6 ~ 7 月进行短截修剪,还可以获得嫩枝,以供扦插繁殖。

一年内多次抽梢开花的树木,花后及时修去花梗,使其抽发新枝,开花不断,延长观赏期,如紫薇、月季等观花植物。草木花卉为使株形饱满,抽花枝多,要反复摘心。观叶、观姿类的树木,一旦发现扰乱树形的枝条就要立即剪除。棕榈等应及时将破碎的枯老叶片剪去。绿篱的夏季修剪，既要使其整齐美观，同时又要兼顾截取抽穗。

三、整形修剪的方法

（一）自然式整形修剪

各个植物因分枝方式、生长发育状况不同，形成了各式各样的树冠形式。在保持原有的自然冠形的基础上适当修剪，称为自然式整形修剪。自然式整形修剪能充分体现园林的自然美。在自然树形优美，树种的萌芽力、成枝力弱，或因造景需要等都应采取自然式整形修剪。自然式整形修剪的主要任务是幼龄期培育恰当的主干高度及合理配置主、侧枝，以保证迅速成形；以后做到“形而不乱”，只是对枯枝、病弱枝及少量扰乱树形的枝条做适当处理。常见的自然式整形修剪有以下几种（见图4-2）：①尖塔形。单轴分枝的植物形成的冠形之一，顶端优势强，有明显的中心主干，如雪松、南洋杉、大叶竹柏和落叶杉等。②圆锥形。介于尖塔形和圆柱形之间的一种树形，由单轴分枝形成的冠形，如桧柏、银桦、美洲白蜡等。③圆柱形。也是单轴分枝的植物形成的冠形之一，中心主干明显，主枝长度上下相差较小，形成上下几乎同粗的树冠。如龙柏、钻天杨等。④椭圆形。合轴分枝的植物形成的树冠之一，主干和顶端优势明显，但基部枝条生长较慢，大多数阔叶树属此冠形，如加杨、扁桃、大叶相思和乐昌含笑等。⑤垂枝形。有一段明显的主干，但所有的枝条却似长丝垂悬，如垂柳、龙爪槐、垂枝榆、垂枝桃等。⑥伞形。一般也是合轴分枝形成的冠形，如合欢、鸡爪槭。只有主干、没有分枝的大王椰子、假槟榔、国王椰、棕榈等也属于这种树形。⑦匍匐形。枝条匐地生长，如偃松、偃柏等。⑧圆球形。合轴分枝形成的冠形。如樱花、元宝枫、馒头柳、蝴蝶果等。另外还有拱枝形和丛生形等。

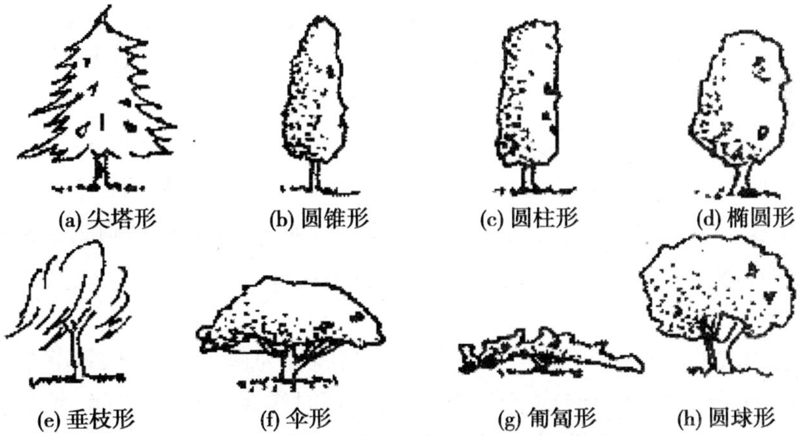

图4-2　常见园林植物自然式整形修剪树形

（二）整形式整形修剪

根据园林观赏的需要，将植物树冠强制修剪成各种特定形式，称为整形式整形修剪。由于修剪不是按树冠的生长规律进行，植株经过一定时期自然生长后会破坏造型，需要经常不断地整形修剪。一般来说，适用整形式整形修剪的植物都是耐修剪、萌芽力和成枝力都很强的种类。常见的整形式整形修剪有以下几种（见图4-3）：①几何形式。通过整形修剪，最终植物的树冠成为各种几何体，如正方体、长方体、杯状形、开心形、球体、半球体或不规则几何体等。②建筑物形式。如亭、楼、台等。常见于寺庙、陵园及名胜古迹处。③动物形式。如鸡、马、鹿、兔、大熊猫等,惟妙惟肖,栩栩如生。④古树盆景式。运用树桩盆景的造型技艺,将植物的冠形修剪成单干式、多干式、丛生式、悬崖式、攀缘式等各种形式,如小叶榕、勒杜鹃等植物可进行这种形式的修剪。

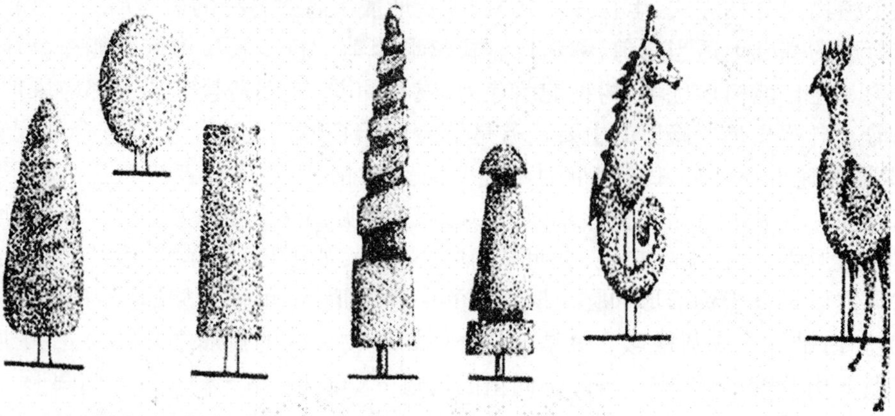

图 4-3 常见的整形式整形修剪树形

四、苗木不同时期修剪技艺

(一)休眠期的修剪技艺

1. 剪枝

这是休眠期修剪中最常应用的措施。依修剪的方式可分为“疏剪”(也称“疏删”)及“剪截”两类。前者是将整个枝条自基部完全剪除,不保留基桩和芽,林业上的“打枝”和园艺上的“疏枝”均系应用此法。后者则是仅将枝条剪去一部分而保留基部几个芽。剪截又依程度不同而分为“短剪”(又称“重剪”或“强剪”)和“长剪”(又称“轻剪”或“弱剪”)。“短剪”即剪除整个枝条长度的 1/2 以上,“长剪”即剪除的部分不足全长的 1/2。疏剪可使邻近的其他枝条生长势加强,并有改善通风透光的效果。强剪可使所保留的芽得到较强的生长势,弱剪后生长势的加强作用较强剪为小,当然这种刺激生长的影响是仅就一根枝条而言的。

2. 截干

对主干或粗大的主枝、骨干枝等进行的回缩措施称为截干,可有效调节苗木水分吸收和蒸腾平衡间的矛盾,提高移栽成活率,在大苗移栽时多见。此外,尚可利用逼发隐芽的效用,进行壮苗的树冠结构改造和老树的更新复壮。

(二)生长期的修剪技艺

1. 折裂

为防止枝条生长过旺,或为了曲折枝条使其形成各种苍劲的艺术造型,常在早春芽略萌动时,对枝条施行折裂处理。较粗放的方法是用手将枝折裂,但对珍贵的苗木进行艺术造型处理时,应先用刀斜向切入,深及枝条直径的 2/3 ~ 1/2,然后小心地将枝弯折,并利用木质部折裂处的斜面互相顶住。要精细管理并对切口处涂泥,以免伤口蒸散水分过多。

2. 除芽(抹芽)

把多余的芽除掉称为除芽。此项措施可改善其他留存芽的养分状况而加强其生长势。其中亦有将主芽除去而使副芽或隐芽萌发的,这样可抑制过强的生长势或延迟发芽期。

3. 摘心

将新梢顶端摘除的措施称为摘心。摘除部分长 2 ~ 5 cm。摘心可抑制新梢生长,使养分转移至芽或枝条,有利于枝条的充实。但摘心后,新梢上部的芽易萌发成二次梢,可待其生出数片叶后再行摘心。

4. 捻梢

将新梢屈曲而扭转但不使其断离母枝的措施称捻梢。此法多在新梢生长过长时应用。用捻梢法所产生的刺激作用较小,不易促发副梢,缺点是扭转处不易愈合,以后尚须再进行一次剪平工作。此外,亦有用“折梢”法,即折伤新梢而不折断的方法代替捻梢的。

5. 屈枝(弯枝、缚枝、盘扎)

屈枝是将枝条或新梢施行屈曲、缚扎或扶立等诱引措施。由于芽、梢的生长存在顶端优势,故运用屈枝法可以控制该枝梢或其上的芽的萌发作用。直立诱引可增强生长势;水平诱引则有中等的抑制作用;向下方屈曲诱引,则有较强的抑制作用。在一些绿地中,重点园景配植时常用此法,将苗木盘扎成各种艺术性姿态。

6. 摘叶(打叶)

适当摘除过多的叶片,称之为摘叶。摘叶有改善通风透光的作用。在密植的群体中施行该措施,有防止病虫滋生等作用。

7. 摘蕾摘果

为使苗木生长健壮和枝条生长充实,避免养分过度消耗,常将花蕾、幼果摘除。

(三)休眠期或生长期皆可施行的修剪整形措施

1. 去蘖

去蘖是除去植株基部附近的根蘖或砧木上萌蘖的措施。这样做可使养分集中供应植株,促进生长发育。

2. 切刻

切刻是在芽或枝的附近施行刻伤的措施,以深达木质部为度。当在芽或枝的上方进行切刻时,由于养分、水分受伤口的阻隔而集中于该芽或该枝条,可使其生长势得到加强。当在芽或枝的下方切刻时,则使其生长势减弱,但由于有机营养物质的积累,能使枝、芽更加充实,有利于加粗生长和花芽的形成。切刻愈深愈宽,其作用亦愈强。

3. 纵伤

纵伤是在枝干上用刀纵切,深及木质部的措施。作用是减少苗木树皮的束缚力,有利于枝条的加粗生长。细枝可纵伤一条,粗枝可纵伤数条。

4. 横伤

横伤是对树干或粗大主枝用刀横砍数处,深及木质部。作用是阻滞有机养分下运,可使枝干充实,有利于花芽的分化。

5. 环剥(环状剥皮)

环剥是在干枝或新梢上,用刀或环剥器切剥掉一圈皮层组织的措施。其功能同于横伤,但作用要强大得多。环剥的宽度一般为 2 ~ 10 mm,视枝干的粗细和树种的愈伤能力、生长速度而定。但切忌过宽,否则长期不能愈合会对树木生长不利。应注意的是,对伤流过旺或易流胶的园林植物,不宜应用此项措施。

6. 断根

断根是将植株的根系在一定范围内全部或部分切断的措施。本法有抑制树冠生长过旺之特效。断根后可刺激根部发生新的须根,所以有利于移植成活。因此,在珍贵苗木出圃前或进行大树移植前,常应用断根措施。此外,亦可利用对根系的上部或下部的断根,促使根部分别向土壤深层或浅层发展。

任务三　园林苗圃的土壤、养分管理

【知识点】

土壤管理的目的

土壤管理的作用

肥料种类

施肥原则

【技能点】

土壤管理措施

施肥时间

施肥方法

相关知识

一、土壤管理的目的

土壤是园林苗木生长的基础,它不仅支持、固定苗木,而且还是园林苗木生长发育所需生活条件的主要供给地。园林苗圃土壤管理的目的就在于,通过多种综合措施来提高土壤肥力,改善土壤结构和理化性质,保证园林苗木健康生长所需养分、水分、空气的不断有效供给。因此,土壤的质量直接关系着园林苗木的生长好坏。

二、土壤管理的作用

土壤是苗木生产的物质基础,保持苗圃的土壤肥力对于苗圃建设尤为重要。土壤管理的作用主要有:一是苗木培育周期长,而且是全株利用,土壤养分消耗大,需要通过土壤管理来补充;二是育苗活动及土壤天然缺陷产生的土壤养分不足和结构不良,需要通过土壤管理来调节;三是苗木正常生长所需要的有益生物,苗圃中常缺乏,需要通过土壤管理添加;四是通过合理施肥等土壤管理措施有效调节土壤肥力,有效促进苗木产量和质量的提高。

三、肥料种类

根据性质和应用效果的不同，肥料可分为有机肥料、无机肥料和生物肥料三类。

（一）有机肥料

有机肥料又称农家肥料，是由植物的残体或人畜的粪尿等有机物质经过微生物的分解腐熟而成的肥料。有机肥料具有改良土壤和提供营养元素的双重作用。苗圃中常用的有堆肥、厩肥、绿肥、泥炭、人粪尿、饼肥和腐植酸肥等。草炭和森林腐殖土有时也可以作为有机肥使用。容器育苗或珍贵树种育苗时还可以使用商品有机肥，这些商品有机肥可能是使用包含生活垃圾、工业废料（如糖渣）等材料在内的多种材料经特殊工艺制作而成。有机肥的特点是：属于完全肥料，含有氮、磷、钾等多种营养元素，肥效长，既可以满足苗木整个生长周期中对养分的需求，还能改善土壤的水、气、热状况和土壤结构，为土壤中微生物活动和苗木根系生长提供有利条件。但有机肥通常肥效较慢。

（二）无机肥料

无机肥料又称化肥，主要由矿质养分元素构成。包括氮、磷、钾肥料和微量元素肥料等，提供的营养元素比较单一。其特点是：见效快，易溶于水，苗木易吸收，肥效快；但属于不完全肥料，肥分单一，对土壤改良作用远远不如有机肥。如使用不当，会使土壤结构变坏、肥力降低。主要有硫酸铵、碳酸氢铵、氯化铵、硝酸铵、尿素、过磷酸钙、钙镁磷肥、硫酸钾、氯化钾等大量元素肥料，以及硼砂、硫酸锌、硫酸锰、钼酸铵、硫酸亚铁、硫酸铜等微量元素肥料。目前市场上有多种肥料成分复合在一起构成的复合肥料，很多制成颗粒状缓释肥料。由于成本较高，在造林用苗的培育中使用较少，但在园林绿化苗木培育中使用较多。

（三）微生物肥料

微生物肥料是用从土壤中分离出来的对苗木生长有益的微生物制成的肥料，如菌根菌、磷化细菌、根瘤菌及固氮细菌肥料等。此外，植物生长调节剂广义上也是一种肥料，稀土作为特殊肥料近年来在育苗中也有一些应用。

四、施肥原则

合理施肥就是处理好土壤、肥料、水分和苗木之间的关系，正确选择施肥的种类、数量和方法。施肥时应遵循看天、看地、看苗、看肥的原则。

（一）根据气候条件施肥（看天）

气候条件与施肥有关，确定施肥措施时，要考虑育苗地区的气候条件，如苗木生长期的长短，生长期中的某一时期温度的高低、降雨量的多少及分配情况，以及苗木越冬条件等。

温度的高低、土壤湿度大小直接影响营养元素状况和苗木对肥料的吸收能力。温度低时，苗木对氮、磷吸收受到限制，而对钾的吸收影响小些；温度高时，苗木吸收的养分多。在气温正常偏高年份，苗木第一次追肥时间可适当提早一些。夏季大雨后，土壤中的硝态氮大量淋失（因为硝态氮存在于土壤溶液中，几乎不被土壤胶粒吸收，所以易于消失），这时追施速效氮肥效果较好，在下大雨前或雨天一般不宜施肥，以免肥料的淋失。

（二）根据土壤条件施肥（看地）

（1）沙性土壤。质地疏松，通气性好，空气多，湿度偏高，属于热土，但保水保肥能力差，要施有机肥料为主，宜用猪、牛粪冷性肥料。因牛、猪粪含水量较高，分解较慢，在沙质土上可用腐熟程度较差的有机肥料，这些肥料在通气条件下可逐渐分解腐熟，肥效比较长久。若在沙土上使用完全腐熟的有机肥料，会产生有效养分淋失和后劲不足等毛病。在沙土上施用化肥时，追肥要少量多次。因为沙土含细土粒少，所以它的吸收容量小（在单位重量土壤所能吸附的可以被它代换的阳离子数量，以毫克当量表示，沙土 1 ~ 2/100 g 土，而黏土 25 ~ 30/100 g 土，沙壤土 3 ~ 5/100 g 土，轻黏土 7 ~ 8/100 g 土，中、重壤土 25 ~ 30/100 g 土），即它吸附保存 NH_4^+、K^+一类营养物质的能力弱。

（2）黏性土壤：由于通气条件差，比较紧实，温度较低，宜施用含水量低的、分解快的“热性”肥料，如马、羊粪。在黏质土壤上施有机肥料应充分腐熟。黏质土壤吸收容量大，吸收保存 NH_4^+、K^+一类矿质养料能力强，因此黏性土壤的施肥量可适当加大，黏土与沙土比较，每次施肥量可稍大、次数可减少。

（3）酸性土壤要施用碱性肥料，碱性土壤要施用酸性肥料。在酸性或强酸性土壤中，磷易被土壤固定，成为磷酸铁、磷酸铝，植物不能吸收，故应施用钙镁磷和磷矿粉及草木灰或石灰等。氮素肥料选用硝态氮较好。在碱性土壤中氮素肥料以氨态氮肥，如硫酸铵或氯化铵等效果较好；在碱性土壤中，磷易被固定，磷酸三钙残留于土壤中，不易被苗木吸收，选水溶性磷肥，如过磷酸钙或磷酸铵等，或硫黄或石膏等，硫黄每亩用量 50 ~ 100 kg。

壤土的施肥可介于沙性土和黏性土中间。

实践证明，要达到改良土壤结构的目的，使土壤中水、肥、气、热协调，满足植物的生长，苗圃应施大量厩肥、堆肥和绿肥，都有增加土壤有机质、改良土壤的作用，而种植绿肥在这方面有显著的效果。

（三）根据苗木特性施肥（看苗）

据了解，树种吸收元素的数量是不同的，以枫杨为例，枫杨苗吸收氮量是栎树苗的 2 倍，是马尾松苗的 2 倍多，而吸收的磷比马尾松少，钾又比马尾松多（见表 4-2）。同一树种苗木年龄大的吸收营养元素比年龄小的多，一般 2 ~ 3 年生移植苗比 1 年生苗吸收肥多 3 ~ 5 倍，如柳杉 2 年生移植苗吸收氮和磷的量比柳杉 1 年生播种苗吸收量分别多 70% ~ 250% 和 28% ~ 156%。

表 4-2　苗木的需肥量表

树种	苗龄	需肥量（kg/hm²）		
		N	P	K
枫杨	1	276	60	75
Ⅰ-214 杨	1	303	87	227
麻栎	1	138	32	35
马尾松	1	119	71	57
火炬松	1	170	33	110

从苗木密度来看,苗木密度大比密度小的吸收营养元素多,则应加大施肥量。苗木的不同生长阶段对肥料需要量及肥料种类也不一样。幼苗期苗木对氮、磷反应敏感,施氮、磷效果好,但浓度宜小;在速生期苗木生长量大,对氮、磷、钾需求增多,尤其是氮,其次是磷,对钾的吸收,以7~9月为最多;苗木生长后期,不应再施氮肥,所谓施肥不过秋,主要指施氮肥,而这时可增施钾肥,以增加钾在苗木体内的储藏,加速苗木的木质化和抗逆性。

(四)根据肥料特性施肥(看肥)

要合理使用肥料,必须了解肥料本身的特性及其在不同的土壤条件上对苗木的效应。例如磷矿粉生产成本低,来源较广,后效长,南方酸性土壤上使用很有价值,而北方的石灰性土壤就不适宜,因为磷矿粉在强酸条件下,磷容易溶解释放出来,应作基肥,颗粒愈细愈好,分散使用。钙镁磷肥可适当集中使用(防止被固定)。氮素化肥应适当集中使用,因为少量氮肥在土壤中分散使用往往没有显著的增产效果。在苗圃中使用磷、钾(K_2CO_3,草木灰)必须在氮素比较充足的基础上,才是经济合理的,否则因磷、钾无效而造成浪费。

有机肥料、饼肥、磷肥等,除当年具有肥效外,还有较长时间后效,因此在苗圃施肥时也要考虑到前1~2年所施肥料的数量、种类和作用,以节约用肥,降低育苗成本。

任务实施

一、土壤管理措施

整地(耕作)、轮作、施肥是提高土壤肥力的中心环节,也是培育壮苗的基本条件和土壤管理的主要措施。整地是用机械的方法改善土壤的物理状况和肥力条件的措施;轮作是用生物的方法来改善土壤的物理结构和肥力状况的措施;施肥是用化学和生物方法来改善土壤肥力因素的措施。这三种措施是相互联系和依存的,只有通过精耕细作,才能更好地发挥轮作和施肥的效用。

(一)整地

通过整地,翻动耕作层的土壤,能促使深层土壤熟化,有利于恢复和创造土壤的团粒结构,从而提高土壤的通透性,提高土壤温度,促进土壤微生物活动,加速有机质分解,进而促进苗木对养分的吸收利用。此外,苗圃耕作还起到翻埋杂草种子和作物残茬、混拌肥料及防治病虫害的作用。苗圃耕作的主要内容包括浅耕、耕地、耙地、镇压和中耕等5个基本环节。

1. 浅耕

一般在耕地前进行。其目的在于减少土壤水分蒸发、消灭杂草和病虫害、减少耕地时土壤的机械阻力、提高耕地的质量。

2. 耕地

耕地具有苗圃耕作的全部作用,是苗圃耕作的主要环节。

3. 耙地

耙地是在耕地以后进行的表土耕作措施。其作用是疏松表土,耙碎垡块和结皮,平整土地,清除杂草,混拌肥料,轻微镇压土壤,从而达到蓄水保墒的目的,并为做床、做垄打下良好的基础。但要防止过度耙地，以免使表土过度细碎，结构破坏，雨后易结皮，加速土壤水分的蒸发。耙地机常用的有圆盘耙、钉齿耙、柳条耙、拖板（耢子）等。

4. 镇压

镇压是在耙地后，使用镇压器压平或压碎表土，其目的是使一定深度的表土紧密，从而减少气态水的损失。在春旱风大地区，对疏松的土壤进行镇压有蓄水保墒作用。但是，镇压也能勾墒，引起毛细管水的损失。在这种情况下，宜在压碎压平表土后进行轻耙，以免水分损失。做床做垄后的镇压能避免床、垄变形。镇压机具有无柄镇压器、环形镇压器、齿形镇压器，此外尚有木磙、石磙等。

5. 中耕

中耕是在苗木生长期间对土壤所进行的浅层翻倒、疏松表层的耕作措施，一般与除草结合进行。中耕能使土壤疏松，改善土壤通气条件，减少土壤水分蒸发，清除杂草，有助于苗木的生长。中耕的机具主要有机引中耕机、马拉耘锄和锄头等。

（二）轮作

在苗圃中同一块育苗地上，将不同树种的苗木或与牧草、绿肥、农作物按一定的顺序轮换种植的方法称为轮作，又称换茬。轮作能调节苗木与土壤环境之间的关系，合理轮作可提高苗木的产量、改善苗木的质量。轮作可以增加土壤有机质含量，改善土壤结构，提高土壤肥力，减少病原菌和害虫的数量，减轻杂草的危害程度。主要轮作方式有以下几种。

1. 苗木与绿肥作物轮作

在连续育苗几年后，栽培一年或一季绿肥作物，如紫云英、苜蓿、草木樨、紫穗槐等，因为这些植物根系发达，根量多，而且根系能固氮，所以恢复土壤肥力效果较好，具备了轮作的各项优点，尤其在改良土壤和提高土壤肥力的作用方面，可以增加土壤氮素和土壤有机质，改善土壤结构，提高土壤肥力。这是一种最好的苗圃轮作方式，但轮作绿肥的过程没有效益，不过可以增加后期苗圃产量。

2. 苗木与农作物轮作

农作物收割后，它的全部根系都留在田地里，给土壤增加少量的有机质。所以，实行苗木与农作物轮作，是目前切实可行的轮作方法。轮作可选用的农作物种类较多，据已有的经验，如豆类（黄豆、绿豆）、高粱、玉米和水稻等都可选用。例如落叶松与水稻轮作效果良好。为防除猝倒病，苗木不能与蔬菜、土豆等轮作或间种。

3. 树种与树种轮作

为提高圃地利用率，选择无共同病虫害的树种进行轮换育苗。据现有的经验，油松在板栗茬地育苗生长良好；油松、白皮松与合欢、复叶槭、皂角轮作，猝倒病较少；落叶松、樟子松、云杉和红松等树种可以进行轮作。

与轮作对应的是连作，又叫重茬，即在同一圃地上连年培育同一树种的苗木。连作可使许多树种苗木产量和质量下降，原因是：①多年消耗同种养分，使之缺乏；②某一病源积累发展；③苗木本身分泌酸类及有毒物质等。除了有菌根菌的树种（如松科树种、桦木、栎树等）外，应该避免连作。

（三）施肥

肥料指的是为了促进苗木的生长、提高其产量或者改善其质量，直接或间接地供给苗木吸收利用的一切有机或无机物质，也就是将含有一种或多种营养元素的肥料输送到土壤中、土壤上或植物上的过程。

二、施肥时间

养分是园林苗木生长的物质基础。苗木的养分管理实际上就是进行园林苗木的合理施肥。施肥是改善苗木营养状况、提高土壤肥力的积极措施。俗话说，“地凭肥养，苗凭肥长”。

（一）确定施肥时期的依据

（1）以苗木生长物候期为依据。养分首先满足生命活动最旺盛的器官，即养分有其分配中心。随着物候期的进展，分配中心也随之转移。

（2）以土壤中营养元素和水分变化规律为依据。苗圃地春季含氮较少，夏季有所增加，钾含量与氮相似；磷含量则春季多而夏秋季较少。土壤水分含量与发挥肥效有关，土壤水分亏缺时施肥有害无利。积水或多雨地区肥分易淋洗流失，降低肥料利用率。

（3）以肥料的性质为依据。易流失挥发的速效肥或施后易被土壤固定的肥料，如碳酸氢铵、过磷酸钙等宜在苗木需肥期稍前施入；迟效性肥料如有机肥料，因腐烂分解后才能被苗木吸收利用，故应提前施入。因此，肥料应在经济效果最高时期施入。

（二）基肥和追肥施用时期

基肥以有机肥料为主，是较长时期供给苗木多种养分的基础肥料。秋施基肥正值根系第二或第三次生长高峰，伤根容易愈合，切断一些细小根，起到根系修剪的作用，可促发新根。若施肥时加入适量速效性氮肥（占总量1/3），则效果更好。增施有机肥料，可提高土壤孔隙度，疏松土壤，改善土壤中水、肥、气、热状况，有利微生物活动。秋施基肥，有机物腐烂分解时间较长，矿质化程度高，翌春可及时供根系吸收利用，并有利圃地积累保墒，提高地温，防止根际冻害。寒冷地区苗木落叶后至土壤结冻前施基肥，因地温降低，伤根不易愈合，且不易发生新根，肥料也较难分解，效果不如早秋施。春施基肥，肥效发挥较慢，常不能满足早春生长需要，到后期往往导致枝梢两次生长，影响花芽分化。

追肥的作用主要是为了供应苗木某个时期对养分的大量需要，或者补充基肥的不足。追肥施用的特点是比较灵活，要根据苗木生长的不同时期所表现出来的元素缺乏症，对症追肥。

三、施肥方法

在苗圃中常用的施肥方法有施基肥、施种肥、施追肥三种。

（一）施基肥（底肥）

我国苗圃地的土壤肥力一般较差，为了改良土壤，基肥是不可缺少的，沙土更为需要，基肥一般在耕地时将肥料全面撒于圃地，耕地时把肥料全部翻入耕作层中。基肥以有机肥料为主，如堆肥、厩肥、绿肥或草皮土及塘泥等，也可适当搭配磷、钾肥，间接肥料以改良土壤为目的，如石灰和硫黄，也与基肥一起同时施入。基肥要施足，一般占全年总施肥的

70% ~80%，一般每亩施厩肥 3 000 ~4 000 kg 或堆肥 1 500 ~3 000 kg 或饼肥 200 ~300 kg、塘泥 25 000 ~50 000 kg、磷肥 25 ~50 kg，施生石灰 25 ~50 kg。堆肥、厩肥、生石灰在第一次耕地时翻入土中，而饼肥、草木灰等作基肥，可在做床前将肥料均匀撒在地表，通过浅耕埋入耕作层的中上部，达到分层施肥的目的。

（二）施种肥

种肥是在播种时或播种前施于种子附近的肥料，一般以速效磷肥为主。种肥不仅给幼苗提供养分，又能提高种子的场圃发芽率，因而能提高苗木的产量和质量。苗木在幼苗期对磷很敏感，在幼苗期缺磷会严重影响幼苗根系和地上部分的生长，施种肥距幼苗根系近，当幼苗长出侧须根后，能及时吸收到磷肥，利于根系的生长，常用的办法是在播种沟或穴内施熏土、草木灰和颗粒磷肥（过磷酸钙），因颗粒磷肥与土壤接触面积小，利于根系的吸收。容易灼伤种子和幼苗的肥料，如尿素、碳酸氢铵、磷酸铵等都不能做种肥。

（三）施追肥

追肥是在苗木生长发育期间施用的肥料，分为土壤追肥和根外追肥。土壤追肥常用的方法有沟施法、浇灌法和撒施法，根外追肥也称叶面追肥。追肥目的是及时补给代谢旺盛的苗木对养分的大量需要，追肥以速效肥料为主，人粪尿要经过腐熟再用。为了使肥料施得均匀，一般都要加几倍的土拌匀或加水溶解稀释后使用，追肥常用的肥料有尿素、碳酸氢铵、氨水、氯化钾、腐熟人粪尿、过磷酸钙。

1. 沟施法

沟施法又叫条施，在行间开沟，把矿质肥料施在沟中，沟施的深度，原则上是使肥料能最大限度地被苗木吸收利用，具体深度因肥料的移动范围和苗根的深浅而异，一般要达 5 ~10 cm以上，磷肥在土壤中几乎不移动，追肥要稍深，应达 10 cm 以上。苗根分布浅的宜浅，分布深的宜深。施肥后，必须及时覆土，以免肥料的损失。

2. 撒施法

撒施法是把肥料与干土混合（数倍或十几倍的干细土）后撒在苗行间，撒施肥料时，严防撒到苗木茎叶上，否则会严重灼伤苗木致其死亡。施肥后必须盖土或松土，否则会影响肥效，例如碳酸氢铵和尿素等，施肥后不松土覆盖肥分损失很大，以尿素为例，据试验，沟施当年苗木的利用率为 45%，浇灌施肥的利用率为 27%，撒施尿素不盖土的利用率仅为 14%。碳酸氢铵施后不覆盖损失更大。

3. 浇灌法

浇灌法是把肥料溶于水后浇于苗木行间根系附近，这种施肥方法比较省工，但存在着施肥浅，不能很好地覆盖肥料。撒施和浇施二法，存在的共同缺点是施肥浅，肥料不能全部被土覆盖或不能覆土，因而肥效减低。

4. 根外追肥

根外追肥是用速效性肥料或微量元素的溶液喷于苗木的叶片上的施肥方法。因为叶片是制造碳水化合物最重要的器官，肥料喷到叶片上很快就渗透到叶片的细胞中去，通过光合作用制造碳水化合物，最后合成苗木所需各种营养物质。

任务四 园林苗圃的灌溉与排水

【知识点】

水分管理的作用及意义

灌溉原则

【技能点】

灌溉方法

排水方法

相关知识

一、水分管理的作用及意义

水分既是苗木生活的基本条件之一,又是土壤肥力的一个重要因素。苗木的水分来源主要靠根从土壤中吸收。土壤中的水主要靠自然降水和人工灌溉。自然降水一般难以满足苗木生长需要,必须根据不同生长阶段的需要量通过人工灌溉补充土壤水分。灌溉量、灌溉次数和时间要根据园林苗木的需水特性、生育阶段、气候、土壤条件而定,要适时、适量、合理灌溉,不要进行盲目灌溉,这是灌溉应坚持的原则。水分管理包括园林苗圃的灌溉与排水方面的内容。它的意义包括如下方面。

(一)改善苗圃园林苗木的生长环境

水分不仅影响苗圃地的土壤和气候环境,也影响园林苗圃病虫害是否发生。比如,高温季节,可以通过灌溉来降低叶片温度,提高空气湿度,使植物叶片和花果等不会被强光灼伤,干旱地灌溉可以促进土壤有机质的分解,提高土壤肥力,但是也要注意做到合理灌溉,以免造成不必要的损失。

(二)保证苗圃园林苗木的健康成长

水分是植物生长所不可缺少的,水分缺乏会使园林苗木处于萎蔫的状态,轻者出现植物叶色变暗、边缘干而卷、叶面焦枯等症状;重者停止生长,叶片自下而上发黄变枯,落叶,甚至死亡。特别是土壤水分过多时,土壤当中的细菌会活动变得频繁,产生大量有毒的物质,并在土壤中积累,导致根系腐烂等。

(三)节约用水,降低养护成本

我国水源缺乏,而目前绝大多数园林苗圃灌溉引用的都是自来水和井水,与我们生活用水相矛盾,这样要求我们要合理用水,降低管理费用。

二、灌溉原则

要制订合理的灌溉方案,确保植物的健康生长,要求我们全面正确认识园林苗木的成长特性,注意如下原则。

(一)树种不同,需水量不同

园林苗木种类不同,需水的情况不同,不同品种需水情况也不同,根据苗木种类确定灌溉量。

(二)生长发育阶段不同,需水量不同

苗木处于不同生长发育阶段,对其水分的需求也不一样,种子萌发时期需水量大,幼苗时期,分布浅,需水少。

(三)栽植年限不同,需水量不同

苗木栽植年限的不同,其需水量情况也不一样,栽植年限越短需水量越大,刚栽植的苗木,需经常多次灌水才能保证成活。

(四)不同立地条件,需水量不同

苗木生长条件不一样,其需水情况也不一样,受气候、地形、土壤等影响。

任务实施

一、灌溉方法

园林苗圃主要的灌溉方法如下。

(一)侧方灌溉

侧方灌溉一般用于高床或高垄。水从侧面渗入床内或垄中。这种灌溉方法不易使床面或垄面产生板结,浇灌后土壤仍保持良好的通透性,有利于幼苗生长。

(二)畦灌

畦灌又称漫灌,一般用于低床或平垄。畦灌比侧方灌溉省水,但水渠占地多,灌溉速度慢,灌后造成土壤板结,灌水量不易控制等。在采用畦灌时,水不要淹没苗木的叶片。

(三)喷灌

喷灌是目前苗圃应用较多的一种灌溉方法。主要优点是省水,便于控制水量,工作效率高,灌溉均匀,节省劳力,不仅在地势平坦的地区可采用,在地形稍有不平的地方也可均匀地进行灌溉。苗圃灌溉要注意水滴应细小,防止将幼苗砸倒、根系冲出土面或溅起泥土污染叶面,影响光合作用的进行。

(四)滴灌与微喷

滴灌是通过管道把水滴到土壤表层和深层的灌溉方法。滴灌除具有喷灌的优点外,比喷灌节水30% ~50%,春季还可提高地温。但设施较复杂,投资较大。微喷是将滴灌的滴水头换成微喷喷头,使水在管道水压的作用下,以雾状喷向苗床进行灌溉的方法。微喷不但节水,还具有提高空气湿度的作用。

(五)渗灌

渗灌是借助于地下的管道系统使灌溉水在土壤毛细管作用下,自下而上湿润作物根区的灌溉方法。渗灌灌水后田面土壤仍保持疏松状态,不破坏土壤结构,不产生土壤板结,为作物生长提供良好的水、肥、气、热条件,另外渗灌管道埋入地下,可少占耕地,便于交通和田间作业,同时灌水定额小,灌水效率高,可减少能耗,节约能源。

二、排水方法

排水在育苗中与灌溉同等重要，不容忽视。排水主要是指排除因大雨或暴雨造成的苗圃地积水。在地下水位较高、盐碱严重的地区，排水还具有降低地下水位、减轻土壤盐碱含量或抑制盐碱上升的作用。

做好苗圃排水工作的关键是建立完整的排水系统。在每个作业区，每块地都应有排水沟，沟沟相连，直通总排水沟，将积水及时排除。对不耐湿的树种，应采用高床或高垄育苗，在排水不畅的地块，要增加田间排水沟。在雨季来到之前要及时整修、清理排水沟，使水流通畅；雨季应有专人负责排水工作，及时排除圃内积水，做到雨后田间不积水。排水方法主要有以下 3 种。

（一）明沟排水

明沟排水是在地面上挖掘明沟，内外联通，排除径流的方法，这也是生产中采用较多的排水方法。它常由小排水沟、支排水沟及主排水沟等组成一个完整的排水系统，位于地势最低处设置总排水沟。这种排水系统的布局多与道路走向一致，且各级排水沟的走向需相互垂直，但在两沟相交处应成锐角相交，以利于水流畅通，防止相交处沟道淤塞，且各级排水沟的纵向比降要大小有别。

（二）暗沟排水

暗沟排水是在地下埋设管道或用砖石砌沟形成地下排水系统，将地下水降到要求的深度。暗沟排水系统和明沟排水系统基本相同，也有干管、支管和排水管之别。暗沟排水的管道是由塑料管、混凝土管或瓦竹做成的。建设时，不同管道需按水力学要求的指标组合施工，以确保水流畅通，防止淤塞。暗沟排水不占地，因为设备费用较高，且检查维护比较麻烦，故应用较少。

（三）地面排水

地面排水是利用地面一定的自然坡度和水的自然重力，把土壤多余的水分排至道路边沟的办法。此种方法是目前使用最广泛的一种排水方法，也是最经济可行的一种排水方法。它是通过道路、广场等地面，汇聚雨水，然后集中至排水沟，从而避免苗木遭受水淹。不过，地面排水方法只有在设计者经过精心设计安排后，方可达到预期效果。

项目小结

园林苗木能否成活、长得好不好、能不能尽快发挥最佳环境美化效果，取决于养护管理水平的高低。为了使园林苗木生长健壮、创造各种艺术造型，必须根据园林苗木的生长发育规律，进行苗木移植、苗圃土壤管理、养分管理、水分管理和整形修剪，长期不断地进行养护管理。

思考与练习

1. 苗木移植成活的基本原理是什么？

2. 简述苗木移植方法。
3. 简述园林苗木整形修剪的程序。
4. 苗木整形修剪方法有哪些?
5. 简述苗木不同时期的修剪技艺。
6. 苗圃中常用的施肥方法有哪些?
7. 灌溉方法和排水方法主要有哪些?

技能训练

技能训练一　园林苗木移植

一、目的要求

通过本实训,使学生能够熟练掌握园林苗木的移植方法;要求学生按教师实践教学的要求把握好实践教学的各环节,最终使每个学生都能独立操作完成园林树木苗木移植的整个过程,强化学生的实践动手能力。

二、材料与工具

二年生园林树木1种、铁锹、皮尺等。

三、方法步骤

(一)整地,挖坑或开沟

先在地表均匀地撒一层有机肥,深翻后打碎土块,平整土地,划线定点。挖沟深50 ~ 60 cm,宽70 ~ 80 cm;挖坑深60 cm,直径80 cm。

(二)起苗

裸根起苗,在苗木根幅直径为30 ~ 40 cm范围之外下锹,切断周围的根系,再切断主根提苗。带土球起苗先铲除苗木根系周围的表土,以见到须根为度,然后按土球的直径为30 ~ 35 cm、厚30 cm的规格,顺次挖去规格周围之外的土壤。待四周挖好后,用草绳包扎土球,包扎好后再铲断主根;将带土球的苗木提出坑外。

(三)苗木处理

裸根苗剪短过长的根系,剪去病虫根或根系受伤的部分,同时把起苗时断根后不整齐的伤口剪齐,主根过长时将其适当剪短。带土球的苗木将土球外边露出的较大根段的伤口剪齐,过长的须根也要剪短。修根后还要对枝条进行适当修剪,对一年生枝条进行短截。

(四)栽植

每株苗用农家肥10 ~ 20 kg与表土混合后施入坑底或沟底,然后边回填边踩实,直到距地面20 ~ 30 cm为止。回填后将表面做成圆丘形,放入苗木,使根系舒展,苗干位于坑或沟的正中。种植时两人配合，一人扶苗，一人填土。填土时先用细土将根系覆盖，填土至一半时轻轻把苗木上提，踩实后再填土，边填边踩，直到与地表相平为止。苗木埋土的深度为原来的深度或稍深1 ~2 cm。埋完土后平整地面或筑土堰以便浇水。带土球的苗木放入坑中后，要先将土球的包扎物拆下取出，再在土球的外围填土。边填土边踩实，直到土球上方为止。

四、结果评价

根据实训报告进行成绩评定。

优秀——内容按要求、全面、详细、书写认真。

良好——内容按要求、全面、详细。

合格——内容按要求、全面但是不够详细。

不合格——内容不全或缺勤。

五、实训报告

根据实训情况，写出实训报告，要求掌握苗木移植技术主要注意事项，包括正确的整地、挖坑方法，正确的起苗方法，正确的苗木处理方法和正确的苗木栽植方法。

技能训练二　苗木整形修剪

一、目的要求

通过本实训，使学生能够熟练掌握园林苗木的整形修剪方法；要求学生按教师实践教学的要求把握好实践教学的各环节，最终使每个学生都能独立操作完成园林树木整形修剪的整个过程，强化学生的实践动手能力。

二、材料与工具

根据当地现有条件，选择需要修剪整形的园林植物（观花、观果类，行道树、庭荫树、绿篱等），修枝剪、长刃剪、园艺锯、梯子、绳索、卷尺等。

三、方法步骤

（一）准备

对植物进行仔细观察，了解其枝芽生长特性、植株的生长情况及冠形特点，结合实际进行修剪。

（二）选择正确的修剪方法

按顺序依次具体修剪（具体方法参见有关章节的内容）。

（三）检查

检查是否漏剪、错剪，进行补剪或纠正，维持原有冠形。

(四)整理

修剪完毕，清理现场。

四、结果评价

根据实训报告进行成绩评定。

优秀——内容按要求、全面、详细、书写认真。

良好——内容按要求、全面、详细。

合格——内容按要求、全面但是不够详细。

不合格——内容不全或缺勤。

五、实训报告

根据实训情况，写出实训报告，要求掌握正确的修剪顺序、正确的修剪方法、正确的剪口和剪口芽的处理方法和文明操作，及时清理现场。

技能训练三　苗木施肥

一、目的要求

理解苗木施肥的重要意义，熟悉肥料的种类，掌握苗木施肥方法及操作技能技巧，掌握施肥注意事项。

二、材料与工具

苗床、各种肥料、喷雾器、量筒、水桶、瓢、锄头、镐头等。

三、方法步骤

(一)施基肥

一般是在耕地前将肥料全面撒于圃地，耕地时把肥料翻入土层中，深度应在 15 ~ 17 cm。

(二)施种肥

一般以速效磷为主，用过磷酸钙制成颗粒肥与种子同时播下。

(三)施追肥

(1)撒施：在下小雨时把尿素、碳酸氢铵等肥料均匀地撒在苗床上。

(2)沟施：在苗木行间开沟，把肥料施入后覆土。开沟的深度以达到吸收根最多的层次为宜，即表土下 5 ~ 20 cm，特别是追施磷、钾肥。

(3)浇施：把经过腐熟的人粪尿或畜粪尿稀释后，均匀地撒施在苗床上，或将 0.5% 尿素水溶液撒施在苗床上。

(4)根外追肥：磷、钾肥料浓度为 1%，磷、钾比例为 3∶1，尿素浓度为 0.2% ~0.5%。用喷雾器均匀地喷洒在叶片上。

注意施肥的浓度不能过高，否则易烧叶、烧根；特别注意化肥硝酸铵不能用铁器敲击，易燃易爆；根外追肥时叶片的正反两面都要喷洒。

四、结果评价

根据实训报告进行成绩评定。

优秀——内容按要求、全面、详细、书写认真。

良好——内容按要求、全面、详细。

合格——内容按要求、全面但是不够详细。

不合格——内容不全或缺勤。

五、实训报告

根据实训情况，写出实训报告，突出各种施肥方法的操作过程及技术要点，着重指出施肥注意的事项。

项目五　苗木质量评价及出圃

【教学目标】

使学生掌握园林苗木质量评价指标，园林苗木的出圃要求，园林苗木的包装和运输中的注意事项，园林苗木的假植和贮藏技术。

任务一　园林苗木调查与质量评价

【知识点】

调查目的和要求

苗木出圃质量评价

【技能点】

调查方法

调查内容

相关知识

一、苗木调查的目的和要求

为了做好出圃计划和下一段生产计划，掌握欲出圃的苗木产量和质量数据，需在苗木地上部分停止生长后、落叶树种落叶前，按树种或品种、育苗方法、苗木年龄分别调查苗木产量、质量，为做好生产、调拨、供销计划提供依据。苗木调查要求有90%的可靠性。产量精度要达到90%以上，质量精度要达到95%以上。

二、苗木出圃质量评价

苗木是园林绿化建设的物质基础，质量优良的苗木，栽植后成活率高，扎根早，生长快，抵抗力强。因此，必须确保出圃苗木为优质壮苗，才能在园林绿化中充分发挥其绿化效果和观赏价值。有些地区和部门非常重视出圃苗木的质量标准，如北京市园林局提出"五不出"的严格要求，即不够规格的不出，树形不好的不出，根系不完整的不出，有严重病虫害的不出，有机械损伤的不出。

（一）苗木质量的内涵及出圃的质量要求

从宏观角度理解苗木质量，应涉及两方面内容：一是遗传品质（ genetic quality ），二是苗木离开苗圃时的苗体品质（ physical quality ）。遗传品质的改良是一个长期的育种过程，而苗体品质的改良可以在一到两个生产季节内完成。

1. 遗传品质

苗木遗传品质主要是指繁殖材料(包括种子及其他无性繁殖材料)的遗传特性,是指苗木在某一个或多个遗传性状上的特殊性,如速生、抗旱、抗病或抗虫等。一般来说,苗木的遗传品质取决于其种源和遗传多样性。

1)种源

苗木亲本的性状特点高度影响其生长发育,种子遗传品质决定了树木的生长状况。由于树木比作物或动物的生长周期长,所以投入(劳动力、土地和资金)的回报期就长,这就更体现了选择高遗传品质种子的重要性。

2)遗传多样性

丰富的遗传多样性不仅能使后代适应多变的环境,较宽的遗传基础还可以保证未来不因遗传基础狭窄而影响异花授粉(多数树种是异花授粉而不是自花授粉)。为此,为保障种子质量,应采集充分成熟的种子或果实,而且至少要从30株母树上采集,并保证母树间距离至少在100 m以上。如果是商业种子,应要求种子商提供一些信息,如种源等。

2. 苗体品质

苗体品质是指苗木离开苗圃时的状况。苗木质量应包括性能特征和材料特征两方面。苗木性能是指根生长势、抗冻、抗寒等生理指标,材料特征是指芽休眠、水势、营养及苗木的形态指标等。在众多衡量苗木质量的指标里,由于形态指标观察和测量容易,因此用形态指标衡量苗木质量的方法已被广泛接受。形态指标是指苗高、地径、根系、健康、感病等。优质苗木需具备以下特征:健康、生长旺盛,且不感病;主干强健,自由伸展;茎坚硬,地径较大;冠匀称、浓密;根系自由伸展,不弯曲;根系发达,细、纤维状的根较多,且有根生长点;地上部分和底下部分较均衡;叶子健康、深色绿;能忍耐短期干旱;习惯全光照。

生产中要考虑主要指标,如根系是苗木质量的一个重要指标,但因其分布于地下故不得而知。但研究发现,地径与苗木根系、根系干重、苗冠干重、苗木总干重都成正相关,因此可以通过地径这一容易获得的指标来衡量根系及其他指标。另外,可以用苗木的冠根比来衡量苗木质量,较好的冠根比能反映苗木健壮程度,数值一般在1∶1～1∶2。另一个非破坏性的苗木质量测定方法是高径比,即"健壮指数",用苗高(cm)和地径(mm)的商表示,充分考虑苗高和地径两个指标。健壮指数较小则表明苗木健壮,有较高的期望成活率,特别是在干旱地或者风蚀地。健壮指数一般不应高于6 。我国现行苗木质量标准所用的指标主要有苗高、地径、相对苗高(高径比)、根系发育状况、苗木重量、冠根比(茎根比)、病虫害和机械损伤等。

1)苗高

苗高是指苗木从根颈到顶梢的高度,是苗木分级的重要根据之一。优良的苗木应具有一定的高度。如果苗木高度达不到要求的标准,则属等外苗。但因徒长而造成苗木生长细高,则属于生长不正常。

2)地径(根径)

地径是指苗木主干靠近地面处的根颈部直径,通常称为地际直径或根径。它是苗木地上部与地下部的分界线。一般在苗龄和苗高相同的情况下,地径越粗的苗木质量越好,栽植成活率越高。据调查,地径与根系的发育状况及苗木的其他质量指标成正相关。所以,地径能够比较全面地反映出苗木的质量,是评定苗木质量的重要指标。一般生产上主要根据苗高和地径两个指标来进行苗木分级。

3)相对苗高(高径比)

相对苗高为苗高与苗木地径之比。在苗高相同的情况下,地径越大则相对苗高的数值越小,说明苗木粗壮。不同树种相对苗高具有很大差异,如核桃、栋类等树种播种苗相对苗高的数值比较小,而杨树等数值则比较大。同一树种,由于育苗技术和圃地条件的影响,相对苗高的数值也不完全一样,如油松移植苗,因根系发达,地径较粗,相对苗高数值较小;油松留床苗则因根系发育较差,地径较细,地上部生长旺盛,因而相对苗高数值较大。又如,苗木过度遮阴或追施氮肥过多,容易引起苗木徒长,往往相对苗高的数值过大,苗木细长,发育不匀称,质量较差。

4)根系发育状况

苗木根系包括主根、侧根和须根。调查根系发育要测定主根长度,统计侧根条数,量出根幅大小。苗木的主根长度对栽植成活率和栽植后幼树生长都有一定影响,如侧柏1年生播种苗试验证明,主根20 cm比10 cm的苗木栽植后成活率高5.5%,高生长增加34.8%,径生长加粗31%。所以,起苗时要保持一定的根长,根系不宜剪得太短。但主根过长栽植困难,容易造成根系卷曲、窝根打辫或根系露出地面,影响栽植成活率和栽植后幼苗生长。

针叶树播种苗主根长度不应小于18~20 cm,阔叶树种播种苗不应小于20~25 cm。侧、须根数量较多,根幅较大为苗木根系发达的标志。

5)苗木重量

苗木重量包括苗木总重量、地上部分重量和根系的重量,通常以克来表示。苗木愈重,说明苗木组织充实,生育健壮,苗木体内贮藏的营养物质多,品质优良。

6)冠根比(茎根比)

冠根比(或茎根比)是指苗木地上部与地下部重量之比。冠根比值的大小反映出地下部根系与地上部苗茎生长的均衡程度。在同一树种、同一苗龄的情况下,冠根比值小,表明苗木根系发育良好,根系多、粗壮,栽植后容易成活。

冠根比因树种而异,根系发达的树种则苗木冠根比小。同一树种的冠根比随苗龄的增加而增大。同时,也受环境条件和育苗技术的影响而发生变化。苗木密度过大或过度遮阴,由于光照不足而降低光合作用,使茎叶徒长,供给根系的有机养料减少;土壤通气不良,影响根的呼吸作用,根系生长减缓,都会造成冠根比增大。增施磷肥则有利于促进根系生长,因而冠根比值变小。

7)病虫害

出圃的苗木必须无病虫害,包括树体和根系的病虫害,尤其对带有危害性极大的病虫害苗木必须严禁出圃,以防止定植后,生长不好、树势衰弱、树形不整等而影响绿化效果。

在生产上评定苗木的质量时,对于上述各项苗木质量指标必须加以全面的综合考虑。然后根据各地苗圃的实际情况和各树种的特点制定出苗木出圃的规格标准。

出圃的优良苗木应具有一定高度,苗干粗壮通直,充分木质化而无徒长现象,根系发达，侧须根多，冠根比值小，无病虫害和机械损伤，色泽正常，针叶树种要具有发育正常的饱满顶芽。总之，出圃的园林苗木应是生长健壮、树形完整、骨架基础良好的苗木，才能充分发挥其观赏价值和园林绿化的效果。

（二）苗木出圃的规格要求

除苗木出圃的质量要求外，各地根据苗木的不同特性和用途，还制定了一些相应的规格要求。如行道树特别要求主干粗壮、通直，分枝高度适当、均匀，树冠圆满；庭荫树要求其苗木必须具有良好的干形、冠形；对松、杉、柏科的植物，如银杉、金钱松、水杉、南洋杉、圆柏等，则要求具有发达的根系和发育良好无损伤的顶芽；供人工造型用的苗木和草皮植物，其苗木出圃规格也可按不同要求和用途制定。现将北京市园林局对出圃规格标准介绍如下，如表 5-1 所示。

表 5-1　苗木出圃的规格标准

苗木类别	代表树种	出圃苗木的最低标准	备注
大中型落叶乔木	毛白杨、国槐、元宝枫、合欢	要求树形良好，干直立、胸际直径 3 cm 以上（行道树在 4 cm 以上），分枝点在 2.0～2.2 m 以上	干径每增加 0.5 cm 提高一个规格级
有主干的果树、单干式灌木、小型落叶乔木	苹果、柿树、榆叶梅、紫叶李、西府海棠、碧桃	要求主干上端树冠丰满，地际直径在 2.5 cm 以上	地径每增加 0.5 cm 提高一个规格级
多干式灌木	丁香、黄刺玫、珍珠梅	要求地际分枝处有 3 个以上分布均匀的主枝，出圃高度在 80 cm以上	高度每增加 30 cm 提高一个规格级
	紫薇、玫瑰、棣棠、木香	要求地际分枝处有 3 个以上分布均匀的主枝，出圃高度在 50 cm以上	高度每增加 20 cm 提高一个规格级
	月季、郁李、小檗	要求地际分枝处有 3 个以上分布均匀的主枝，出圃高度在 30 cm以上	高度每增加 10 cm 提高一个规格级
绿篱苗木	小叶黄杨、侧柏	要求树势旺盛、全株成丛、基部丰满，灌丛直径 20 cm 以上，高 50 cm 以上	高度每增加 20 cm 提高一个规格级
攀缘类苗木	地锦、凌霄、葡萄	要求生长旺盛、枝蔓发育充实、腋芽饱满、根系发达	以苗龄为出圃标准，每增加一年提高一个规格级
人工造型苗	黄杨球、龙柏球	出圃规格不统一，应按不同要求和用途制定	

任务实施

一、调查方法

园林苗木调查常以胸径或地径、苗高、枝下高、冠幅等作为质量标准。

苗高调查时可用钢卷尺或标杆进行测量，如苗木过高，可用测高仪进行测量。胸径又称胸高直径，指距地面 1.3 m 处的苗干直径；地径又称地际直径，指近地面处苗干直径。胸径和地径常用 cm 来表示，可用游标卡尺或胸径尺进行测量。枝下高指地面至苗木最下一个分枝处的高度，常用 m 表示；冠幅指苗木树冠的平均直径，即树冠垂直地面投影的平均直径，常用 m 表示。一般取树冠东西方向直径和南北方向直径的平均值。

在苗木调查前，首先查阅育苗技术档案中记载的各种苗木的育苗技术措施，并到各生产区查看，以便确定各个调查区的范围和采用的方法。凡是树种、苗龄、育苗方式方法及抚育措施、绿化用途相同的苗木，可划为一个调查区。从调查区中抽取样地，逐株调查苗木的各项质量指标及苗木数量，最后根据样地面积和调查区面积，计算出单位面积的产苗量和调查区的总产苗量。最后统计出全圃各类苗木的产量与质量。抽样的面积为调查苗木总面积的2% ~4% 。常用的调查方法有以下几种。

（一）标准地法

标准地法适用于苗床育苗、播种的小苗。

在调查区内随机抽取 1 m^2 的标准地块若干，在标准地上逐株调查苗木的数量和质量指标，计算出每平方米苗木的平均数量和质量，进而推算出该类苗木的产量和质量状况。

（二）标准行法

标准行法适用于移植区、部分大苗区及扦插区等。

在要调查的苗木生产区中，选取某一数字的倍数的种植行或垄作为标准行，在标准行上选出有代表性的一定长度的地段进行苗木质量和数量的调查，计算出调查地段的总长度和单位长度的长苗量，以此推算出单位面积的产苗量和质量，进而推算出该类苗木的总的质量和产苗量。

（三）准确调查法

对于数量较少或较为珍贵的苗木的调查，常按种植行清点株数，抽样测量苗木各项质量指标并求出此类苗木平均值，以掌握苗木的数量和质量状况。

（四）抽样调查法

抽样调查法是指在某类苗木的生产地块中选取在数量和质量上有代表性的种植行或种植地块进行调查。在苗木生产区，采用机械抽样法或随机抽样法，每隔一定距离抽取一个样地，样地的大小根据苗木和株行距决定，一般为 1 m^2 或 100 m^2，逐株测量其胸径（地径）、苗高、枝下高、冠幅等，统计计算平均每个样地的苗木数量和质量，然后推算出全生产区苗木的数量和质量。

机械抽样法即先随机确定起始点，然后以相等距离均匀分布各样地；随机抽样法是自始至终利用随机数表决定样地的位置。

1. 样地数量

样地数量的多少，直接影响调查精度和调查工作。样地越多，精度越高，同时，调查工作量越大。以满足精度要求的最少样地数为宜。一般密度均匀，苗木生长整齐则样地宜少；否则样地宜多。常用经验数字法预估样地数量。

2. 样地形状

苗木调查一般是抽取有代表性的、小面积的地段作为调查单元，这些小面积地段称为样地。样地按形状分为方形、线形、圆形，通常又称为样方、样段和样圆。

样地的大小取决于苗木密度、育苗方法和要求测量苗木质量的株数等条件。苗木密植的宜小，苗木稀植的宜大；播种育苗宜小，扦插和移植苗宜大；精度要求高或苗木不整齐的宜大，反之宜小。

3. 统计计算

根据苗木各样地调查的数据，分别计算样地平均株数、平均胸径或地径、平均苗高、平均枝下高、平均冠幅等，并计算误差和精度。

二、调查内容

调查苗木，主要针对苗木高度、地径或胸径、冠幅和苗木的数量等指标。调查过程中常按不同树种、不同育苗方法、不同种类和苗龄分别进行调查、记载、计算并分析数据，然后将各类苗木分别统计归纳，汇总写进苗木调查统计表（见表5-2），然后进行统计，并将有病虫害、机械损伤、畸形、双顶芽的苗木同时调查，分别记载。

表5-2　苗木调查统计表

作业区号	树种	苗龄	质　量				株数	面积	备注
			苗高	主干高	胸径/地径	冠幅			

调查人：　　　　　　　　　　　　　　　　　调查日期：　年　月　日

任务二　苗木的掘取与分级

【知识点】

掘苗季节

苗木分级

【技能点】

掘苗方法

苗木分级方法

相关知识

一、掘苗季节

起苗时间主要根据各树种苗木的生物学特性来确定,同时,要与园林绿化栽植的时期紧密配合,有时还要兼顾到苗圃的整地作业时间。在我国大部分地区,植物生长随季节变化而有所不同,为保证苗木的移植成活率,应选择在苗木新陈代谢相对较为缓慢的时期进行起苗工作。一般来说,落叶树种的起苗常选择在秋季落叶后或春季萌芽前的休眠期进行,也有些树种可在雨季进行;常绿树种的起苗,北方地区大都在雨季或春季进行,南方则在春季气温转暖后的3~4月或秋季气温转凉后的10月后及雨季进行。

确定具体的起苗时间,要考虑到当地气候特点、土壤条件(如春季短、道路泥泞等)、树种特性(发芽早晚、越冬假植难易等)和经营管理上的要求(如劳力安排和育苗地使用情况)。

(一)秋季起苗

多数园林绿化树种均可秋季起苗,尤其是春季发芽早的树种(如落叶松、水杉等)应在秋季起苗。而油松、黑松、侧柏、云杉、冷杉等常绿针叶树种也可以秋季起苗,但是最好随栽随起苗。秋季起苗一般在地上部停止生长、开始落叶时进行,此时根系仍在缓慢生长,起苗后及时栽植有利于根系伤口愈合。

(二)春季起苗

针叶树种、常绿阔叶树种及不适合于长期假植的根部含水量较多的落叶阔叶树种(如榆树、枫树、泡桐等)的苗木适宜春季起苗,随起苗随栽植。春季起苗宜早,否则芽苞萌动,将降低苗木成活率,同时,也影响圃地春季生产作业。

(三)雨季起苗

春季干旱风大的西部、西北部地区,有时对常绿针叶树种苗木也可在雨季起苗,随起苗随栽植,可提高苗木栽植成活率。

二、苗木分级

苗木分级的目的是使出圃的苗木合乎规格标准,使苗木栽植后生长整齐。根据苗木主要质量指标(苗高、地径、根系、病虫害和机械损伤等),可将苗木分为成苗(标准苗或合格苗)、幼苗(不合格苗,未达出圃规格,需继续培育)和废苗(是指不能用于造林、绿化,也无培养前途的断顶针叶苗,病虫害苗和缺根、伤茎苗等)三类。其中成苗又可分为两级,即1级苗和亚级苗。分级时要严格掌握分级标准。成苗中的1级苗一般应具备以下条件:苗干粗壮端直,具有一定高度,充分木质化,无徒长现象,枝叶繁茂,色泽正常;根系发达,主根粗壮,具有一定长度,侧、须根较多,根幅大;具有饱满的顶芽,尤其针叶树苗木必须具有饱满正常的顶芽,这是分级的重要指标之一;苗木重量大,冠根比值小,无病虫害和机械损伤。

除上述要求外,一些特种整形的园林观赏树种苗木,还有一些特殊的规格要求,如行道树要求分枝点有一定高度;果树苗则要求骨架牢固,主枝分支角度大,接口愈合牢靠,品种优良等。

园林苗木种类繁多,规格要求不同,目前各地尚无统一和标准化要求,一般都根据苗龄、高度、地径、冠幅来进行分级。

在苗木分级时注意剔除不合格的苗木,这些苗木有的可以继续留在苗圃培育,质量太差的废苗加以淘汰。

苗木统计一般与分级工作同时进行。选择背阴避风处(或搭遮阴棚),边分级边统计,尽量做到随起苗、随分级、随假植,以免苗根被风吹日晒而干枯。按分级规格标准分别计数,对于小苗也可用称重法称一定数量的苗木,再推算出各类苗木的总量。

任务实施

一、掘苗方法

(一)人工起苗

1. 裸根起苗

绝大多数落叶树种和容易成活的针叶树小苗均可裸根起苗。

对于不带土裸根小苗,采用手工起苗时,先沿着苗行方向,距苗行 20 cm 处挖一条沟,深度可依起苗深度而定(播种苗可达 30 ~ 35 cm),在沟壁下部挖出斜槽,距地面 25 cm 左右切断苗根,再从苗行中间插锹,把切断根的苗木推入沟中,即可取出苗木。

起大苗时可以带土或不带土,一般落叶阔叶树种休眠时起大苗时不带土坨,即裸根大苗。起苗时,宜单株挖掘;保留的主根长度和侧根幅度,主要取决于树种特性、苗木大小、根系再生能力的强弱等。生产上常常以苗木地际直径(根径)的粗细 8 ~ 10 倍为标准,确定挖根的深度和幅度大小。

2. 带土球起苗

针叶树种、常绿阔叶树种、珍稀苗木、生长期大苗应带土球起苗。凡带土坨起苗,土球的大小应适宜,太大浪费人力物力且容易造成散球,太小伤根过多,都不利于苗木的成活。一般土球的直径约为地际直径的 10 倍,土球高度约为直径的 2/3,原则上要尽量保持主要根系的完整。土球的大小,因苗木大小、根系分布情况、树种成活难易、土壤质地等条件而异。苗木成活难的、根系分布广的土球应大一些。

起苗时先用草绳将树冠捆好,再将苗木主干周围没有根生长的表面浮土铲去,以减轻土球不必要的重量。在规定带土球大小的外围挖一条操作沟,沟深同土球高度,沟壁垂直。达到所需深度后,向内斜削,将土球表面修平,使土球上大下小呈锅底状。挖掘时,遇到细根可用铁锹铲断,粗根要用枝剪或手锯锯断。修好土球后,用锹从土球底部斜着向内切断主根,使土球与地底分开,用蒲包、稻草、草绳等将土球包扎好。打包的形式和草绳捆扎的密度视土球大小和运输距离的长短而定。土球大的、运输距离远的,要捆得牢固一些,土球小的或近距离的可以用较简便的包扎。

人工起苗在园林苗圃生产上应用较广泛,主要是方法简便,特别是小型苗圃采用的较多,但效率低,需要劳动力多,劳动强度大,而且起苗质量也不理想,苗木损伤较多。

(二)机械起苗

目前,在我国有条件的大中型园林苗圃多采用机械起苗。

一般由拖拉机牵引床式或垄式起苗犁起苗,不仅起苗效率高,节省劳力,减轻劳动强度,而且起苗质量好,很少损伤苗木,又降低成本,是今后各地值得推广使用的发展方向。

起苗技术要求:

(1)起苗时应有一定深度和幅度,不损伤根皮,不撕断侧根和须根。不损伤地上枝干,做到枝干不断裂,树皮不碰伤。常绿树种保护好顶芽,保证达到对苗木规定的标准。

(2)保持圃地良好墒情。土壤干旱时,起苗前一周适量灌水。苗木随起、随分级、随假植,及时统计数字。裸根苗应进行根系蘸浆。需带土球苗木起后及时按要求包扎。有条件的可喷洒蒸腾抑制剂保护苗木,最大限度地减少根系、枝条水分的损失。

(3)适量修剪过长及劈裂根系,处理病虫感染根系,按要求对主干、侧枝进行修剪或包扎捆绑(常绿树种)。

(4)清除病虫危害苗木,按林木植物检疫要求进行处理,尤其是有危险性病虫害的苗木,如根瘤、天牛危害的苗木,要集中处理,防止感染危害其他苗木。

二、苗木分级方法

苗木起出后进行简单的修剪,按规定的标准分级。按分级同等规格打捆,如大规格的可 10 ~ 20 株一捆,小规格的可 30 ~ 50 株一捆。打捆后,准备假植、出圃或栽植。某一树种,一般可分为 3 ~ 4 个等级,对小规格的苗木如桧柏、黄杨(一年生小苗)可按高度分级,适当照顾干径;大规格的苗木以干径粗度为主,适当照顾高度。分级时对劣苗应严格剔除,列为等外苗另行处理。出圃的苗木规格因树种、地区和用途不同而有差异,除一些特种整形的观赏苗木外,一般优良乔木的要求如下:根系发达,主根不弯曲,侧根须根多;苗木粗壮、通直、圆满均匀,并有一定高度,枝梢充分木质化,顶芽完整健壮;根茎较粗;没有病虫害和机械损伤。

任务三 苗木的检疫与消毒

【知识点】

苗木检疫意义

【技能点】

苗木检疫方法

苗木消毒方法

相关知识

苗木检疫意义

历史上大量事实证明，许多有害生物，包括各种植物病原物及有关的传病媒介、植食性昆虫、螨类和软体动物、对植物有害的杂草等，可以通过各种人为的因素，特别是通过异地调运种苗的途径，进行远距离传播和大范围扩散。这些有害生物一旦传入新的地区，如果条件适宜，就有可能大量繁殖，危害原先生态系统，造成无法挽回的损失。园林苗木检疫的目的就是国家以法律和行政手段，防止危害苗木的各类病虫害、有害生物在运输的过程中发生传播。如果发现某些检疫对象，应停止调运并进行彻底消毒，以避免本地区的有害生物扩散到其他地区。

在我国由于检疫失误而造成巨大损失和绵绵后患的事例也不鲜见。从国外传入的危害性生物如美国白蛾、榆枯萎病、地中海实蝇、松突圆蚧等危险性病虫，以及毒麦、一枝黄花、凤眼莲、大米草等危险性杂草，不仅在过去，今后也将是我国植物生产的严重灾害。

随着贸易全球化的进程，种苗的异地交流更为频繁，客观上使得人为传播病、虫、草害比以往更加容易。因此，在当今社会，通过对植物种苗的检疫来防止危险性病、虫、草害也较之以往更加困难、重要。

任务实施

一、苗木检疫方法

与通常的植物检疫一样，苗木检疫不是一个单项的措施，而是一系列措施所构成的综合管理体系。

这些管理措施有：划分疫区和保护区，建立无检疫对象的种苗繁育基地，产地检疫，调运检疫，邮寄物品检疫，从国外引进种苗等繁殖材料的审批和引进后的隔离试种检疫等。这些措施贯彻于苗木生产、流通和使用的全过程，它既包括对检疫病虫的管理，也包括对检疫病虫的载体及应检物品流通的管理，以及对与苗木检疫有关的人员的管理。从植物繁殖的任务来看，以上措施中与其直接相关的主要是产地检疫与调运检疫。

（一）产地检疫

通常所说的产地检疫，是指植检人员对申请检疫的单位或个人的种子、苗木等繁殖材料，在原产地进行的检查、检验和除害处理，以及根据检查和处理结果作出评审意见。其主要目的是，查清种苗产地检疫对象的种类、危害情况及它们的发生、发展情况，并根据情况采取积极的除害处理，把检疫对象消灭在种苗生长期间或在调运之前。经产地检疫确认没有检疫对象和应检病虫的种子、苗木或其他繁殖材料，发给产地检疫合格证，在调运时不再进行检疫，而凭产地检疫合格证直接换取植物检疫证书；不合格者，不发产地检疫合格证，不能作种用外调。

产地检疫的具体做法和要求是，种苗生产单位或个人事先应向所在地的植检机关申报并填写申请表，然后植检机关根据不同的植物种类、病虫对象等决定产地检疫的时间和次数。如果是要建立新的种苗基地，则在基地的地址选择、所用种子、苗木繁殖材料及非繁殖材料（如土壤、防风林等）的选取和消毒处理等方面，都应按植检法规的规定和植检人员的指导进行。

植检人员在进行产地检疫时，先进行田间调查，必要时候要进行室内检验或鉴定。检验和检疫时要注意取样的代表性和要有足够的取样数量。对检出有检疫对象或应检病虫的，应就地处理；凡能通过消毒或灭虫处理达到除害目的的，进行消毒或灭虫处理，处理后复检合格的，可发给产地检疫合格证；对无法进行消毒、灭虫等除害处理，或处理后复检不合格的，不发给产地检疫合格证，不能外运。

苗木产地检疫，是防止有害生物随同苗木流通进行远距离传播的有效措施。我国已制订并颁布了种苗产地检疫规程。各地在进行苗木生产时，应该认真执行。

（二）调运检疫

调运检疫也称为关卡检疫，是指对种苗等繁殖材料及其他应检物品在调离原产地之前、调运途中和到达新的种植地之后，根据国家和地方政府颁布的检疫法规，由植检人员对其进行的检疫检验和验后处理。

调运检疫与产地检疫的关系至为密切，产地检疫能有效地为调运检疫减少疫情，调运检疫又促使一些生产者主动采取产地检疫。调运检疫一般按以下程序进行：

1. 准备工作

审核受理报检单；查询种苗情况和资料，分析疫情，明确检疫要求，准备检疫工具，确定检疫的时间、地点和方法。

2. 现场检疫

检查货单、货物是否相符，核对货物名称、数量和来源；对苗木、接穗、插条、花卉等繁殖材料，按总量的5%～10%抽取样品，对抽取的样品逐株进行检查。

3. 室内检疫

对代表样品和病、虫、杂草材料，按病原物和害虫的生物学特性、传播方式采取相应的检疫检验方法，进行检验和鉴定。

4. 评定与签证

现场检疫和室内检疫结束后，按照国家植物检疫法令、植检双边协定和对外贸易合同条款等规定，作出正确的检疫结论，并分别签发检疫放行单（或加盖放行章）、检疫处理通知单、检疫证书和检验证书等有关单证。

二、苗木消毒

苗木挖起后，经选苗分级、检疫检验，除对有检疫对象和应检病虫的苗木，必须按国家植物检疫法令、植物检疫双边协定和贸易合同条款等规定，进行消毒、灭虫或销毁处理外，对其他苗木也应进行消毒灭虫处理。苗木消毒方法有如下几种。

（一）热水处理

这种方法能够去除各种有害生物，包括线虫、病菌及一些螨类、昆虫和红蜘蛛。进行热水处理时，所采用的温度与时间的组合必须既能杀死有害生物，又不能超出处理材料的耐受范围。当温度接近有害生物致死点与寄主受损开始点之间时，必须精确控制水温。在大部分情况下，还需留有使所有材料升至处理温度的时间，并确保每一植物材料内部达到所要求的温度。

（二）药剂浸渍或喷洒

常用的药剂可分为杀菌剂和杀虫剂。

杀菌剂是一类对真菌或细菌具有抑制或杀灭作用的有毒物质。常见的药剂有石灰硫黄合剂、波尔多液、升汞溶液、代森锌、甲基托布津、多菌灵等。例如，苗木或种子数量较少时，可用0.1%升汞溶液浸泡20 min，水洗1～2次，或用硫酸铜∶石灰∶水＝1∶1∶100波尔多液浸渍10～20 min，用清水冲洗根部。

杀虫剂的种类较多，包括无机杀虫剂如砷酸铅、硫黄制剂等，有机杀虫剂如除虫菊、石油乳剂、有机氯杀虫剂、有机磷杀虫剂等，以及专门用来防治植食性螨类的杀螨剂。在使用时，根据除治对象进行选择。

（三）药剂熏蒸

药剂熏蒸是在密闭的条件下，利用熏蒸药剂气化后的有毒气体杀灭种子、苗木等繁殖材料及土壤、包装等非繁殖材料中的害虫的处理方法。由于施用费用较低，施药方法简便，能够彻底杀灭处于任何发育阶段的害虫，因此是当前苗木消毒最为常用的方法。

药剂熏蒸的方式有常压熏蒸和减压（真空）熏蒸。常压熏蒸适用于除治苗木表面害虫，减压熏蒸用于除治植物内部取食的害虫，对某些娇嫩的植物材料不能采用真空熏蒸。

熏蒸剂的种类有很多，常用于苗木消毒的有溴甲烷（MB）和氢氰酸（HCN）。

药剂熏蒸是一项技术性很强的工作，使用的熏蒸剂对人体都有很强的毒性。工作人员必须认真遵守操作规程，要特别注意安全，以免中毒事件的发生。

任务四　苗木包装与运输

【知识点】

苗木包装与运输原则

【技能点】

苗木包装方法

苗木运输

相关知识

一、苗木包装与运输原则

（一）苗木包装

裸根苗在长途运输或贮藏时，必须将苗根进行妥善保水处理，并将苗木细致包装，同时在运输途中不断检查根系状况，其主要目的是尽量减少苗木失水，提高栽植成活率，同时包装整齐的苗木也便于搬运、装御，避免机械损伤。包装前常用苗木蘸根剂、保水剂或泥浆处理根系，保持苗木水分平衡。也可通过喷施蒸腾抑制剂处理苗木，减少水分丧失。

常用的包装材料有聚乙烯袋、聚乙烯编织袋、草包、麻袋、用木板木条胶合板纤维板制成的木箱等。但是，除聚乙烯袋外，这些材料保水性能差，而聚乙烯透气性能差。美国有商品化苗木包装材料销售，它是在牛皮纸内层涂一层蜡层，既有良好的保水性，又有较强的透气性。苗木保鲜袋是目前较为理想的苗木包装材料，它由三层性能各异的薄膜复合而成，外层为高反射层，光反射率达50%以上；中层为遮光层，能吸收外层透过的光线达98%；内层为保鲜层，能缓释出抑制病菌生长的物质，防止病害发生，且这种苗木保鲜袋可重复多次使用。

（二）运输原则

以苗根不失水为原则。如果是短距离运输，苗木可散放在筐篓中，在筐底铺上一层湿润物，筐装满后在苗木上面再盖上一层湿润物即可。如果长距离运输，裸根苗苗根一定要蘸泥浆，带土球的苗要在枝叶上喷水。使用湿苫布或遮阳网将苗木盖上效果会更好。

无论是长距离还是短距离运输，要经常检查包装内的湿度和温度，以免湿度和温度不符合植物运输要求。如果包内温度过高，可将包打开，适当通风，并更换保湿物质以免发热；若发现湿度不够，应适当加水。另外，运苗时应选用速度快的运输工具，以便缩短运输时间；有条件的还可用特制的冷藏车来运输。

任务实施

一、苗木包装方法

苗木包装可使用包装机或手工包装。

包装时先将湿润物放在包装材料上，然后将苗木根对根放在上面，并在根间加些湿润物（如苔藓、湿稻草、湿麦秸等）；或者将苗木的根部蘸满泥浆。当每个包装的苗木数量达到一定要求时，用包装物将苗木捆扎成卷。捆扎时，在苗木根部的四周和包装材料之间，应包裹或填充均匀而又有一定厚度的湿润物。捆扎不宜太紧，以利通气，小裸苗也可用同样的办法。针叶和大部分常绿阔叶树种的苗木因有大量枝叶，蒸腾量较大，起苗时如损伤了较多的根系，在起苗后和定植初期苗木容易失水过多而导致死亡，因此这类树木的大苗起苗时要带土球。为了防止土球碎散，挖好土球后要立即用塑料膜、蒲包、草包和草绳等进行包装；或用木箱对珍贵树种的苗木土球进行包装。包装时应在材料外附上标签，注明树种的苗龄、苗木数量、等级、苗圃名称等。

二、苗木运输

城市交通情况复杂，如树苗超高、超长或超宽，应事先办好必要的手续。运输途中，押运人员要和司机配合好，保证行车平稳，尽量缩短途中时间。短途运苗中途不停车休息；长途运苗应定期给根部洒水；中途停车应停于有遮阴的场所；遇到刹车绳松散、苫布不严、树梢拖地等情况应及时停车处理。

(一)裸根苗的装车方法及要求

装车不宜过高过重,以免压伤树枝和树根;树梢不宜拖地,必要时用绳子围拴吊拢起来;绳子与树身有接触的部分,要用蒲包垫好,以防损伤干皮。卡车后箱板上应铺垫草袋、蒲包等物,以免擦伤树皮,碰坏树根,装裸根乔木应树根朝前、树梢向后,顺序码放。长途运苗最好用苫布将树根盖严捆好,这样可以减少树根失水。

(二)带土球苗装车方法与要求

树高 2 m 以下的苗木,可以直立装车;2 m 以上的树苗,应斜放或平放在车厢板上,土球朝前、树梢向后,立支架将树冠支稳,以免在行车时因树冠晃摇造成散坨。如果土球规格较大,直径超过 60 cm 只能码 1 层,小土球则可码放 2 ~3 层。土球之间要码紧,也可使用木块或砖头支垫以防土球晃动。土球上不准站人或压放重物。

任务五　苗木假植和贮藏

【知识点】

假植与贮藏意义

【技能点】

假植

低温贮藏

相关知识

假植与贮藏目的

假植和贮藏苗木是为了保持苗木质量,减少苗木失水,防止发霉和冻害,最大限度地保持苗木的生命力。现用的苗木贮藏方法主要有假植和低温贮藏。

任务实施

一、假植

假植是将园林植物的根系用湿润的土壤暂时培埋起来、防止根系干燥的操作。

根据假植时间的长短,可分为临时假植和越冬假植两种。在起苗后或栽植前进行的假植,叫做临时假植,也称为短期假植,将苗木根部或苗干下部临时埋在湿润的土中即可,一般时间为 5 ~10 d。当秋季起苗后,苗木要通过假植越冬时,叫做越冬假植,也称为长期假植。

(一)越冬假植(长期假植)

1. 假植地点

应选择地势较高、排水良好、背风、便于管理和不影响翌春作业的地方。切忌选在低洼地或土壤过于干燥的地方假植,以防苗根霉烂或干燥。

2. 假植时间

北方地区在10月下旬至11月上旬立冬前后假植为宜。假植过早,因地温高苗木容易发热霉烂,造成损失。但也要避免因假植过晚使苗木冻在地里。

3. 假植顺序

一般先阔叶树苗,后针叶树苗。由于刺槐、槐树、锦鸡儿等豆科树种苗木耐寒力较弱,根部水分较多,又有根瘤,既怕冻又怕地温高,因此假植不宜过早,可以在最后结冻前一两天假植。

4. 假植方法

育苗面积较小时,假植苗木数量不多,可以采取人工挖假植沟假植。即在选定的假植地点,用铁锹挖一条与主风方向垂直的假植沟(如东西向)。沟的规格因苗木的规格不同而异,播种苗一般深、宽各30~35 cm。将沟内挖出的土放于沟的一侧(如南侧),堆成45°的斜坡,迎风面的沟壁也做成45°的斜壁。然后,将苗木单株均匀地摆于斜壁上(苗梢向南),使苗木根部在沟内舒展开,苗木根径略低于地表。最后,用下一条沟中挖出的湿土将苗根及苗径的下半部盖严、踩实,使根系与土壤密接。

假植时要做到单摆(或小束)、深埋、踩实,使根土密接。假植地上隔一定距离留出步道。假植均要分区、分树种、定数量(每几百株或几千株做一标记),在地头上插标牌,注明树种、苗龄、种类、数量、假植时间等内容,并绘出平面示意图以便于管理。

假植面积较大时,可采用大犁假植的方法。先用犁在整好的假植地上膛沟,每条沟要往复两次,第一次不要过深,第二次要达到要求深度(30~35 cm),再用人工清理一下沟底,将翻出的土堆在南侧,呈45°坡。然后往沟内摆放苗木,再用犁开第2条假植沟,翻出的土作为第一条假植沟的第一次培土,随翻随踩实,最后覆膜第二条沟,作为第二次培土,再踩实,清沟底时略培浮土。依次类推,直至假植完为止。每隔10~15条假植沟留一条步道,以便检查管理。

假植期间要经常检查,发现覆土下沉要及时培土。春季化冻前要清除积雪,以防雪化浸苗。如早春苗木未能及时出圃栽植,为了抑制苗木的发芽,可用席子或稻草、秸秆等覆盖遮阴,降低温度,适当推迟苗木的萌发。

(二)临时假植

临时假植与长期假植基本要求略同,只是在假植的方向、长度、集中情况等要求不那样严格。由于假植时间短,对较小的苗木允许成束地排列,不强调单摆,根系舒展,但也要做到深埋、踩实。

(三)假植的注意事项

(1)假植沟的位置:应选在背风处,以防抽条;背阴处,防止春季栽植前发芽,影响成活;地势高排水良好的地方,以防冬季降水时沟内积水。

(2)根系的覆土厚度:既不能太厚,也不能太薄。一般覆土厚度在20 cm左右。

(3)沟内的土壤湿度:以其最大持水量的60%为宜,即手握成团,松开即散。过干时,可适量浇水,但切忌过多,以防苗根腐烂。

(4)覆土中不能有夹杂物:覆盖根系的土壤中不能夹杂草、落叶等易发热的物质,以免根系受热发霉，影响苗木的生活力。

(5)边起苗边假植，减少根系在空气中的裸露时间，这样可以最大限度地保持根系中的水分，提高苗木栽植的成活率。

二、低温贮藏

苗木的低温贮藏就是将苗木置于低温(1～3 ℃)、湿润(空气相对湿度为80%～90%)、通气良好的条件下妥善保存。

(一)窖藏法

落叶松苗木采取窖藏越冬既可抑制春季萌动过早，又能避免苗木假植干梢的缺点。

一般选择地势高燥、排水良好的地挖窖。窖的规格：窖深1.5～2.0 m，上口宽2.0 m，底宽1.5 m，窖长依贮苗量多少而定(如窖长20 m，可贮苗50万～60万株)。窖边略倾斜，中央设置木柱数根，柱上架横梁，窖顶两侧搭椽子，覆盖10 cm厚的秫秸，上面用土盖严。窖顶每隔2 m留一通气孔，孔口用木盖和草帘盖好，经常开启，以利通风换气、调节气温。窖底应挖深、宽各25 cm的沟，内填卵石或石块，以利排出窖内积水。苗木入窖前，先要在窖底铺上5～10 cm湿沙。当气温降低到0 ℃左右，窖内低温情况下，将苗木成捆(50株或100株)平放窖内两侧。苗木的根部朝向窖壁，距窖壁3～5 cm，填上一层湿润河沙(3～5 cm厚)，因根部体积较大，应在苗梢一侧用去叶秫秸垫一下。摆完一层苗，上面再盖一层湿沙。湿沙要填平、压实、盖严，以不露苗根为宜。如此一层一层放置，直到窖沿为止。苗木入窖后封严，窖藏期间可定期检查。

窖藏苗木要注意控制窖内湿度、温度和通气条件。温度应保持在1～3 ℃，最高不超过5 ℃。空气相对湿度可保持85%～90%，经常通风换气，以保持窖内始终处于低温、湿润、通风良好的环境条件。例如，当温度为0.5～1 ℃、空气相对湿度为97%～100%的条件下，苗木可以贮藏半年以上而不会影响苗木的成活率。

(二)坑藏法

落叶松、油松、红松、云杉、冷杉等苗木也可以利用坑藏法贮藏，这种方法对确保苗木安全越冬、保证苗木的质量也收到了良好的效果。

选择地势较高、排水良好且不影响翌春作业的苗圃空地，挖东西向坑，坑深、宽各1 m，坑长依贮苗量的多少而定(每10 m长的坑可贮藏苗木20万株左右)。坑底再挖深、宽为25 cm的渗水沟，填满河卵石。坑间距离1.5～2.0 m。坑藏时间应在结冻前的10月末或11月初。先在坑底垫铺5 cm厚的沙子，把捆成小束的苗木在坑的两侧各摆放一排，苗根要朝向坑壁，距坑壁3～5 cm，把与把之间不要太挤，每摆一排苗木，垫一层3 cm厚的半湿沙子，每摆2～3层就要垫几棵剥掉叶的秫秸，使苗梢与苗根水平。摆至距地面10 cm左右时，全部盖上半湿河沙，以防苗木干燥。为保持坑内低温和加速冻结，白天以草帘覆盖，晚间打开。当苗木全部冻结后，盖上一层草帘，在草帘上再覆盖整捆稻草(10～20 cm厚)，并在坑上用整捆秫秸搭成前低后高的棚子，防止雪雨水渗入。坑口必须盖严，以免坑内温度变化。坑藏期间坑内温度以不超过5 ℃为宜。特别是早春气候转暖，更应注意控制坑内温、湿度。

北方地区有的苗圃对一些落叶阔叶树苗木越冬时采用沟藏的方法。沟藏是将苗木于结冻前全部埋于沟中，沟内温度经常保持在 0 ℃左右，最高温度不超过 4 ~ 5 ℃。沟底应在地下水位以上。进行沟藏时，切忌苗木带叶。埋苗时苗上面盖土厚 30 ~ 40 cm，翌春通过增盖草帘调节沟内温度，以防苗木发热霉烂，也有的利用山洞、固定地窖内放置冰块，保持一定低温来贮藏苗木，可延长贮存时间，贮藏效果也较好。

项目小结

苗木出圃是苗圃培育苗木的最后一道工序。采取正确的出圃技术，是提高园林苗木产量和质量的重要环节，苗木出圃主要包括起苗、分级、包装、运输、检疫和假植等内容。同时，还必须做好出圃前的各项准备工作，如进行苗木的调查，以便掌握苗木的产量和质量，提高苗木的供应计划。

思考与练习

1. 苗木产量、质量调查方法有哪些？
2. 试述评价苗木质量的指标。
3. 试述带土球起苗技术。
4. 试述苗木假植方法和技术要求。
5. 苗木运输应注意哪些问题？

技能训练

技能训练一　苗木质量调查

一、目的要求

了解苗木质量调查的内容，调查方法。

二、材料用具

待抽样苗圃、皮尺、钢尺、记录本、计算器、铅笔、游标卡尺等。

三、方法步骤

（一）确定样地数量

样地数量的多少，直接影响调查精度和调查工作量，一般初设样地 20 个。直接布点调查样地内的苗木数量、质量，然后计算调查精度。

（二）确定样地形状

样地按方形、线形、圆形三种。样地的大小取决于苗木密度、育苗方法和要求测量苗木质量的株数等条件。

(三)统计计算

根据调查的数据,分别计算平均株数、平均苗高、平均地径、平均根长,并计算误差和精度。

四、结果评价

根据实训报告进行成绩评定。

优秀——内容按要求、全面、详细、书写认真。

良好——内容按要求、全面、详细。

合格——内容按要求、全面但是不够详细。

不合格——内容不全或缺勤。

五、作业

完成实验报告。

技能训练二　苗木包装

一、目的要求

掌握裸根苗包扎、带土球苗木包装的方法和要求。

二、材料用具

剪枝剪、麻绳、苗木。

三、方法步骤

(一)裸根苗包扎

对于大苗如落叶阔叶树种,大部分起裸根苗。包装时先将湿润物放在包装材料上,然后将苗木根对根放在上面,并在根间加些湿润物(如苔藓、湿稻草、湿麦秸等);或者将苗木的根部蘸满泥浆。放苗到适宜的重量,卷成捆,用绳子捆住。小裸苗也可用同样的办法。

(二)带土球苗包扎

针叶和大部分常绿阔叶树种的苗木因有大量枝叶,蒸腾量较大,起苗时损伤了较多的根系,在起苗后和定植初期苗木容易失去过多的体内水分导致死亡。因此,这类树木的大苗起苗时要带土球,为了防止土球碎散,以减少根系水分损失,挖土球后要立即用塑料膜、蒲包、草包和草绳等进行包装;或用木箱对珍贵树种的苗木土球进行包装。包装时应在材料外附上标签,注明树种的苗龄、苗木数量、等级、苗圃名称等。

四、结果评价

根据实训报告进行成绩评定。

优秀——内容按要求、全面、详细、书写认真。
良好——内容按要求、全面、详细。
合格——内容按要求、全面但是不够详细。
不合格——内容不全或缺勤。

五、作业

完成实训报告。

项目六　园林苗圃的经营与管理

【教学目标】

通过本项目的学习,使学生了解企业管理的原理、现代企业管理的要求及园林苗木的市场营销策略。掌握园林苗圃企业管理的方法,能够应用现代化方法进行苗木的营销。

任务一　园林苗圃的管理

【知识点】

企业管理的基本原理和职能

现代企业管理的要求

【技能点】

园林苗圃的组织管理

园林苗圃的经营管理

相关知识

一、企业管理的基本原理和职能

(一)管理的系统原理

研究管理系统必须掌握系统的三个特征:一是目的性。每个管理系统都应有明确的目的,使系统目标最优化。二是整体性。在一个管理系统中,每个单元只有通过系统结构才能发挥自身的功能,实现整体效益最大化。三是层次性。管理系统中每一层次都有各自的功能和明确的任务、职责及权益范围。同一层次的各系统间应相互协调,较低的层次对其上一层次负责,接受其指令。

(二)动态调节原理

管理是一个动态过程。管理对象往往是复杂的、多因素的,并且各因素之间的关系始终处于不断变化发展之中。因此,在管理活动中,要求管理者依据外部环境和内部因素的变化,不断调整系统的目标和计划、组织实施的步骤及应采取的控制措施。

(三)人本原理

人本原理是指一切管理活动都应以调动人的积极性和主观能动性为根本。这个原理要求管理者必须坚持做好人的工作,使全体员工明确整体目标及自己的职责,激励员工努力完成好自己的工作任务。

(四)效益原理

为实现系统目标,使投入的人力、物力、财力、信息、时间等资源得到充分合理和有效的利用，产生出最佳的管理效益，谓之效益原理。管理效益是系统目标、管理效能、管理效率的函数。管理效能是指管理系统所具备的实现目标的有效功能或有效行为能力。管理效能的大小，直接取决于管理系统的目标是否明确，机构是否合理，以及人的积极性是否得到充分的发挥。管理效率除了指管理活动的结果取决于系统目标的速度外，还指管理系统完成单位工作量所消耗的劳动量。效益是和目标连在一起的，它和效率既有联系又有区别。目标正确，效益和效率成正比；目标错误，效益和效率成反比。

（五）管理职能原理

计划、组织、指挥领导、协调控制是管理的基本职能。

1. 计划职能

计划职能是管理的首要职能。它包括的主要内容是：按照经济发展规律的要求，通过充分的市场调查研究和对未来需求的科学预测，确定企业经营战略、经营方针和目标，制订各种经营方案并对其进行比较、选择、作出决策，从而制订出能体现企业发展目标要求的各项计划。据此将企业的各项计划分解到各部门、单位、个人，以保证企业经营计划的实现。

2. 组织职能

企业的各项经营是相互连接、相互制约的。通过组织职能按照既定计划的要求，将各方面的工作有机组织起来，使人、财、物，产、供、销，责、权、利等得到合理的运用和安排。组织职能的执行，要从企业经营的特点出发，建立健全合理的组织机构和各项规章制度，以保证各个经营环节的工作最合理、最有效地进行。

3. 领导职能

为了保证企业的经营活动有计划、有组织地进行，必须有高度集中的指挥。在执行各项方针、政策、计划和法令中，企业的各项工作要做到指挥的统一、命令的统一，促使每个职工的工作与企业的总体目标紧密联系，避免多头领导，各行其是。企业在实行集中领导和严格纪律的时候，必须坚决保证广大职工及他们选出的代表参加民主管理的权利。

4. 控制职能

控制职能是指根据企业的经营目标与计划执行情况进行监督和检查。控制的目的在于及时发现问题，查明原因，采取必要的对策，以便及时消除执行计划中发生的偏差。若发现计划与客观情况不相符合，应根据实际情况对计划作必要的调整或修改，以利于计划的贯彻执行。

二、现代企业管理的要求

为适应社会的发展、科技进步和对外开放的需要，必须建立完善的现代企业制度，企业管理必须实现现代化。

（一）管理思想现代化

一是要解放思想，二是要有正确的指导思想。遵从能正确反映并能正确指导企业管理现代化过程的现代管理科学，从以往单从个人经验进行管理，过渡到运用科学理论和科学方法进行管理，不断总结企业管理的经验，汲取国内外先进的管理经验和方法，以指导企业的经营管理活动。

(二)管理体制现代化

管理体制是指管理单位的决策权限、隶属关系、机构设置、调控机制、监督机制等方面的组织结构和制度。管理体制涉及组织机构的职能、组织机构运行过程的机制,以及保证组织机构有效运行的组织制度。在实现社会主义市场经济的今天,为了适应企业经营环境的变化,把握机遇,迎接挑战,企业内部必须建立一个强有力的业务行政指挥系统,协调好各职能部门的管理活动,明确各职能部门的权力、责任及相应的规章制度。

(三)管理人才现代化

管理人才现代化是实现企业管理现代化的关键。优化管理人才的个体结构和群体结构是提高企业管理水平、实现管理现代化的战略措施。

(四)管理方式现代化

先进的管理方式和手段能极大地提高工作效率。采用先进的管理思想、管理科学、管理理论,使用当代先进的物质技术设备(如电子计算机、传真机、复印机和卫星通信等)来提高工作效率和办事能力。

任务实施

一、园林苗圃的组织管理

(一)组织的概念

组织有四层基本涵义。

(1)组织必须具有目标。目标是组织存在的前提,没有目标的组织就没有存在的必要。

(2)组织必须有层次和结构。任何组织内部必须有不同的层次与相应的责任制度,其成员在各自岗位上,为实现共同的目标而分工合作。没有层次、没有分工合作就不能构成组织,没有明确的职务、权力、责任,必然是一个混乱的低级的组织,无法实现预定的目标。

(3)组织是一个人工系统。它是由领导人或一个领导集团决策、组建起来的群体结构,带有一定的主观意识。

(4)组织要有保证、监督其运转过程。当机构运转正常,有助于高效地实现目标时,应维护组织的稳定性。反之,则应调整变革,使其适应外界形势和本企事业单位内部发展变化的要求。

(二)组织结构的基本模式

目前,组织结构的基本模式主要有直线制、职能制、直线职能制、事业部制、模拟分权制、矩阵制、超事业部制、新矩阵制、多维结构制等。

园林苗圃的组织结构大多比较简单,较大型的国营苗圃一般采用直线制(见图6-1),而一些股份制的苗圃则多采用事业部制(见图6-2)。一些小型的个人苗圃,组织结构松散,一人多职、多能,没有固定的组织模式。

二、园林苗圃的人力管理

在企业人财物等各要素、产供销等各环节中,人是关键因素,处于核心地位。无论是

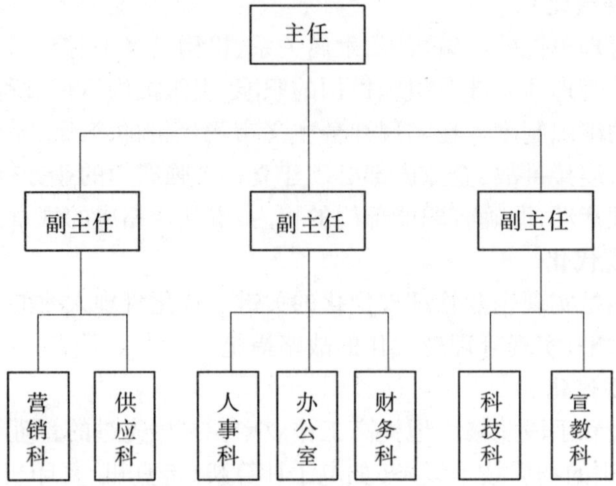

图 6-1　直线制组织结构形式示意图

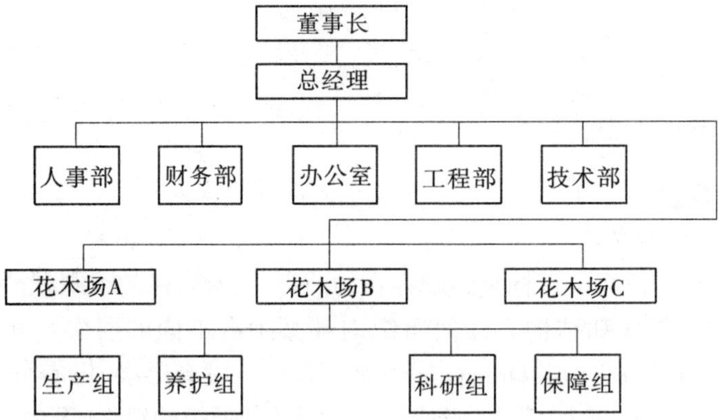

图 6-2　事业部制组织结构形式示意图

经营活动，还是管理过程，都需要人去掌握和推动。因此，对企业来说，人力资源管理极为重要。

人力管理是为了保证一定技术设备和资源条件下的劳动生产率，并使之有所提高所进行的程序制定、执行和调节。人力管理包括技能管理和知能管理两个方面。技能管理是针对操作人员进行的。与技能管理密切相关的人文变量主要是体质、特长、经验和个人覆盖度。

(一) 技能管理

1. 体质

各种工具设备都对其操作人员有一定的体质要求，为了保证操作人员达到一定的时空符合度，在任用之前必须对其进行体格检查和面试。此外，人类体质随年龄、性别的不同而呈现出规律性的差异。因此，作为程序化的管理，在选用操作人员时，常附以年龄的限制，有时甚至也对性别加以限制。园林苗圃生产与施工中有不少人力操作工作，并且在许多情况下是露天作业,以及在不同的气候条件下作业,故对体质的要求应与对智商的要求同等重视。

2. 特长

"特长"通常是针对特定的工具或设备而言,要求操作人员的有关随机变量取值应超出社会中的平均值。在一般情况下,操作人员都要通过培训和考核才能做到有特长。一般来讲,操作人员的特长会随着经验的积累而逐步发展。

3. 个人覆盖度

为了鼓励操作人员提高个人覆盖度(胜任多方面工作的能力),通常采用升级、调配及相应的工资、奖惩制度。升级通常有一定的年资要求,并附以功绩或考试考察。调配则是为了开发某些人的经验优势,将其从一个工种调配到另一个工种。如从设备安装调试人员调配为设备维修人员,从花卉生产人员调配为树木花卉的管养人员等。一个操作人员所掌握的特长越多越精,其个人覆盖度就可能越大。除技术行为外,个人的覆盖度还与主体的文化行为相关,在某些情况下,甚至由体力及个性来决定。对个人覆盖度虽然目前尚无准确的评价方法,但它是技能管理的内容之一,是影响劳动生产率的一个重要变量。

(二)知能管理

知能管理是为了保证并提高管理人员的工作效率,或为了保证并提高工艺、流程的质量、调度水平及进度水平而进行的程序制定、执行与调节。与知能管理相关的人文变量主要是学历、资历、实绩、应变能力等。

从面向大多数管理人员的程序制定来看,必须对管理人员的学历提出一定的要求。同时,为那些通过勤奋好学达到一定学历水平者提供机会。一定的学历只是管理人员的基本条件,这正如一定的体质只是操作人员的基本条件一样。因此,正如操作人员要经过培训考核之后才能正式任用一样,操作人员也要经过试用考察之后方可正式任用。

一般来讲,大多数管理人员会随着经验的积累而在管理水平方面有所提高。为调动管理人员的积极性,提高其工作效率,也常采用升级、调配及相应的工资、奖惩制度。根据"资历"给以任用,并辅以一定的评审措施,这是人员管理的重要内容之一。

一个管理人员的应变能力愈强,其知识经验愈可能发挥更大的作用。另一方面,其知识愈多、愈合理,经验愈丰富,则其应变能力有可能愈强。应变能力的识别是职能管理的重要内容。园林苗圃的生产与施工中,会受到内外部环境,尤其是植物自身因素的影响,需要管理人员根据情况的变化,随时作出调整。

三、园林苗圃的人才管理

人才管理是为了使单位时间的有效生产量大幅增长,或为了大幅减少无效消耗量,提高实现效益量,而对特殊人员即人才所进行的程序制定、执行和调节。对人才的管理主要包括人才的发现、使用和控制。

传统的人才选拔是靠"伯乐相马"来实现的,具有一定的偶然性和机遇性。现在的识才是靠一种动态的人才选拔机制,即通过"赛马"而非"相马"来实现。在企业内部创造一种人才竞争的机制,使其在"公开"、"公平"、"公正"的环境下竞争并得到选拔。

与人才的发现、选拔相比,人才的使用能更好地发挥人才的作用,在人才管理中具有更为重要的意义。对已经“脱颖而出”的人才，要为其提供各种有利的条件，在生活、住房、工资待遇等方面给予照顾，为其创造较好的工作环境，提供考察、进修的机会和较为充足的科研经费，使其在较少的干扰中专注于科研、生产或经营。

对人才的控制包括制度约束和鼓励竞争。由于人才具有开拓与创新意识，往往不愿“循规蹈矩”、“依附于人”，又由于人才的智力较高，知识较多，所以对人才的控制是一件很困难的事情。对人才实施较好的控制，要求管理者本人即是本行业一流的人才；制定完善、科学合理的规章制度或与其签订相关的合同，对其行为进行约束，防止人才外流或“吃里爬外”，甚至经济犯罪；在人才使用上，要鼓励竞争，使能者上、庸者下，要建立人才梯队，减少对个别人的依赖，使人才在公平竞争的环境中发挥其更大的作用。

四、园林苗圃的经营管理

经营管理是为了达到特定的经济目的，在群体中对人类行为所进行的程序制定、执行和调节。其效果是使人们在适当的时间、适当的空间、适当的方式，付出劳动，提高劳动效率，减少无效劳动和浪费，从而以较少的劳动时间获取较大的有效生产量。

园林苗圃经营管理受园林业自身的特点所决定，具有两个突出的特点，第一个特点是城市是园林业的主要载体，第二个特点是园林“产品”既可能是公共产品，也可能是法人产品。因此，相关产品的生产数量、质量及分配既可能是独占性、垄断性的，也可能是市场性、竞争性的。虽然园林产品中法人产品的比重越来越高，但园林业的效益仍不能简单地以金钱化的利润成本之比来衡量，它的社会效益应始终放在首位来考虑。

园林苗圃是城市园林的重要组成部分，是繁殖和培育园林苗木的基地，其任务是用先进的科研手段，在尽可能短的时间内，以较低的成本投入，有计划地生产培育出园林绿化美化所需要的各类苗木或相关园林产品。园林苗圃的“产品”除具有公共性和法人性外，更重要的一个特点是“活物管理”占有更大的比重。在计划经济条件下，园林苗圃的生产经营活动多是国家调拨，计划成分占很大比重，随着我国社会主义市场经济的逐步建立，苗圃的所有制形成发生巨大变化，呈现国有、集体、股份制、私营等所有制成分并存的局面。园林苗圃的经营管理显得越来越重要、越来越复杂。园林苗圃的经济管理就是要充分运用关于自然的和人类的各种知识与信息，形成时间上和空间上的特定顺序与流程，减少无效劳动和浪费，鼓励相互配合与创新，从而“最经济地”进行苗圃的建设、生产和经营。

任务二　园林苗木的市场营销

【知识点】

市场营销的基本任务和基本观点

【技能点】

园林苗木的市场营销策略

相关知识

市场营销的基本任务和基本观点

(一)市场营销的基本任务

(1)为企业经营决策提供信息依据。经营决策是企业确定目标并从两个以上的经营方案中选择一个合理方案的过程。经营决策要解决企业的发展方向,依据来自市场信息,市场营销直接接触市场,有掌握市场信息的方便条件。

(2)占领和开辟市场。对企业来说,市场是企业生存和发展的空间,有市场的企业才有生命力。市场营销的实质内容是争夺市场。

(3)传播企业理念。一个常胜不衰的企业,必定有它坚定的信仰,将这种信仰概括成基本信条,作为指导企业各种行为的准则,这就是理念。理念演化为企业形象,良好的企业形象会为企业带来巨大的效益。营销活动最直接地塑造着企业的形象,传播企业的理念。

(二)市场营销的基本观点

1. 市场观点

市场是企业生存的空间,对企业来讲,市场比金钱更重要。市场营销的根本是抓住市场。

2. 顾客观点

企业要把顾客作为企业经营的出发点,同时又把顾客作为经营的归宿。市场营销就要随着消费者需求的变化,不断地调整自我、发展自我。

3. 竞争观点

竞争是与市场经济相联系而存在的客观现象,只要企业存在着独立的经济利益,相互间的竞争就是不可避免的。营销中不要消极地去看待竞争,而把其看成动力、看成条件、看成机会,主动参与竞争,以取得“水涨船高”的效果。

4. 盈利观点

盈利亦即赚钱,是市场营销无需回避的问题。市场营销所实现的盈利,应是一种合理的报酬,应是企业盈利、顾客受益的“双赢”局面。

5. 信息观点

当今已进入信息时代,企业对“信息”的占有甚至比“物质”的占有更重要。掌握了信息,才能有市场、有资源、有效益。市场营销要注意收集、善于分析信息,为企业的重大决策提供依据。

6. 时间观点

在市场营销中强调时间观点,要把握好时机,抢先一步,创造第一。

7. 创造观点

人的消费是不断地由低向高、由物质向精神发展的。市场营销肩负引导消费、刺激需求、创造市场的任务,使潜在消费变成现实。

8. 发展观点

市场营销要着眼于未来去发现机会,还要敏锐地意识到未来可能出现的风险。不满足现在的成功,去把握明天的机会。

9. 综合观点

市场营销中要特别重视各个方面的相互联系,不苛求一时一事的成败,而要确保全局的成功。讲求合作、互惠互利,最大限度地发挥自有资源的效能。

10. 广开资源观点

在市场营销中可供运筹的资源越多,就越易在竞争中保持优势地位。既要看到硬性资源,又要看到软性资源;既要看到有形资源,又要看到无形资源;既要看到物质性资源,又要看到精神性资源。这些资源一旦在市场营销中被调动起来,不但能转化为现实的经济效益,而且能为企业的长远发展创造良好的条件。

任务实施

一、园林苗木的市场营销策略

(一)市场营销调研与市场信息的收集

1. 市场营销调研

市场营销调研就是运用科学的方法,有目的、有计划、系统地收集、整理和分析研究有关市场营销方面的信息,并提出调研报告,以便帮助管理者了解营销环境,成为市场预测和营销决策的依据。

1)市场营销调研的基本思路

(1)调查市场供求情报资料。要调查在一定时期内,某类园林苗木在市场上的可供量和市场对该产品的需求量之间的比较情况及变化的趋势。

在调查市场需求量时要注意:

第一,社会需求不等于市场需求,市场需求包括社会需求。社会上确实需要该类产品,并在社会上处于短缺状态。市场需求还包括购买能力。只有社会需求而无购买能力,那只不过是一种愿望,还没有形成现实的需求。市场需求还包括购买欲望。购买者已经过一段时间的权衡和思考,产生了购买意向,并准备采取购买行动。市场需求也包括竞争条件。你的产品必须具备一定的竞争实力,否则虽然存在着上述条件,被购买的也不一定是你的产品。这就要求调研者和管理者经过具体分析,了解影响市场需求的因素,主动采取措施,创造条件,使各个因素具备起来。

第二,区别基本用户和其他用户的需求。所谓基本用户,是指大宗和传统购买本企业产品的用户。其他用户是指小量和零散的用户。在确定基本用户之后,就要调查基本用户的需要和变化,以便更好地为其服务。同时要努力寻找可争取的新基本用户,从而制定企业的市场竞争策略。在产品俏销的时候,要特别注意首先满足基本用户的需求,树立良好的企业信誉。

第三,力求掌握现实需求和潜在需求。现实需求是目前社会上对本企业产品的需求,潜在需求是未来可能出现的一种新的需求。对潜在需求的调查是至关重要的。

在调查市场供应量时,要注意:①调查某种产品的社会供应总量;②本企业在同行业中的地位;③本企业在市场竞争中的优劣势;④了解竞争对手生产产品的实力。

(2)调查产品质量情报资料。产品质量决定它在市场上是否有吸引力,这个产品质量应包括产品内在质量、外在质量、包装质量和服务质量。内在质量要求性能稳定,外在质量要求造型新颖,包装质量要求美观大方,服务质量要求周到及时。在质量调查的过程中,要树立"满足了用户需要才是好质量"的观点,切忌以主观感受作为标准来确定质量的内涵。在质量调查的过程中,还要注意调查不同特点的客户对质量的特殊要求,要调查用户对产品质量的具体要求,还要调查竞争对手的质量。

(3)调查产品价格动向。价格是消费者十分敏感的问题,也是产品具有竞争力的重要因素。现实价格很容易调查,关键是掌握价格动向,唯此,才能把握竞争的主动权。调查产品价格动向,要调查产品市场供求情况,生产该种产品的场(厂)家数量,竞争企业动向,消费者购买该类产品所满足的需求,以及该产品的信誉如何等。

2)市场营销调研的方法

市场营销调研的方法有观察法、深度小组访问法、调查法、实验法等。

(1)观察法。即由调查人员或运用摄像等手段现场观察有关的对象和事物。它又可分为直接观察和测量观察两种。

(2)深度小组访问法。即有选择地邀请数人,用几小时时间,对某一企业、产品、服务、营销等话题进行讨论,以期小组的群体激励能带来深刻的感知和思考,从中了解消费者的态度和行为。

(3)调查法。调查法是介于观察法和深度小组访问法的偶然性和严谨性之间的一类方法。它包括个案调查法、重点调查法、抽样调查法、专家调查法、全面调查法、典型调查法、学校调查法等。

(4)实验法。实验法是最正式的一种调研方法。它是通过小规模的市场进行实验,并采用适当方法收集、分析实验数据资料,进而了解市场的方法。它包括包装实验、新产品实验、价格实验等。

上述调研方法各有特点,一般来说,观察法和深度小组访问法最适宜于探索性研究,调查法最适宜于描述性研究,而实验法最适宜于因果研究。

2. 市场信息的收集

信息即消息,是客观存在的,是事物发生、发展而发出的信号。信息与物质、能量是客观世界的三大要素。市场信息是一种特定的信息,是企业所处的宏观和微观环境的各要素发展变化和特征的真实反映,是反映他们的实际状况、特征、相关关系的各种消息、资料、数据、情报等的统称。企业的市场信息又分为内部信息和外部信息,企业内部的市场信息包括物资供应方面的市场信息,企业销售方面的信息。企业外部的市场信息包括政治方面、经济方面、科技方面、人口方面、社会方面、文化方面、法律方面、自然方面、心理和其他方面的有关信息。

(二)市场预测方法

市场预测方法很多,但归纳起来不外乎两大类,即定性预测法和定量预测法。

1. 定性预测法

定性预测主要是通过社会调查,采用少量的数据和直观材料,结合人们的经验加以综合分析,作出判断和预测。其主要优点是:简便易行,易于普及和推广。定性预测常采用的方法有购买者意向调查法、销售人员意见综合法、专家意见法和市场试销法等。

2. 定量预测法

定量预测是依据市场调查所得的比较完备的统计资料,运用数学特别是数理统计方法,建立数学模型,用以预测经济现象未来数量表现的方法。它一般需要大量的统计资料和先进的计算手段。定量预测法亦可分为两大类,即时间序列预测法和因果分析预测法。

(1)时间序列预测法。时间序列是指将某种经济指标的统计数值,按时间先后顺序排列所成的序列。它是通过编制和分析时间序列,根据时间序列所反映的发展过程、发展方向和趋势,加以外推或延伸来预测下一时间可能达到的水平。发展趋势要配合相关的曲线来分析。主要有水平式发展趋势、线形变化趋势、二次曲线趋势、对数直线趋势、修正指数曲线趋势、龚佩子曲线趋势等。

在长期内保持固定发展趋势不变的时间序列是不存在的,选择该方法预测时,营销者必须不断地调查研究新情况、新问题,根据最新资料去修正趋势线或其参数,并对预测结果进行必要的调整。

(2)因果分析预测法。因果分析预测法是以事物之间的相互联系、相互依存关系为根据的预测方法。它在定性研究的基础上,确定出影响预测对象(因变量)的主要因素(自变量),从而根据这些变量的预测值建立回归方程,并由自变量的变化来推测因变量的变化。利用这种方法预测时,首先要确定事物之间相关性的强弱,相关性越强,预测精度越高,反之亦反。同时还要研究事物之间的相互依存关系是否稳定,如稳定性差,依此建立的回归模型的可靠性就差。用回归方程进行分析预测的方法有一元回归预测、多元回归预测和自回归预测等。

(三)市场竞争策略

市场营销是一个十分复杂的工作,它要采取一系列的手段才能完成。因而市场营销的策略也是多种多样的,如何在市场竞争中取得优势,是市场营销是否成功的关键所在。

1. 成功市场竞争策略的特征

(1)成功的市场竞争者总是从现实中寻找对策。人们往往由于思维的惰性、陈旧的观念、历史的包袱等原因对现实视而不见。其实只要充分地了解现实,面对强大的竞争者,发现其弱点,就能设计出自己的成功策略。随着国家对环保事业的重视和社会对园林苗木的大量需求,园林业得到了迅速发展,园林苗圃和园林企业如雨后春笋般成长起来,这些企业要想得到进一步健康成长,就必须面对竞争,迎接挑战,扬长避短,把握现实市场变化趋势,制定自己的竞争策略。

(2)成功的市场竞争者又要无定式地追求成功。用无定式的思维去寻找一定的成功目标,只有与众不同、具有特色的策略,才是成功的策略。

(3)成功的市场竞争者还要把成功看成历史。在激烈的市场竞争中,任何策略不断重复地获得成功的概率很小,要用创造来适应变化,才能赢得竞争的胜利。

2. 市场竞争策略的成功形式

市场竞争策略的成功形式多种多样，各有特点，但毕竟有其共同性的东西值得借鉴。

(1)差别市场策略。它是指在同类产品销售活动中，充分展示出产品或销售策略与众不同的特征，以对消费者产生强大的吸引力。

(2)求异市场策略。它不是在相同产品中显示出自身的差异，而是采用与其他企业完全不同的策略，突出与众不同的特色，最后赢得市场竞争优势。

(3)创先市场策略。采用同样的销售策略，力争"创先"、"争一"，可提高企业的知名度、竞争力。园林花木以观赏为主，新、奇、特是其在市场竞争中制胜的法宝。只有争先创新，才会立于不败之地。

(4)诱导市场策略。它是指先采用某种销售方式实现引导消费、刺激需求和创造市场的效果，然后再广泛地销售产品。在园林苗木的销售中，在一些新、奇、特的品种大量销售之前，先将少量产品免费赠送给用户或免费为客户做园林绿化。这样往往会带来很好的效果。

(5)时效市场策略。时效市场策略要求抓住某种市场需求苗头，及时组织生产，使产品赶在需求高峰前上市，利用时间差来赢得效益。

(6)攻势市场策略。攻势市场策略是通过突破客观存在的某种市场限制，把某种被禁锢的市场需求释放出来。采取攻势市场策略能使企业在市场中的竞争地位产生根本性的改变。要指定出有效的攻势市场策略，就要调查出客观存在的某种需求和这种需求的限制条件，要把消费者的需求障碍看成企业的经营机会。

(7)填充市场策略。填充市场策略是指企业用自己的产品和劳务去填充某种市场需求的空白。填充的实质是企业在市场经营活动中进行新创造，以产生激发需求的效果。填充市场策略获得成功，不一定要发明复杂的产品，关键是使自己的产品与顾客的某种需求相吻合。

(8)迂回市场策略。迂回市场策略是指当企业在经营活动中遇到一时难以逾越的障碍时，采取一些措施避开某种限制，使企业的目标仍能得以实现。成功的迂回市场策略，出自于对障碍事物的深刻分析，进而采取对应的巧妙的措施。

(9)逆向市场策略。指企业在某种产品滞销积压，其他生产厂(场)家纷纷转产或倒闭的情况下，坚持逆流而上，渡过困难阶段，继续保持住产销势头。采用此策略的企业，关键是掌握准确的市场情报；否则，会有很大的风险。

(10)饥饿市场策略。所谓饥饿市场策略，是指企业为了使自己的产品保持在传统市场上的销售优势，主动地适当减少产品在传统市场上的销售量，使传统市场保持一定的"饥饿"状态，同时，又在不断地努力开拓新的市场。采用该策略能在传统市场上造成一定的恐慌，给消费者留下深刻的印象，有利于开拓新市场。

(11)联合市场策略。有些市场需求存在着对产品的特殊要求，或者某种产品在某一地区销售存在着不利因素，这时可考虑采取联合市场战略来排除销售障碍，开辟出新的销售市场。如配套销售、相关产品联合销售等。

二、市场营销策划

所谓市场营销策划，是指通过企业巧妙的设计，指定出一定的策略，安排好推进的步骤，控制住每一个环节，实现企业经营目标的营销活动。营销策划不同于决策，也不同于建议和点子，其基本思路是将企业现有的经营要素按新的思路重新组合，从而实现新的经营目标的营销活动。

（一）成功策划的构成要点

1. 目标

成功策划要设定明确的目标，并按目标要求展开全部经营活动。所立目标要具有战略性、明确性和方向性。

2. 信息

信息是策划构想的依据。用于策划的信息有三种：别人不知而我们知道的信息，别人无法利用而我们能利用的信息，别人没有意识到而我们意识到的信息。

3. 创意

创意是策划的灵魂。任何策划都起始于创意，没有创意根本谈不上策划，创意的水平决定着策划的质量。创意要经过三个阶段：深切体会，强烈渴求；思维启动，长期思索；触发事件，灵感产生。在创意的过程中要进行事件联想，弱化思维定势并进行视角转换，换一个角度思考问题。

4. 控制

创意固然重要，但并不是每个创意最后都能实现并达到预计的效果。在获得创意的过程中，应忽略细节，但在落实创意时则要考虑周全，必须实事求是地对待实现创意的客观条件，充分估计所面临的障碍和困难，防范偶然因素出现所造成的干扰。

5. 理念

营销策划不可追求短期效益，策划的形式千变万化，而始终要体现的是企业的理念；否则，就会偏离企业的正确发展方向，影响企业发展战略的实施。理念的内容包括企业战略目标、价值观念、行为准则和行为规范。营销策划作为企业的一种市场行为，必须受到企业理念的约束，而只有体现了企业理念的策划才有价值。

（二）成功营销策划

营销策划是营销智慧的结晶，策划没有固定的模式，但策划是有规律的，总结大量成功经验会有一些参考和借鉴价值。

（1）在消费者心目中确立新的概念。随着营销向深层次发展和人的需要达到更高层次，购销产品就变成了一种载体，人们所追求的是通过购物而带来的精神满足。因此，营销决不仅是在推销产品，而是在向消费者陈述某种理由。当消费者接受了这种理由，并形成了新的概念，同时与自己的某种需求联系起来时，就产生了购买动机。

（2）提高营销策划的文化品位。人们的社会生活总是处在一定的文化氛围之中，社会越是进步，这种文化氛围越浓重。营销策划如能提高文化品位，就会使消费者在商品的使用价值之外获得某种精神上的享受。

（3）尽量隐蔽商业动机。任何商业活动背后都会有赢利的动机，但一心只想赚钱的商业活动往往以失败而告终。营销者赢利的动机暴露的越充分,消费者就越会产生"不值"的感觉。把购物过程与娱乐过程结合在一起,能达到隐蔽商业动机的目的。但这种营销策划不可有愚弄消费者的意思,不能使消费者感到上当受骗,自己赚了钱而又得到了人心,才是成功的营销策划。

(4)以人们关注的事件为主题。单纯的商业活动很难引起人们的广泛关注,但如果能与产生重大社会影响的事件联系起来,有意识地利用某一事件开展商业活动,往往会产生极好的效果。要想利用社会事件开展商业活动,就要保持对社会事件的敏感性,也可通过制造出某一事件,利用其达到商业的目的。

营销策划虽然十分重要,但也只能是企业营销战略的一部分,决不能抛弃实质性的内容去追求轰动效应,策划要提高企业的知名度,更重要的是赢得社会美誉度。因此,提高产品质量、提供周到服务、降低成本给用户更大实惠,才是屡试不爽的成功经验。

园林苗木与其他工业产品有很大的不同,它是活的有生命的产品。同品种、同体量产品的质量与其生长状况、病虫害情况、花色、花形、植株的丰满程度等因素有关。另外,园林苗木的营销工作受季节的限制较大,应充分考虑气候和地域情况对它的影响。还有,园林苗木这种产品,目前的应用范围仍集中在城市公共园林绿地、企事业单位庭院和居民区等场合。对于千家万户来说,则对花卉盆景的需求较多,而对绿化苗木的需求则是少之又少。园林苗木的营销是一项较新型的营销工作,没有成熟的经验可言。因而,园林苗木的营销,既要广泛借鉴一般商品的营销经验,又不能照抄照搬已有的模式。只有结合本行业的特点和企业自身的实际,才能创造出成功的园林苗木营销策略来。

项目小结

本项目主要介绍了企业管理的基本原理和职能、现代企业管理的要求、园林苗圃的组织管理、园林苗圃的人力管理、园林苗圃的人才管理、园林苗圃的经营管理、园林苗木的市场营销策略及市场营销策划。

思考与练习

1. 如何做好园林苗圃质量管理?
2. 园林苗圃的经济管理的内容有哪些?
3. 园林苗圃市场的风险何在?
4. 市场营销应遵循哪些基本观点?
5. 园林苗木产品定价方法有哪几种?
6. 园林苗圃市场风险的规避策略有哪些?
7. 经济风险的特征有哪些?
8. 园林苗圃的组织管理有哪些内容?

技能训练

技能训练一　园林苗木市场调查

一、目的要求

通过调查，了解苗木市场的现状和动态，并对市场未来的发展变化趋势作出估计，调整和修订苗圃生产计划，做到有的放矢。

二、材料用具

待抽样苗圃、记录本、铅笔、调查表格等。

三、方法步骤

（一）询问法

分苗木树种将调查内容设计成表格，通过个人访问、开座谈会、电话和网络、问卷调查等方式进行调查。

园林苗木市场调查表

树种：　　　　　　　　　　　　　　　　日期：

项目	内容
苗木规格与价格	
苗木购买者数量	
苗木购买者心理	
苗木供求状况	
苗木市场容量	
苗木市场占有率	
苗木销售趋势	
苗木品种更新	
目标市场	
主要竞争对手	

调查人：

（二）观察法

列出调查内容如上表，通过身临苗木市场和苗圃进行观察和调查。

三、实训报告

通过调查所获得的资料和数据，分析园林苗木市场的现状，并提出下一步的生产安排和苗圃的经营方向。

技能训练二　园林苗木营销

一、目的要求

通过实训，了解园林苗木产品定价方法，熟悉园林苗木产品销售与促销策略。

二、材料用具

笔、记录本、相关苗木的规格与价格清单、相关苗木的实物图片和苗圃的有关资料等。

三、方法步骤

带齐有关资料和材料，直接到园林绿化实施单位与购买者面谈业务。通过面谈，向购买者介绍苗木种类、规格、价格，签订购销合同。

四、结果评价

根据实训报告进行成绩评定。
优秀——内容按要求、全面、详细、书写认真。
良好——内容按要求、全面、详细。
合格——内容按要求、全面但是不够详细。
不合格——内容不全或缺勤。

五、作业

完成实训报告。

参考文献

[1] 尤伟忠. 园林苗木生产技术[M]. 苏州:苏州大学出版社,2009.
[2] 苏金乐. 园林苗圃学[M]. 北京: 中国农业出版社,2010.
[3] 郭淑英. 园林苗圃 [M]. 重庆:重庆大学出版社,2010.
[4] 刘晓东. 园林苗圃 [M]. 北京:高等教育出版社,2006.
[5] 王秀娟. 园林苗圃[M]. 北京:中国农业大学出版社,2006.
[6] 吴少华. 园林苗圃学[M]. 上海:上海交通大学出版社,2004.
[7] 龚维红,赖九江. 园林树木栽培与养护[M]. 北京:中国电力出版社,2009.
[8] 陈有民. 园林树木学 [M]. 北京:中国林业出版社,1991.
[9] 潘文明. 园林技术专业实训指导 [M]. 苏州:苏州大学出版社,2009.
[10] 蔡绍平. 园林植物栽培与养护 [M]. 武汉:华中科技大学出版社,2011.
[11] 周兴元. 园林植物栽培 [M]. 北京:高等教育出版社,2006.
[12] 王玉凤. 园林植物栽培与养护 [M]. 北京:机械工业出版社,2010.
[13] 郭学望,包满珠. 园林树木栽植养护学 [M]. 北京:中国林业出版社,2002.
[14] 李承水. 园林树木栽培与养护 [M]. 北京:高等教育出版社,2007.
[15] 胡长龙. 观赏花木整形修剪手册 [M]. 上海:上海科学技术出版社,2005.
[16] 吴少华. 园林花卉苗木繁育技术 [M]. 北京:科学技术文献出版社,2001.
[17] 周余华,杨士虎. 种苗工程 [M]. 北京:中国农业出版社,2009.
[18] 成海钟. 园林植物栽培养护 [M]. 北京:高等教育出版社,2005.